U0168763

"十三五"国家重点出版物出版规划项目

海洋新知科普丛书

神奇海洋的发现之旅

苏纪兰院士　总主编

深海探秘

BEHIND THE DEEP BLUE

陈　鹰　潘依雯　邸雅楠　主编

海洋出版社

2023年·北京

图书在版编目(CIP)数据

深海探秘 / 陈鹰, 潘依雯, 邸雅楠主编. —北京：
海洋出版社, 2023.3
　(海洋新知科普丛书 / 苏纪兰主编. 神奇海洋的发
现之旅)
　ISBN 978-7-5210-1045-9

　Ⅰ. ①深… Ⅱ. ①陈… ②潘… ③邸… Ⅲ. ①海洋－
普及读物 Ⅳ. ①P7-49

中国版本图书馆CIP数据核字(2022)第246756号

SHENHAI TANMI

责任编辑：苏　勤
责任印制：安　淼

海洋出版社 出版发行
http://www.oceanpress.com.cn
北京市海淀区大慧寺路 8 号　　邮编：100081
鸿博昊天科技有限公司印刷　　新华书店北京发行所经销
2023年3月第1版　　2023年3月第1次印刷
开本：787mm×1092mm　　1 / 16　　印张：22.75
字数：360千字　　定价：188.00 元

发行部：010-62100090　编辑部：010-62100061　总编室：010-62100034
海洋版图书印、装错误可随时退换

编委会

总 主 编：苏纪兰

顾 问 组：汪品先　唐启升　李启虎　张　经
　　　　　宫先仪　周　元

编 委 会：翦知湣　李家彪　孙　松　焦念志
　　　　　戴民汉　赵美训　陈大可　吴立新
　　　　　陈　鹰　连　琏　孙　清　徐　文

秘 书 长：连　琏

项目办公室：王敏芳

深海探秘
编委会

主　　编：陈　鹰　潘依雯　邸雅楠

本书编委会：（按姓氏笔画排序）

王春生　王延辉　冯　东　孙　松

李培良　杨红生　连　琏　张大海

徐　敬　陶春辉　黄豪彩　樊　炜

瞿逢重

序

在太阳系中，地球是目前唯一发现有生命存在的星球，科学家认为其主要原因是在这颗星球上具有能够产生并延续生命的大量液态水。整个地球约有97%的水赋存于海洋，地球表面积的71%为海洋所覆盖，因此地球又被称为蔚蓝色的"水球"。

地球上最早的生命出现在海洋。陆地生物丰富多样，而从生物分类学来说，海洋生物比陆地生物更加丰富多彩。目前地球上所发现的34个动物门中，海洋就占了33个门，其中全部种类生活在海洋中的动物门有15个，有些生物，例如棘皮动物仅生活在海洋。因此，海洋是保存地球上绝大部分生物多样性的地方。由于人类探索海洋的难度大，对海洋生物的考察、采集的深度和广度远远落后于陆地，因此还有很多种类的海洋生物没有被人类认识和发现。大家都知道"万物生长靠太阳"，以前的认知告诉我们，只有在阳光能照射到的地方植物才能进行光合作用，从而奠定了食物链的基础，海水1000米以下或者更深的地方应是无生命的"大洋荒漠"。但是自从19世纪中叶海洋考察发现大洋深处存在丰富多样的生物以来，到20世纪的60年代，已逐渐发现深海绝非"大洋荒漠"，有些地方生物多样性之高简直就像"热带雨林"。尤其是1977年，在深海海底发现热液泉口以及在该环境中存在着其能量来源和流动方式与我们熟悉的生物有很大不同的特殊生物群落。深海热液生物群落的发现震惊了全球，表明地球上存在着另一类生命系统，它们无需光合作用作为食物链的基础。在这个黑暗世界的食物链系统中，地热能代替了太阳能，在黑暗、酷热的环境下靠完全不同的化学合成有机质的方式来维持生命活动。1990年，又在一些有甲烷等物质溢出的"深海冷泉"区域发现生活着大量依赖化能生存的生物群落。显然，对这些生存于极端海洋环境中的生物的探索，对于研究生命起源、演化和适应具有十分特殊的意义。

在地球漫长的46亿年演变中，洋盆的演化相当突出。众所周知，现在的地球有七大洲（亚洲、欧洲、非洲、北美洲、南美洲、大洋洲、南极洲）和五大洋（太平洋、大西洋、印度洋、北冰洋、南大洋）。但是，在距今5亿年前的古生代，地球上只存在一个超级大陆（泛大陆）和一个超级大洋（泛大洋）。由于地球岩石层以几个不同板块的结构一直在运动，导致了陆地和海洋相对位置的不断演化，才渐渐由5亿年前的一个超级大陆和一个超级大洋演变成了我们熟知的现代海陆分布格局，并且这种格局仍然每时每刻都在悄然发生变化，改变着我们生活的这个世界。因此，从一定意义上来说，我们所居住和生活的这片土地是"活"的：新的地幔物质从海底洋中脊开裂处喷发涌出，凝固后形成新的大洋地壳，继续上升的岩浆又把原先形成的大洋地壳以每年几厘米的速度推向洋中脊两侧，使海底不断更新和扩张；当扩张的大洋地壳遇到大陆地壳时，便俯冲到大陆地壳之下的地幔中，逐渐熔化而消亡。

海洋是人类生存资源的重要来源。海洋除了能提供丰富的优良蛋白质（如鱼、虾、藻类等）和盐等人类生存必需的资源之外，还有大量的矿产资源和能源，包括石油、天然气、铁锰结核、富钴结壳等，用"聚宝盆"来形容海洋资源是再确切不过的了。这些丰富的矿产资源以不同的形式存在于海洋中，如在海底热液喷口附近富集的多金属矿床，其中富含金、银、铜、铅、锌、锰等元素的硫化物，是一种过去从未发现的工业矿床新类型，而且也是一种现在还在不断生长的多金属矿床。深海尤其是陆坡上埋藏着丰富的油气，20世纪60年代末南海深水海域巨大油气资源潜力的发现，正是南海周边国家对我国南海断续线挑战的主要原因之一。近年来海底探索又发现大量的新能源，如天然气水合物，又称

"可燃冰"，人们在陆坡边缘、深海区不断发现此类物质，其前期研究已在能源开发与环境灾害等领域日益显示出非常重要的地位。

海洋与人类生存的自然环境密切相关。海洋是地球气候系统的关键组成部分，存储着气候系统的绝大部分记忆。由于其巨大的水体和热容量，使得海洋成为全球水循环和热循环中极为重要的一环，海洋各种尺度的动力和热力过程以及海气相互作用是各类气候变化，包括台风、厄尔尼诺等自然灾害的基础。地球气候系统的另一个重要部分是全球碳循环，人类活动所释放的大量CO_2的主要汇区为海洋与陆地生态系统。海洋因为具有巨大的碳储库，对大气CO_2浓度的升高起着重要的缓冲作用，据估计，截至20世纪末，海洋已吸收了自工业革命以来约48%的人为CO_2。海洋地震所引起的海啸和全球变暖引起的海平面上升等，是另一类海洋环境所产生的不同时间尺度的危害。

海洋科学的进步离不开与技术的协同发展。海洋波涛汹涌，常常都在振荡之中；光波和电磁波在海洋中会很快衰减，而声波是唯一能够在水中进行远距离信息传播的有效载体。由于海洋的特殊性，相较于其他地球科学门类，海洋科学的发展更依赖于技术的进步。可以说，海洋科学的发展史，也同时是海洋技术的发展史。每一项海洋科学重大发现的背后，几乎都伴随着一项新技术的出现。例如，出现了回声声呐，才发现了海洋山脉与中脊；出现了深海钻探，才可以证明板块理论；出现了深潜技术，才能发现海底热液。由此，观测和探测技术是海洋科学的基石，科学与技术的协同发展对于海洋科学的进步甚为重要。对深海海底的探索一直到20世纪中叶才真正开始，虽然今天的人类借助载人深潜器、无人深潜器等高科技手段对以前未能到达的海底进行了探索，但到目前为止，人类已探索的海底只有区区5%，还有大面积的海底是未知的，因此世界各国都在积极致力于海洋科学与技术的协同发展。

海洋在过去、现在和未来是如此的重要，人类对她的了解却如此之少，几千米的海水之下又隐藏着众多的秘密和宝藏等待我们去挖掘。

《神奇海洋的发现之旅》丛书依托国家科技部《海洋科学创新方法研究》项目，聚焦于这片"蓝色领土"，从生物、地质、物理、化学、技术等不同学科角度，引领读者去了解与我们生存生活息息相关的海洋世界及其研究历史，解读海洋自远古以来的演变，遐想海洋科学和技术交叉融合的未来景象。也许在不久的将来，我们会像科幻小说和电影中呈现的那样，居住、工作在海底，自由在海底穿梭，在那里建设我们的另一个家园。

总主编　苏纪兰

2020年12月25日

目录

绪　言

地球上约有71%的面积是海洋，其中60%左右是深海。这一望无际的海洋，它的水下特别是海底应该是什么样子呢？自从人类文明出现以来，这个问题一直困扰着我们。有位科学家曾经说过这样一句话：人类对太空的认识，远远超过对自己居住的地球的认识。这里指的不为人们所了解的部分，主要是指海洋，指的是海面以下部分的海洋，尤其是人类难以到达的深海海底。

图0-1　海底热液地区管状蠕虫群的俯瞰图

海洋中蕴藏着太多的奥秘，谁能想得到，海底能够呈现如图0-1所示的这样一种景象。这是一张海底热液地区管状蠕虫群的俯瞰图片。在浩瀚的大海深处，有一些海底部分被科学家称为"洋中脊"。由于洋中脊有海底火山，有地热冒出来，或呈白色，或呈黑色，很像一个个的"烟囱"。那里有许许多多奇特的生命现象，图0-1中的管状蠕虫披着一层白色的角质外壳，里面有一段红色肉身。它生活在洋中脊附近的海底表面。在这样一种无光无氧的环境中，它们是靠什么生活的呢？人类又是如何去发现、观察和研究它们的呢？还有

图0-2，海底生物与一台人造海底装置的互动，又是显得那样的神奇而不可思议。这些，就是我们这本书所要讲的一部分内容。

图0-2 一条蝠鲼游过海底观测设备的上方

人类的先知们，是如何以他们的方式，来探索海洋的呢？

人类身体结构的限制使先人们无法像用脚丈量土地那样徜徉海洋。然而，人类对海洋的向往与探索，却从未因此而停止过。我们可以从各国的神话传说中一窥端倪：古巴比伦文明中信奉的海神艾亚，可能是最早的关于海神的传说，据说她身上遍布鳞片，形如美人鱼；我国的《山海经》中记有人面鸟身的海神，珥两青蛇和践两青蛇，掌管四方水域；在希腊神话中，波塞冬乘铜蹄金鬃马架的马车掠过海面，挥动手中的三叉戟，翻手便能引来海啸和地震，而覆手又能击碎岩石，以流出的清泉来滋润大地。在每一个邻海的文明中，都可以找到有关海神的传说，这也从侧面印证了海洋对古代文明的巨大影响。而波塞冬的三叉戟正像是古时人类对海洋心理的写照：一方面，海洋汹涌莫测，浩瀚磅礴的力量使人们敬畏恐惧；另一方面，海洋神秘多姿的魅力与丰饶的物产使人们又对它欲罢不能。在某种角度上，海洋

如同西方传说中火龙看守的巨大宝藏，即使充满了未知的危险，也无法阻止勇士们扬帆起航。

最早的船只出现在什么时候已不可考，但现在的考古发现表明，至少在石器时代，人类就已经开始使用船只。懵懂的史前人类凿开原木，做成最简单的独木舟，由此开启了人类亲近大海，探索大海的漫长旅程。

1831年8月29日，一位在自然科学方面博学多识、兴趣广泛的年轻人收到一封来自著名博物学家约翰·亨斯洛（John Henslow，1796—1861）的来信。他兴奋地打开信封，里面是一张周游世界的船票：一艘逾27米长的双桅纵帆船"贝格尔"号（H. M. S. Beagle）（图0-3）即将开始它的旅程，而这艘船上还缺一个博物学家。

这位年轻人就是日后赫赫有名的查尔斯·达尔文（Charles Darwin，1809—1882）。达尔文出生于一个医学世家，他的父亲希望他能够子承父业。可是在爱丁堡大学的学习中，达尔文并不喜欢医学，反倒对自然科学兴趣盎然。他的父亲只能退而求其次，让他在剑桥大学基督学院学习，希望他能成为一名牧师。在剑桥学习了一年之后，达尔文就通过了圣职考试。不久，他就接到了来自这艘英国考察船的邀请。

图0-3 著名的"贝格尔"号（左）及达尔文著作的封面（右）

不安于现状的达尔文欣然赴约。"贝格尔"号的行程并非一帆风顺，前两次出海都由于风浪原因不得不返航。直到1831年12月27日，"贝格尔"号才终于从英国的普利茅斯的港口出发，开始了它的征程。

原本两年的考察计划，很快就被这位兴致勃勃的年轻科学家无限期地延长了。在航行中，达尔文对沿途各地的地质与生物简直着了迷。他将2/3的时间都花在采样上，记录了大量的化石、地质现象和生物体的情况。幸亏菲茨罗伊船长十分支持他的科学探索，使他得以进行详尽的考察：在海平面上的岩石中，他发现了混杂在其中的贝壳和珊瑚，由此得出了海陆变迁的结论；在加拉帕戈斯群岛不同的岛屿上，他发现陆龟和雀鸟各有差异，而又与南美洲的陆龟和雀鸟十分相似，由此他联想到这些生物拥有共同的祖先，而它们的不同是在千万年间与环境相适应的结果……

最终两年的环球考察任务总共花了五年的时间才完成。回到英国后，船长还因此受到了女王的批评——但这无疑是最值得挨的批评了。在"贝格尔"号的全球航行中，达尔文的考察记录和他在旅程中逐渐形成的"物竞天择"的概念成了进化论的基础。在"贝格尔"号归国后的20年间，达尔文不断完善着他的理念，终于在1859年出版了《物种起源》（*On the Origin of Species*）一书，系统地提出了他的进化论理念，揭开了人类科学史上新的篇章。

在这五年间，"贝格尔"号沿途考察了南美洲的东西海岸及周边岛屿，然后横跨太平洋到达大洋洲，再经印度洋，绕过好望角到达巴西东部，最后回到普利茅斯，完成它的环球旅行。然而，这一名垂青史的海上考察的主要考察对象依然是陆地。在"贝格尔"号之后，人类在海上进行的科考活动越来越多，但多数考察的重点同样不在海洋本身。

令人遗憾的是，在这段航行中，达尔文并没有看到海底是什么样的。我们无法得知，如果达尔文能够看到海底，他又会为人类发现怎

样的财富呢？

美国的每一艘航天飞机都是以之前的科考船命名的。与家喻户晓的"挑战者"号航天飞机（STS Challenger）相比，"挑战者"号科考船（H. M. S. Challenger）可以说是默默无闻（图0-4）。但"挑战者"号科考船的成就却丝毫不逊：1872年12月7日，这艘由英国皇家海军军舰改装而成的三桅帆船搭载着243名船员、6名科学家，开启了人类历史上首次综合性的海洋考察。科学家们采集了大量海洋动植物标本和海水、海底底质样品，发现了715个新属及4717个海洋生物新种，其中包括4417种新发现的深海生物。请注意，这次有了来自海底的样品了。大海海底的大西洋洋中脊和马里亚纳海沟，也是在这次考察中发现的。这次航程中的所有样品由76名科学家经长达23年的整理分析，最后写成了50卷共计2.95万页的调查报告。这些惊人的数字都是由这短短三年半的航行创造的。"挑战者"带来了更多挑战者。这次收获颇丰的航行激发了人们对海洋的兴趣。各国纷纷派遣科考船展开对海洋的探索，人类环球航行的主要焦点也从陆地转向了大海。

图0-4 "挑战者"号科考船

渐渐地，随着科学的发展，人们不再满足于仅仅停留在二维的海洋表面，而逐渐开始探索三维的海洋内部，特别是海底。这个时候，水下潜水器粉墨登场了。

"这个坚硬物体可能是一种骨质的甲壳，跟太古时代动物的甲壳相似，我很可以把这个怪物归入两栖的爬虫类，如龟鳖、鳄鱼、遥龙之类。

可是！不然！在我脚下的灰黑色的背脊是有光泽的，滑溜溜的，而不是粗糙有鳞的。它被撞时发出金属的响亮声，这是那么不可思议，看来，我只好说它是由螺丝钉铆成的铁板制造的了。

再不可能怀疑了！这动物，这怪东西，这天然的怪物，它使整个学术界费尽了心血，它使东西两半球的航海家糊里糊涂，现在应当承认，它是一种更惊人的怪东西，它是人工制造的怪东西。

看到最怪诞、最荒唐甚至神话式的生物，也不会使我惊骇到这种程度。造物者手中造出来的东西怎么出奇，也容易了解。现在一下子看到那种不可能的事竟是奥妙地由人的双手实现的，那就不能不使人感到十分惊讶了！"

——摘自儒勒·凡尔纳《海底两万里》

1870年，儒勒·凡尔纳（Jules Verne，1828—1905）在《海底两万里》（*Twenty Thousand Leagues Under the Sea*）中大胆描绘了一艘如同海底伊甸园一般的潜水艇"鹦鹉螺"号（Nautilus）。这一"人工制造的怪东西"一露面，就以超越时代的气场震住了世人。其实潜水器在当时已经不是幻想：潜水器的雏形在1554年就产生了。意大利人塔尔奇利亚首先提出了木质的球形潜水器，这种潜水器主要由座舱和压载舱组成，这对后来的潜水器的研制产生了巨大的影响。但塔尔奇利亚的设计仅仅停留在纸上，第一个有使用价值的潜水器是由著名的英国天文学家哈雷在1717年设计出来的。

1928年，美国工程师奥蒂斯·巴顿（Otis Bartone，1899—1992）用钢铁建造了一艘球形潜水器。两年后，他和另一位科学家威廉·毕比（William Beebe，1877—1962）一同挤在潜水器狭窄的船舱里，由一根长长的电缆放到海洋中去。这一次他们下潜了245米。又是两年后，在1932年，他们下潜到了923米的深度。这是海洋中部的秘密世界第一次接纳来自人类的访客。毕比将下潜的经历写成了一本著作——《半英里之下》（Half Mile Down）。在海面下半英里的一片黑暗中，透过石英制成的窗户，他们看见了巨大的椭圆形的鱼和发光的小型生物。海底的世界是如此令人惊叹，毕比在书中写道："要详尽地描述我在海底看到了什么东西是我曾做过的最艰难的尝试了。我就像一个刚到纽约没几个小时的外国人，却被问到'你觉得美国怎么样'一样。"

直到20年后他们下潜的纪录才由瑞士的奥古斯特打破。

瑞士探险家奥古斯特·皮卡德（Auguste Piccard，1884—1962）的"人生宽度"有26 050米：他曾乘热气球上到23 000米的高空，也曾搭着深潜器深入到3050米的海底——在这里，这艘潜水器可称之为深潜器了。这位传奇人物还是《丁丁历险记》中卡尔库鲁斯教授的原型。1930年，奥古斯特设计了一种新型的铝制密封舱来代替吊篮的热气球，并搭乘这种热气球成为第一个乘热气球进入平流层的人。之后，在30年代中期，他意识到对热气球的改进同样可以应用于潜水器后，奥古斯特又一心扑到潜水器的研究中。他设计的深潜器简单而巧妙，分为浮筒和潜水球——浮筒里装满汽油，潜水球里放进铁块。它可以通过排出汽油和抛下铁块来上浮，通过排出汽油，注入海水来下潜，是第一艘可以自由移动而不受钢缆限制的潜水器。在试验中，奥古斯特用遥控器让他的深潜器潜入水下1376米处，这是人类向在海底自由遨游的梦想迈出的巨大的一步——尽管潜水器在执行任务后面目全非，整个外壳扭曲变形，载人舱中也进水严重。

奥古斯特并没有就此止步。

1951年，在意大利著名的港口——的里雅斯特（Trieste），奥古斯特和他的儿子雅克·皮卡德（Jacques Piccard，1922—2008）建造出了著名的"的里雅斯特"号深潜器（Trieste）：它采用氧气罐供氧，用碱石灰来除去二氧化碳，采用电池供能。船舱内除了仪表盘外，一共可以容纳两人。1953年，父子二人下潜到水下3050米。老奥古斯特向海洋深处前进的步伐到此停止。1960年，"的里雅斯特"号在太平洋上开始了它的极限挑战，而老奥古斯特却因年事已高而与这次再创世界纪录的机会擦肩而过。他的儿子雅克·皮卡德和美军军官唐·沃尔什（Donald Walsh）继承了他的理想。经过4个多小时的下潜后，他们到达了世界上最深的地方——马里亚纳海沟的"挑战者深渊"（Challenger Deep），下潜深度超过1万米。在寂静的海洋最深处大约只有7摄氏度的潜水器舱内，雅克和沃尔什待了大约20分钟。在探照灯光下，他们惊讶地看着在这本该是死寂之地的地方，一条约30厘米长的扁平的鱼瞪着两只灯笼似的微鼓的眼睛，一头曼妙的红虾悠然从他们的窗外游过——即使在这样的巨大压力和绝对黑暗中，仍有一些生物不屈不挠地存活着！

之后的50多年内，除了1995年日本的"海沟"号水下遥控潜水器（Remotely Operated Vehicle，ROV）代替人类下潜到了"的里雅斯特"号所到过的深度，人类再也没有亲身涉足这个地方，直到电影怪才詹姆斯·卡梅隆（James Cameron，1954— ）的"深海挑战者"号（Deepsea Challenger）的横空出世。卡梅隆在拍摄他神奇的《阿凡达》之余，捣鼓了一台神奇的单人载人深潜器，特意赶在中国人的"蛟龙"号载人深潜器华丽亮相之前，自己亲自下潜，于2012年进行了一次1万多米的深潜探险，带回了一批拍摄的海底影像。

中国第一艘自主设计、自主集成研制的载人深潜器"蛟龙"号继下潜1000米、3000米、5000米之后，在2012年6月下旬又一次刷新了

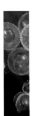
"中国深度"——从许多意义上来讲，也是刷新了"世界深度"：下潜超过7000米深，这是世界同类型载人深潜器的最大下潜深度（图0-5）。在下潜作业中，"蛟龙"号拍摄了大量海洋生物的照片，我们可以清晰地看到透明的海葵，舞动的海参，姿态奇异的珊瑚……

图0-5　中国的7000米"蛟龙"号载人深潜器在海底作业

在2012年6月24日那天，刚突破7000米的潜航员还与同样刚完成太空交接任务的"神九"飞船航天员在太空和海底互致相隔最远的问候，创造了又一个人类纪录。

目前，世界上最著名的载人深潜器（Human Occupied Vehicle，HOV），当属"阿尔文"号（Alvin）了。"阿尔文"号是世界上首艘可以多次投入运行的载人深海潜水器，现在已经50多岁高龄，却仍在服役。直至今日，它已执行过近5000次任务，运送过1万多名科学家到达深海海底，取回了超过680千克的样品。期间，有一次在执行无人试验的过程中，钢缆断裂，"阿尔文"号掉入5000米深的海底，11个月后才被打捞上来，在接近零度的环境和巨大的压强中，这艘元老级的潜水器依然保存良好。

1985年9月1日，"阿尔文"号于考察任务中，在纽芬兰东南深约3600米的海域发现了"泰坦尼克"号（RMS Titanic）邮轮的残骸

（图0-6）。1912年4月，这艘出现在后来无数文艺作品中的邮轮在从英国南安普敦出发的处女航中撞上冰山沉没。73年后，人们才再一次见到这艘巨大的豪华邮轮。它沉睡在寂静的海底，栏杆上挂满冰柱状的铁锈，引擎上布满由噬铁细菌造成的"石钟乳"，窗户和大厅上装饰的华彩还未完全剥落。在这被泥沙掩映、细菌侵染、残破扭曲的金属残骸中，我们仍然可以看出当年强大奢华、心高气傲、刚刚启程的奥林匹克级巨轮的影子。

图0-6 "阿尔文"号载人深潜器寻找"泰坦尼克"号沉船

半个多世纪后，人们再次唤醒沉寂在海底的"泰坦尼克"号邮轮，而在这深海之中，还有多少等待着被唤醒的秘密、被发掘的宝藏呢？

随着人们对海洋的探索不断深入，海洋，特别是深海与海底世界所蕴含的巨大宝库的真面目也逐渐展现在我们面前。

海底世界的矿藏储量超乎人们的想象。众所周知，海洋石油早已成为世界能源结构中不可缺少的一员。除石油天然气外，海底储存着大量的天然气水合物，仅已探明的储量就超过全世界陆地上煤炭、石油、天然气的总量。天然气水合物是天然气和水在海底高压低温环境下形成的结晶，通常也被叫作"可燃冰"。相信大家对这种物质已是耳熟能详，这种清洁能源被科学家誉为"21世纪的能源"。自1810年

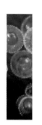

首次在实验室中发现、1971年首次发现海洋天然气水合物以来，世界上有79个国家和地区都发现了天然气水合物气藏，至少有30多个国家和地区在进行可燃冰的研究与调查勘探。目前，美国、德国和日本在天然气水合物的开采方面走在世界前列。中国虽然起步较晚，但南海可燃冰储量丰富，开发前景不可估量。

　　1872年，"挑战者"号科考船在加那利群岛附近海域从海底打捞上来一些土豆大小的深褐色固体，分析后发现它是由多种金属组成，主要成分是氧化锰，由此，这种固体就被命名为"锰结核"。20世纪初，美国"信天翁"号科考船在太平洋海底多个地区采集到锰结核，并得出报告：太平洋底存在锰结核的地方比美国面积都大，但在当时却未引起广泛关注。直到1959年，一份关于锰结核的商业开发可行性的报告面世后，锰结核才终于受到政府和冶金行业的重视。锰结核中富含的50多种金属元素、放射性元素和稀有元素可以广泛应用于社会的各个方面。海底的锰结核矿不仅储量丰富，而且还会不断生长，全球锰结核平均每年增长1000万吨，可以算是取之不尽、用之不竭的矿物资源。除此之外，海底还存在磷矿、贵金属和稀有元素砂矿、硫化物矿、稀土矿等，甚至还有金矿！深海资源的巨大潜力无须多言。

　　为了在海洋矿藏的开发上掌握先机，中国大洋矿产资源研究开发协会（简称中国大洋协会）在1990年4月9日成立，致力于为我国在广袤的海底争取更多的权益，促进人类开发和利用海底资源。继2001年在东太平洋获得7.5万平方千米多金属结核资源勘探合同区后，中国大洋协会于2011年在西南印度洋国际海底区域又获得了1万平方千米具有专属勘探权的多金属硫化物资源矿区，并在未来开发该资源时享有优先开采权。海底的多金属硫化物是由海底热液作用形成的，富含多种金属，是海洋赠予人类不可多得的宝藏，有巨大的经济价值和科研价值。

人类探索海洋的脚步永不停歇。在本书中，我们也将站在前人的肩膀上，一眺幽深的海底世界。在第一篇中，我们将游历海底奇观：海洋深处喷发的火山，在幽寂之地喷发出妖娆美丽的生命力；深海冷泉就像是一处处焕发着盎然生机的绿洲，滋养着奇特的海底生物；我们将挖掘探索海底丰富的物质资源。在第二篇中，我们将逐一介绍深海探测的"眼"和"手"、如何潜入深海、进行海底观测的各项技术。利用这些使我们人类能够遨游深海的科学技术，体味令前人仰止的深海海底中的奇观妙景。

我们希望这本书的写作风格是大家能够接受的，是大家所喜欢的。希望这本书是一部较好的科普读物，让大家去了解海洋、认知海洋。希望这本书是广大读者爱不释手的一部书籍，也是海洋领域科技工作者们案头不可或缺的一本重要的参考资料。

我们要感谢我们的许多同仁、朋友提供了插图。有些插图，我们选自我们自己参与的出海科考航次。有些插图，我们摘自网络。我们将竭尽全力联系插图的原作者，并征得他们的同意让我们使用他们精美的图片和研究成果。直到目前为止，没有人拒绝我们这个要求，并乐见其成，为此我们深表谢意。然而，还有几张插图我们找不到原作者，但我们又不愿割舍。希望原作者能与我们联系，我们可以做一些弥补，至少，我们欠他们一个感谢。

我们想特别感谢的有：

苏纪兰先生领衔的中国国家科技部海洋科学创新方法研究小组的全体成员；上海交通大学的连琏教授、上海海洋大学的陈多福研究员和冯东研究员等人对部分书稿进行了审阅并提出了中肯的修改意见，甚至提供了素材内容；中国"蛟龙"号载人深潜器的研制人员和潜航员们以及它的5000米、7000米海试队伍，"蛟龙"号载人深潜器母船——"向阳红09"号船上的船员们；国家深海基地管理中心；美国NSF的东太平洋9°N—21°N地区海底热液科学探险考察航次（代号为

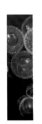

Adventure 9）及美国"亚特兰蒂斯Ⅱ"号（Atlantis Ⅱ）科考船和"阿尔文"号载人深潜器的机组人员；浙江大学海洋学院以及浙江大学流体动力与机电系统国家重点实验室的部分教师，也对本书作出了重要贡献，感谢徐敬教授承担了一部分有关水下光学技术内容的撰写工作。

　　同时，感谢陈抒宁女士与陈泽元先生在本书前期撰写与后期校对中所做的工作。感谢我们的学生杨景、林杉、刘洪波、王杭州、刘俊波、强永发、谢捷、鲁璐、吕伟超等人，在本书的成文过程中，对文字的雕琢和润色、插图的选取与修改，给予了及时和必要的支持。

　　最后，要特别感谢李德慧女士为此书付出了辛勤的劳动，进行了许多基础性的工作，承担了文字修饰、绘图、统稿等工作。

深海探秘

Behind the Deep Blue

第一篇

海底奇观

　　海洋的平均深度可达4000米以上，最深处甚至超过11 000米！你能够想象如此深的海底会有些什么吗？

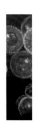
　　自古以来，人类就对海洋十分好奇，有许多古文古诗都提到海。曹操曾著《观沧海》："东临碣石，以观沧海"。《庄子·秋水》中的"天下之水，莫大于海"。袁宏的"海纳百川"。张九龄的"海上生明月，天涯共此时"，钱起的"浮天沧海远，去世法舟轻"等等。这些诗句，大多是只讲到海面的。唐代除了元稹写就传颂千年的诗句"曾经沧海难为水，除却巫山不是云"之外，杜牧还著有一诗提及了海底，实在是让人为之一振："东垠黑风驾海水，海底卷上天中央。三吴六月忽凄惨，晚后点滴来苍茫。铮栈雷车轴辙壮，矫跃蛟龙爪尾长。神鞭鬼驭载阴帝，来往喷洒何颠狂。四面崩腾玉京仗，万里纵横羽林枪。云缠风束乱敲磕，黄帝未胜蚩尤强。"杜牧这首《大雨行》，"海底"赫然出现纸上，也出现了蛟龙，可谓是古代诗文中涉及海洋的佳作。然而，纵然有"上九天揽月，下五洋捉鳖"的诗句，也有海底龙宫和蛟龙的传说，可海底下有鳖可捉吗？海底有"龙宫"和蛟龙吗？长期以来，都是不甚了了。

　　海底究竟有些什么呢？这个话题一直牵动着人们的神经。

　　在国外，法国作家儒勒·凡尔纳在1870年创作了一部著名的科幻著作——《海底两万里》。该书叙述了尼摩船长建造的深海潜水艇，带着法国生物学者阿龙纳斯博士在海洋深处旅行的故事。"鹦鹉螺"号潜水艇船身坚固，利用海洋发电提供动力。该潜水艇的奇妙海底旅行，从太平洋出发，经过珊瑚岛、印度洋、红海、地中海，进入大西洋，看到许多罕见的海生动植物和水中的奇异景象，潜航在海底开展大规模的科学研究，又经历了搁浅、土人围攻、同鲨鱼搏斗、冰山封路、章鱼袭击等许多险情，最后到达挪威海岸。

《海底两万里》的出版，在世界上产生了巨大的影响。作者凡尔纳学习了许多的海洋知识，给大家清晰地描绘了大洋深处的情形，许多人通过这本书去了解海底的奥秘。当然在当时囿于海洋技术的落后，许多知识并不准确，很多是依靠作者的天才想象力凭空臆想出来的。但有些臆想是十分超前的，首先是载人潜水器，它预示了潜艇的诞生。通过海洋能发电给潜水艇供给动力，这一技术至今仍在攻关之列。这部书的问世，激励了许许多多的青年人投身海洋事业。在20世纪末，法国科学家研制了一台可潜入6000米深处的载人深潜器，在当时是世界上最先进的载人深潜器之一。科学家们毫不犹豫地将这台深潜器命名为"鹦鹉螺"号，以此向他们法国的深海探索先驱——凡尔纳致敬。"鹦鹉螺"号载人深潜器，至今仍然活跃在世界的深海科学研究领域。

海洋技术的发展，尤其是深海技术的发展，让我们能够真正地了解大洋深处是一个什么样的情形。海底远不像我们想象的那样死寂，那里千奇百怪，那里精彩纷呈。人类发明了各种潜水器，有些携带了摄像机，能让我们看到海底的情况；人类还发明了载人的潜水器，让人类到达数千米深的海底，甚至大海最深的地方——马里亚纳海沟，使人类能够目睹海底的奇观。当然，在大洋深处，仍有许许多多的奥秘，有待人类去探索、去发现、去揭示。

在这一篇中，我们将向读者们介绍海底的情况，特别是深海的情况。重点介绍海底的火山现象、海底的冷泉现象、大海深处的海洋生物，同时也会向大家介绍海底富蕴的各种矿产资源和油气资源。

海底火山
——海底"玫瑰花园"

    1977年的一天，美国"阿尔文"（Alvin）号载人深潜器在东太平洋加拉帕戈斯群岛的大洋洋中脊裂谷地带考察时，意外地在海底热液喷口附近发现了一片比热带雨林更为生机勃勃的生物群落。那是一处奇异又美丽的景色，有着如雪片般密集的微生物，白色的贝和蛤，紫黑色的鱼，横行的螃蟹和大片大片红白相间的"玫瑰花朵"——管状蠕虫。在数千米深处黑暗而寂静的海底，竟然生存着如此娇艳而蓬勃的生命，怎能不令人感慨生命的顽强与神奇？！于是，海洋地质学家们为它取了一个同样美丽的名字——"玫瑰花园"。

    科学家眼中寂寞的海底因为有了"玫瑰花园"而热闹了起来，特别是对生物学家而言。当海洋地质学家把"玫瑰花园"的发现告诉生物学家时，生物学界很是不以为然。海底偶尔有一群鱼、虾或蛤路过是可能的，可存在着庞大的生物群落，怎么可能？！那里的生物比热带雨林密度更大？别开玩笑了！！20世纪80年代的生物学家们，一开始似乎是很不情愿地被卷入海底热液的研究中的。而仅仅10年后，世界上几乎所有的海洋生物学家都恨不能亲自到达那个本以为该是寂静冷清的深海海底，一睹那个让人惊叹而又令人热血沸腾的世界。

    发现"玫瑰花园"的两年后，"阿尔文"号载人深潜器又在该生物群落偏北的洋中脊地区发现了"浓烟滚滚"的高温热液口，也就是现在广为人知的海底黑烟囱。从1977年第一次发现热液黑烟囱到2012年为止，全球已探知的海底热液地区主要有：东太平洋洋中脊、Mohna海岭、南大西洋海岭、卡尔斯伯格海岭、巴布亚新几内亚的Ambitle岛、加拉帕戈斯群岛、南大西洋洋中脊。2013年2月，英国科学家在加勒比海开曼海沟附近使用一台水下遥控潜水器探查时，意外地在水深5000米左右发现了一组令人惊叹的热液喷口。那里的"黑烟囱"高近10米，热液口的温度高达401摄氏度。

为什么要开展热液现象的研究？

对陆地上的生物来说，热液地区的环境极为恶劣，要在那里生存简直是天方夜谭。那里终年不见阳光，有毒硫化物的含量极高，有着数百个大气压的巨大压力，温度最高可达数百摄氏度，而仅仅数米之外的海水温度可能只有4摄氏度。这也是20世纪80年代的生物学家们不愿相信海底"玫瑰花园"存在的原因。在热液发现之前，"万物生长靠太阳"的理念是深入人心的。那为什么在这样一个暗无天日且对陆地生物剧毒的环境能有这样繁茂的生态群落呢？海底热液及其生物群落的发现为什么会在科学界中引起这样激烈的讨论呢？这绝不仅仅是满足了科学家们与生俱来的好奇心，也不仅仅是它的发现可能颠覆固有的"万物生长靠太阳"的理念。更为重要的是，热液这种还原性的、高硫化物剧毒的、高热的环境，虽然对现有陆地生物是剧毒的，但更为接近原始地球的环境，也就是说更为接近生命起源这一时期的环境。因此，对科学家来说，深海的热液环境，可能就是地球留给我们最后的、仅有的窥探生命起源的窗口。热液环境下生活的这些生物，它们的基因，或许就是能够帮助人类治疗各种绝症的一个基因宝库。因此，热液及其周边的生物群落在深深的洋底构成了一个让世界

上所有生物学家向往不已的研究天堂。

　　不仅如此，热液活动影响着整个海洋，是沟通地球系统中深部与表层的桥梁（图1-1）。那么海底火山热液是如何影响到整个海洋的呢？科学家们告诉我们，地球内部产生的热通量，25%到30%是由大洋热液系统向外输送的；除了热通量，热液还向海洋中输出大量从深部带出的多种化学物质。什么是热通量呢？它是指沿某一方向，单位时间、单位面积流过的热量。它的单位为瓦特/平方米（W/m^2），用来表示热量的转移。

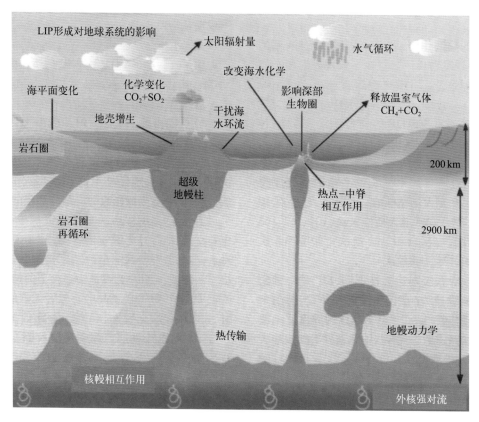

图1-1　大型火成岩地区的形成对地球表层系统包括海洋的影响示意图

虽然单个热液口的规模不大，与海洋相比简直是沧海一粟，但海洋中丰富的化学元素，除了一小部分是从陆地上的河流山川带来的之外，其余大部分都是由火山热液提供的。热液活动的强弱盛衰变化，直接影响着海水中某些化学成分的配比，导致所有海洋生物赖以生存的环境发生变动，极大地影响着人类生存的世界。比如近年来科学家们发现，地球历史上著名的"文石大洋"和"方解石大洋"的交替现象与大洋海水中镁、钙离子的相对丰度随洋底扩张和热液活动的强弱变化相关；而"文石大洋"和"方解石大洋"的相互转化，直接影响到该时代海洋生物钙质骨骼的发育和生物演化的进程。

海水中碳酸钙的溶度积与其存在的晶型结构有关。天然存在的碳酸钙主要有3种晶型：方解石、文石和球文石。其中，方解石为三方晶系，文石为斜方晶系，方解石的饱和溶度积小于文石。球文石是碳酸钙的第三种亚稳定多形体，很少能在自然界形成，常在实验室中被合成出来。因此，文石比方解石易溶于海水。在海水酸化越来越明显的今天，以文石为钙质骨骼的生物会更容易溶解，同时也更难生长。因此，以文石为钙质骨骼的生物，如珊瑚，它的减少速度就会远高于以方解石为骨骼的生物，如有孔虫等。

海底热液是怎么形成的？

1. 黑烟囱与白烟囱

海底存在的火山热液口，形状像一个个烟囱，它们有的喷着黑烟，有的吐着白烟（图1-2）。除了热液口烟囱之外，海底的一些裂缝和小坑中也会冒出烟雾。烟囱有高有低，高的烟囱距离海底可达15米，喷发时还伴随着轻微的震动。当热液口喷发时，喷发物约有50米宽，极像一场"大风暴"的降临，颇为壮观，美国人就是用"暴风雪"（Blizzard）来描述这种景象的。

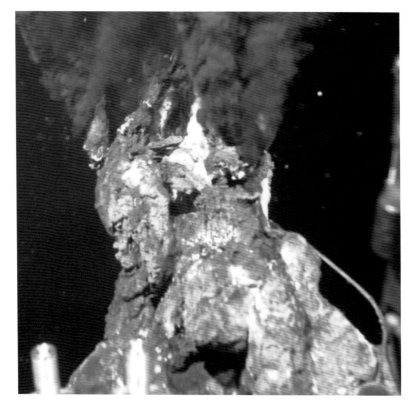

图1-2　海底浓烟滚滚的黑烟囱
（美国"阿尔文"号载人深潜器的"Adventure 9，2002"航次提供照片）

　　那么热液是怎么来的？虽然，科学家对热液的形成模式还没有达成统一的意见，但在热液是海水和岩石加热反应的产物这一观点上，没有太大争议。当冰冷的海水通过海底构造裂隙进入地壳后，被炽热的岩石加热后，在高温高压下发生了海水和岩石之间的物理化学反应。反应后的海水中溶解了大量来自岩石的矿物质元素，形成富含金属矿物质元素和化合物组分的流体。同时，这种高温流体由于温度的原因，密度小于海水，因此，高温流体就像热气球在空气中一般，会不断上涌，最终从地表裂隙部位喷出，回到海水中。在上涌过程中热液温度会迅速降低，因此，原来溶解于热液中的大量离子就会析出，热液中携带的硫离子与金属离子结合后形成黑色颗粒，混杂在高温热液中喷出，形成了"浓烟滚滚"的黑烟现象。这种黑色颗粒在喷出过程中会不断沉降，特别是在炙热的热液接触到冰冷海水时，温度的剧烈下降使得大量黑色金属矿物颗粒在喷口处结晶沉淀，硫化物堆积起来，就形成了我们常见的"黑烟囱"。图1-3可直观地看到热液的形成以及在化学上的作用，我们分七步进行描述（见图1-3中的数字标示）。

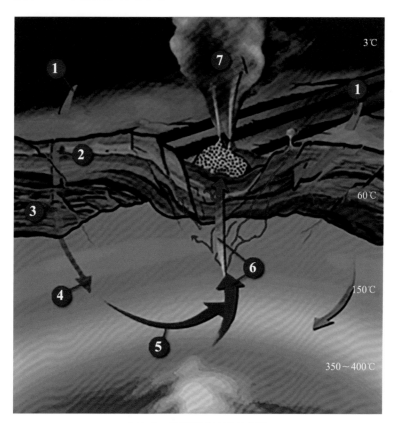

图1-3　热液形成过程示意图

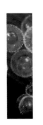
第一步：冷海水在重力作用下通过裂缝渗入地壳，开始升温。

第二步：氧和钾从海水中被除去。在温度为70摄氏度左右时，玄武岩发生水岩反应，消耗了海水中的氧气进行氧化反应。因此，地壳上层玄武岩中三价铁离子的浓度远高于非热液区的玄武岩。同时，海水中的钾离子等碱金属离子被置换到了岩石中。

第三步：钙和硫酸盐同时从海水中被除去。硫酸钙的溶解度随温度升高而减少，随着温度逐渐升高到150摄氏度，海水中所有的钙离子和2/3的硫酸根离子析出。

第四步：继续加热，我们把此时的海水称作热液。钠、钙和钾在水岩反应作用下，从周边的地壳岩石中析出进入热液。

第五步：热液触及岩浆，达到最高温度，地壳岩石中的铜、锌、铁和硫等析出进入热液。

第六步：带着各种金属元素的高温、低密度的热液通过裂隙上升。

第七步：热液进入冰冷的、富含氧气的海水中，形成羽状流。与此同时，大多数情况下热液所带出的金属元素与硫反应形成黑色的硫化金属矿产，出现烟囱。

是不是所有的热液都是以浓烟滚滚的形式喷入海水中呢？答案是否定的。当高温热液流体在浮力作用下从裂隙间上涌的过程中碰到了大量下侵的冰冷海水时，两种液体发生混合，高温热液流体的温度迅速下降。有时候，最易析出的硫化金属在还没冒出海底时就沉淀了，等到热液冒出海底时，如果热液的温度已经降到适合硅离子和钙离子析出的温度，我们看到的就是"白烟囱"；如果热液的温度降到接近海水时才从海底冒出来，我们看到的就是"低温羽状流"了。因此，从热液的形成过程来看，我们可以肯定的是黑烟囱的温度一定高于白烟囱，低温羽状流则是温度最低的热液形式。事实上，黑烟囱的温度一般在350～400摄氏度，白烟囱的温度稍低，在250～300摄氏度之间，而低温羽状流的温度可低至20摄氏度左右。当然这些黑、白烟囱及羽状流的温度，与所处的深度和周边环境也密切相关。

按输出形式划分，海底热液除了属于高温喷射流的黑烟囱、较高温度的白烟囱和低温羽状流之外，还有一种输出形式，那就是大面积集中爆发形成的"巨型羽状流"。这种巨型羽状流的形成通常与突发的洋脊"扩张事件"或洋底火山活动——海底热泉的突发性大规模喷发相关，因此又被称为"事件羽状流"。它具有瞬时热通量极高的特点，但也正由于它的瞬时高热，事件羽状流是一个非稳定状态，会很快退缩成为稳定状态下的热液输出形态。

2. 热液的空间分布

科学家研究发现，热液活动的分布主要与地质环境有关，构造活动是影响热液活动的重要因素。并非所有的海底环境都会出现热液现象，可能产生热液活动的地质构造是"张性构造环境"。"张性结构"是个力学概念，与"构造"相结合后被应用到构造地质中，形容因受力而产生拉伸的地质构造。"洋中脊"就是一个典型的张性构造，它是海底地幔物质在地壳最薄处上升使海底开裂，熔融岩浆不断喷出后推开周边老的地壳形成的新地壳，因此洋中脊是海底的一处隆起。然而，虽然张性构造环境是可能产生热液活动的地质构造区，但并非所有的张性构造区域都有热液的产生。据统计，全球已发现存在热液的构造环境主要可分为以下六个部分（图1-4）：

（1）西太平洋热液活动区，它的地质构造主要为不同发育时代的弧后盆地和相应的弧后扩张中心，以大西洋中脊、冲绳海槽、马里亚纳海沟、马努斯海盆、北斐济海盆、劳海盆及伊豆-小笠原弧为代表；

（2）东太平洋及东南太平洋热液活动区，主要受东太平洋海隆和构造轴脊裂谷的控制，以东太平洋海隆（East Pacific Rise，EPR）北纬13度、北纬21度和加拉帕戈斯扩张中心为代表；

（3）太平洋板块板内热点活动区，以社会群岛和智利海脊为代表；

（4）慢速扩张的大西洋中脊热液活动区，以大西洋中脊北纬23度、北纬26度、北纬29度和北纬37度热液活动区为代表；

（5）发育在超慢速扩张脊上的印度洋热液活动区，以1995年新发现的中印度洋中脊热液活动区为代表；

（6）典型的地堑式裂谷盆地——红海热液活动区，以阿特兰蒂斯Ⅱ海渊为代表。

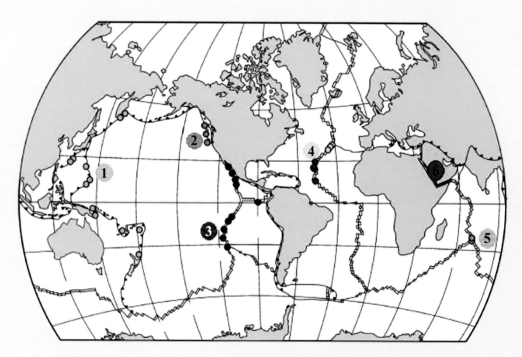

图1-4　全球海底主要热液分布图

上述已发现的热液中，虽然热液所处的地点同为张性构造，但张性构造的特性有较大的不同，比如南部东太平洋中脊隆起属于超快速扩张轴，北部东太平洋中脊隆起属于快速扩张轴，而大西洋中脊隆起则属于慢速扩张轴。科学家们将快速扩张洋中脊的扩张速度定位为平均年扩张距离大于55毫米（此时的快速扩张轴为广义，包括了中速、快速和超快速扩张轴），年扩张距离小于55毫米但大于12毫米的扩张轴就被称为慢速扩张轴，而超慢速扩张洋中脊的年扩张速率小于12毫米。通过理论推导和实际测量，科学家们发现，在不同扩张轴上的热液性质，从大小到分布距离都有着各自的特点。

熔融的岩浆液滴从源区的岩石粒间分离集中，当熔融量增大，熔体可以就地或移动上升一段距离，在不同深度聚集成岩浆房。在快速扩张轴地区，作为热液能量来源的岩浆供给充足且"岩浆房"发育较浅，容易产生活动热液喷口。第一个被发现的热液地区——加拉帕戈斯热液就属于快速扩张轴上产生的热液系统。快速扩张轴地区的热液口之间的间距比较小，热液喷发持续的时间较短。而在慢速扩张轴地区，岩浆供给有限，海底火山发育稀少，但热液系统依然能存在于慢速扩张洋中脊的有利构造单元部位。慢速扩张洋中脊带的岩浆房发育较深，构造通道较长，形成的热液口之间的间距比较大，且热液的持续时间较长。比如在大西洋中脊北纬12度至26度，热液的空间分布大致是每110千米才有1个热液喷口。而在大西洋中脊北纬36度发现的热液喷口在超慢型扩张轴地区，岩浆的供给更为有限，且岩浆房分布极不均匀，一度被认为不适合发育热液。但随着在慢速以及超慢速扩张轴地区发现的热液口越来越多，科学家们发现在超慢速扩张洋中脊也可能有热液系统，但所存在的区域具有比慢速扩张轴更为特殊的有利构造单元部位。值得一提的是，在超慢速扩张轴地区热液口的发现中，中国科学家们贡献了自己的力量，2007年以来，陶春辉等科学家在西南印度洋中脊发现了十多个活动和非活动热液区。

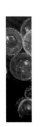
总之，如果对扩张轴的特性与热液特性进行一个总结，我们可以用一句话来概括：快速扩张轴地区，热液易产生易消亡；慢速及超慢速扩张轴地区，热液不易产生但同样不易消亡。从热液生物群落种类多样性看，存活时间较长的慢速及超慢速扩张轴地区的热液生物系统明显低于快速扩张轴地区的热液生物系统。

3. 热液的生命过程

热液系统本身也像生物一样具有新生、成熟、衰老、死亡这样的发展历程，是一个准循环过程。科学家们根据热液活动区输出热液流体的温度和热通量的特征，将整个准循环过程大致分为三个阶段，分别为热液系统的生成阶段、持续阶段和衰退阶段。

热液产生的主要能量来源是地壳岩浆供给的热量，因此只有在热量供给充分的情况下，热液才会产生。在早期形成过程中，岩浆活动频繁，提供了热液形成的主要热量，同时岩浆活动又在地壳上形成丰富的裂缝，所以新生成的热液掺杂了较多岩浆冷却过程中带来的组分，比如高含量的氢气和硫化氢。生成阶段之后，热源相对稳定下来，热液喷口进入持续阶段。此时的热源就从生成阶段的以岩浆冷却为主转变到以岩浆房的热传递热量为主了，因此，热液的化学成分会有所改变，氢气和硫化氢的含量将大大下降。值得一提的是，对热液在地壳中的对流循环模式，现在科学家们还存在争议。最早提出的简单的海水对流循环模式，即在"黑烟囱与白烟囱"中介绍的热液形成的七个步骤，随着对热液科学研究的不断深入，而逐步被否定。Biscoff 等科学家在简单海水对流循环模式基础上，提出了"双扩散对流循环模式"，认为热液循环体系除了图1-5所示的对流循环之外，在该循环的下部还存在另一个对流循环系统。双扩散对流循环模式中的下循环系统主要由岩浆热源驱动高密度卤水层进行循环流动（图1-5）。双扩散对流循环模式正在被越来越多的科学家们认可。

当热源持续向热液系统供给热量后，热源将逐渐衰竭，热液流体的温度逐渐降低。热液温度的降低又会导致热液中的矿物质组分的结晶和沉淀，从而堵塞地壳缝隙，降低热液系统的渗透率。由此，热液进入了衰退阶段，热液的物理化学成分也会随之有较大的变化（图1-6）。

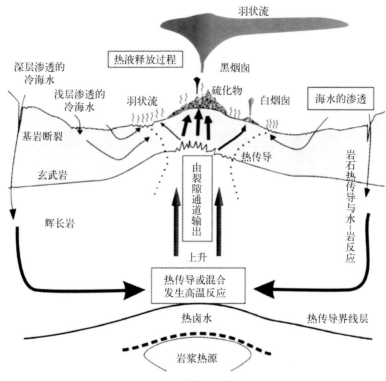

图1-5 热液双扩散对流循环模式示意图

既然热液系统有着新生到死亡的过程，那么那些依附于它的热液生物群落的存亡和特性自然也随之不断变化。在热液不同的生命历程中，热液生物群落也会发生相应的改变，比如群落中生物多样性、生物量和优势物种等。当然，海底的热液活动绝不会完全如上述的程序进行，热液活动可能受其他海底事件的影响，在短时间内经历喷发

或消亡的过程，因此，热液系统也有可能一下子从繁盛的顶端化为乌有。

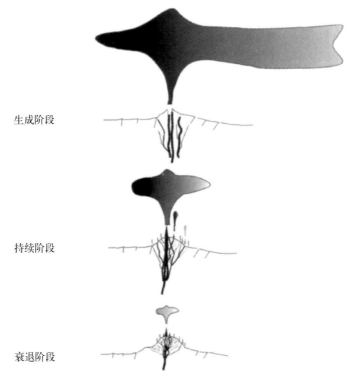

生成阶段

持续阶段

衰退阶段

图1-6　热液的生命过程

火山口的土著——热液生态系统

1. 热液生物种类组成

在海底火山热液区附近，存在着一大片温暖地带，称为"扩散流地区"。这里的温度能达到15摄氏度左右，相对于一般为4摄氏度的冰冷的海底，这个地区就算是非常适合孕育生物物种的温暖摇篮了

（如图1-7所示）。在热液口附近生活着的生物群体，是一个完整的生态系统，也就是引无数科学家竞折腰的热液生态系统。微生物和宏生物（与微生物相对），如管状蠕虫、蚌、蛤、虾、螃蟹、章鱼、鱼等在那里和谐地生活。下面，就让我们逐一向大家介绍深海热液生态系统中的常见生物吧。

1）细菌和古生菌

在热液口环境中，细菌和古生菌是这条"黑暗中的食物链"的初级生产者，类比到陆地的生物群落系统中相当于绿色植物的位置（如图1-8所示）。热液口细菌和古生菌能利用热液提供的化学能，通过氧化热液中硫化物（如硫化氢和硫化亚铁）获得能量，还原二氧化碳制造有机物。令人吃惊的是，这些自养菌的生产效率很高，它们的生产量可能是植物光合作用量的2~3倍。

这些微生物的生活形态分为自由生活和寄生在宏生物体内两种方式。寄生在管状蠕虫、蛤、贻贝等动物体内的微生物，与寄主形成"内共生关系"；还有大量的微生物，会以颗粒的形态聚集在生物和

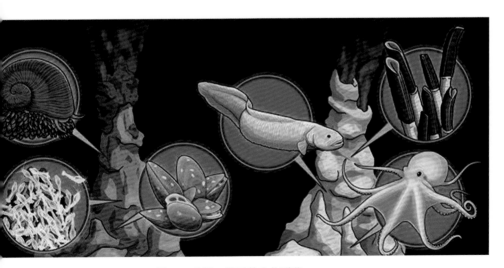

图1-7 热液口附近的生物群落

非生物物体的表面，为捕食悬浮物和沉积物的热液动物如贻贝和蛤等，提供一个潜在的食物来源。关于微生物与宿主形成的"内共生关系"，我们可以从管状蠕虫的身上一窥究竟。

绿色植物光合作用

1. 捕获太阳光

2. 从空气中吸收二氧化碳

3. 绿色植物利用水、太阳光把二氧化碳转化为有机物

4. 释放出氧气

微生物化能作用

1. 热液带来硫化氢

2. 微生物从热液中吸收硫化氢，从海水中获得氧气和二氧化碳

3. 微生物氧化硫化氢获得能量，并把二氧化碳转化为有机物

4. 释放出硫和水

图1-8 绿色植物光合作用和微生物化能作用比较

2）管状蠕虫和它的房客

生活在黑暗世界里的管状蠕虫体内流着和哺乳动物一样鲜红的血液，它们自己不能生产有机物，而是依靠体内寄生的细菌和古生菌获得生存所需的物质和能量。嗜硫共生菌作为管状蠕虫内共生菌的一种，需要获得剧毒的硫化氢气体外，还需要有氧气和二氧化碳。其中剧毒的硫化氢气体只存在于还原态的热液中，而氧气和二氧化碳只存

在于海水中。那么管状蠕虫为了养活体内的共生菌，面临着两大考验：第一，如何同时获得这两类处于不同介质中的物质？第二，如何保证这两类物质能顺利送给体内的共生菌，同时保证自身不被剧毒的硫化氢毒死？

自然界中生物的聪明和适应能力总能超出人们的想象！为了同时获得热液中的硫化氢和海水中的氧气和二氧化碳，管状蠕虫将身体中白色的管状部分固定在热液附近，以获得热液中的硫化物和甲烷，红色的肉头部分则伸到海水中获取氧气和二氧化碳。值得一提的是，管状蠕虫为了同时获得热液和海水中的组分，它的底部处在20摄氏度左右的热液区，而头部却处在4摄氏度的海水中，身体跨越近20摄氏度的温度梯度，这在其他生物中是极为罕见的（图1-9）！那么，管状蠕虫又是如何保证通过血液系统把剧毒的硫化氢气体和氧气以及二氧化碳顺利送给体内的共生菌，而自己又免于被毒死呢？让我们先了解一下硫化氢的制毒机理吧：硫化氢是一种细胞色素氧化酶的强抑制剂，硫化氢能与线粒体内膜呼吸链中的氧化型细胞色素氧化酶中的三价铁离子结合，抑制电子传递和氧的利用，引起细胞内缺氧。简而言之，硫化氢气体能够使细胞产生缺氧现象，从而使细胞死亡。

那么管状蠕虫的血液系统是怎么实现既运送硫化氢又运送氧气的呢？科学家们在管状蠕虫的血液系统中发现了一种非常特殊的血红蛋白，这种特殊的血红蛋白能迅速与剧毒的硫化氢气体结合，结合状态的硫化氢暂时失去了它原来的强还原性。因此，通过这种特殊的血红蛋白，硫化氢就被顺利运送到体内共生菌聚集的地方，作为嗜硫共生菌化能反应的养分。而共生菌获得了宿主提供的养分后，通过一系列的化学作用合成糖类等碳水化合物或者其他具有丰富能量的分子来回报宿主，为宿主提供可接受的营养和能量。于是，一个和谐的内共生系统形成了！对于这样的现象，人类只能感叹一句，大自然的奇妙常常能超越人类的想象！

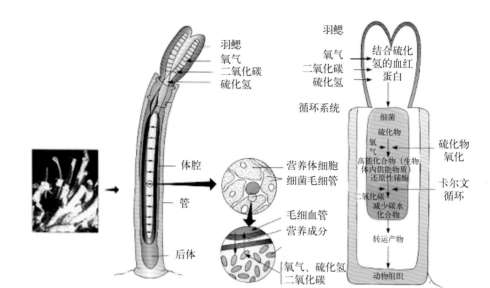

羽鳃
氧气
二氧化碳
硫化氢

循环系统

羽鳃
氧气
二氧化碳
硫化氢

结合硫化
氢的血红
蛋白

细菌
硫化物
氢气
高能化合物（生物
体内供能物质）
还原性辅酶
二氧化碳
减少碳水
化合物

硫化物
氧化

卡尔文
循环

转运产物

动物组织

体腔

管

后体

营养体细胞
细菌毛细管

毛细血管
营养成分

氧气、硫化氢
二氧化碳

图1-9　微生物与宿主形成的内共生关系图

3）热液系统内的宏生物部落

关于热液系统内的宏生物，让我们先来看几组基础数据。科学家告诉我们目前在热液口周围发现的生物已达9个门、500多个种。9个门中软体动物门种类最多，分布最广，次之是节肢动物门和环节动物门。这三个门的种类占所有热液生物种类的90%以上，其中大多数种都是热液口的特有种，还有少量种是与其他深海或冷泉共有的种。在这样的数据下，也实在不难理解深海热液系统对生物学家的强大吸引力了，深海热液系统真是一个生物资源的宝库！

热液宏生物的代表性类群和种类如下：

（1）管状蠕虫

管状蠕虫（图1-10）构成了人们对海底火山地区的第一印象，是海底热液地区的标识性生物。如上文共生体系中介绍的，管状蠕虫生活在火山喷出的热液与寒冷的海水的交汇处。管状蠕虫是红白两色的，白色的是外管，由一种名叫角质素的材料形成；红色的是像鳃的可伸缩肉块。蠕虫就是通过红鳃的运动，从热液中获取硫化氢，又从冰冷的海水中获得氧气的。管状蠕虫从来不离开它们的白色外管，因为外管能保护它们不被热液口流出的化学物质所毒害，并使蠕虫不被食肉动物如螃蟹、鱼等吃掉。当受到攻击时，它红色的肉质部分会迅速缩进白色外管。管状蠕虫不吃不喝，没有嘴也没有胃。它们与寄生细菌相依为命，成千上

图1-10　热液宏生物：管状蠕虫

万的寄生细菌生活在管状蠕虫内部。科学家们对采集到的蠕虫进行实验室分析发现，这些与管状蠕虫共生的细菌的生物量竟然占到蠕虫生物总量的60%，这真是一个惊人的数据。

那么管状蠕虫是如何进行繁殖的呢？这点科学家们还不清楚，但有一点是明确的，管状蠕虫是有雌雄之分的。管状蠕虫是海洋中积极的动物移民，它总是充当新的热液地区的第一批居民。那么管状蠕虫是如何从一个热液地区迁移到另一个热液地区的呢？到目前为止，这仍是一个未解之谜。

（2）贻贝

通常，贻贝（图1-11）是最早移居热液口的贝类居民，常常丛生在岩缝和海底缝隙中。在贻贝的鳃上，共生着大量类似于管状蠕虫腔

图1-11　热液宏生物：贻贝

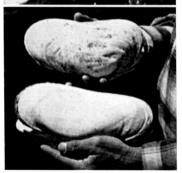

图1-12　热液宏生物：蛤

内寄生的微生物。微生物生产的碳水化合物是贻贝的主要食物来源，但与管状蠕虫不同的是，贻贝也能通过过滤海水寻找到食物。因此，当热液停止流出时，贻贝还可以生存相当一段时间。贻贝是可以行走的。当它们需要移动时，它体内的足丝便会拉伸，伸出壳外，足丝的端部具有大量微小的吸盘，可以紧紧吸住周围的岩石等硬质物体，依靠足丝弯曲、伸直的往复运动，拖动整个身体蹒跚前行。它们的移动速度非常缓慢，因此贻贝常常成为螃蟹和章鱼的捕食对象。

（3）蛤

与贻贝相比，蛤（图1-12）搬到热液口的时间稍晚一些。它们具有更为强健的足丝，可以楔入海底岩缝中，并借此移动身体。它们只喜欢待在有热液流经但温度只是稍稍高于海水的地方，因此，蛤通常分布在热液群落的外围。虽然蛤具有摄食悬浮颗粒的能力，但科学家在蛤的鳃丝上发现了大量附着的硫化细菌，因此他们认为蛤体内也存在内共生系统，其部分营养由这种共生关系的细菌提供。虽然蛤长着一个看似很坚硬的外壳，但它仍然常常沦为螃蟹和章鱼口中的美餐。

（4）蟹类

生活在热液口附近的白色螃蟹（图1-13）通常分为好几个种类，但它们的形状相似。其中有些螃蟹是食腐性的，有些则是捕食性的。食腐性的螃蟹喜欢生活在蚌类区或管状蠕虫区，以食用那里的细菌和动物尸体为生。螃蟹在热液生物群落中已经处在食物链的上层甚至是顶层了。因此，对捕食性的螃蟹来说，细菌、虾、蚌、蛤和管状蠕虫都是它们的食物，有时它们甚至还吃同类，是一种极凶恶的食肉动物。白螃蟹并非热液口特有的物种，也不是所有的热液口都有白色螃蟹的存在。白色螃蟹生活在大洋的各个地方，但在热液口附近的数量有明显增加，这应该归功于热液口周围丰富的食物资源。

图1-13　热液宏生物：热液白蟹

（5）虾类

世界上热液口周围已发现的虾（图1-14），总共有十多种，它们聚集在海底火山热液口区域，差不多有一多半生活在大西洋中，一小半则生活在太平洋中。其中，东太平洋洋中脊热液区生活的虾不仅种类少，数量也很少。在太平洋的一个火山热液口通常只生活着一种虾，它们喜欢待在管状蠕虫和蚌的生长区。而在大西洋洋中脊地区，虾常常是热液生物群落中最主要的优势种之一。虾密密麻麻地附着在

黑烟囱旁，密度大得惊人，每平方米竟然能够聚集三万多只虾，煞是壮观！这些虾以热液口附近的微生物为生，有时也吃生长在它们自己身上的微生物，有些虾还会去吃小贻贝。但无论如何，虾都不算热液生物群落中的终结者，它们是螃蟹、海葵和绵鳚鱼盘中肥美的午餐。

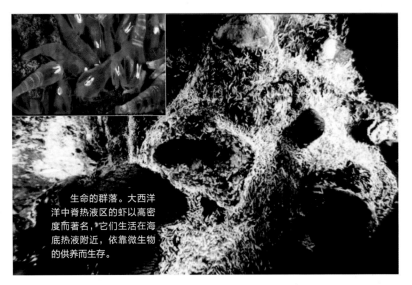

生命的群落。大西洋洋中脊热液区的虾以高密度而著名，它们生活在海底热液附近，依靠微生物的供养而生存。

图1-14 热液宏生物：虾

(6) 多毛类

最常见的多毛类是"庞贝蠕虫"（图1-15）。它们有着毛茸茸的身体，体表共生有大量微生物，生活在黑烟囱的外壁。黑烟囱外壁的温度最高能超过100摄氏度，庞贝蠕虫用它的分泌物在烟囱的岩基上堆起一条细长的管子，就像珊瑚虫一样，蜷缩着蛰居在里面。生物学家们将温度计伸进石管测量了温度，结果发现，在管口温度是20～24摄氏度，而在管底，也就是贴在烟囱壁处的石底部为62～74摄氏度，最高值测到81摄氏度。水下的摄像装置还记录到这些蠕虫时不时爬到管外的状况，管外的热液温度最高可达105摄氏度。可见庞贝蠕虫耐受温差之大。

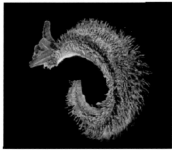

图1-15　热液宏生物：庞贝蠕虫

（7）管水母类

管水母类动物长得就像我们常见的蒲公英（图1-16），因此，又被称为"海蒲公英"。它是由许多个水母单体组成在一起的集合体，有着长长的灵活的触须。通过控制触须，海蒲公英可以把自己固定在岩石上或进行挪动。海蒲公英是腐食食性者，以动物尸体为食物，是热液口的清道夫。它们是最晚进入热液口的种类之一。一般来讲，如果海蒲公英大量出现在热液生物区，那么就标志着这个热液口已经接近或处于枯竭状态了，大量的生物已经死亡。

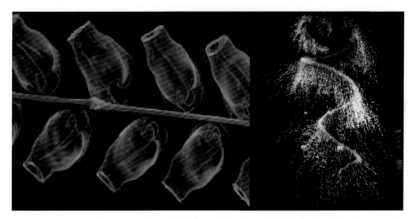

图1-16　热液宏生物：管水母类（左图），烟火管水母（右图）

（8）章鱼和鱼

章鱼和鱼都不是热液独有的生物（图1-17），但偶尔能在热液口看到。三大洋的热液口已记录到至少20种鱼类，其中属于绵鳚科的种类最多，约占种类总数的50%。除了东太平洋洋隆的热液口外，其他区域的热液口通常只出现1~2种鱼类。从绵鳚科鱼的体态看，将它唤作"大头鱼"是比较贴切的。大头鱼是该地区体型较大的动物，它的长度有时可达0.5~1米。它的头部大得离谱，身子却细细长长的，像鳗鱼，呈银白色。大头鱼是一种食肉动物，从管状蠕虫到虾通吃无忌，其中最喜欢吃的是片脚类动物和虾，它们同样是被热液生物区丰富的食物资源吸引过来的。片脚类动物外表像虾，体型微小，身体内外透明，这样的结构是为了隐藏自己而不被猎手发现。鱼是热液口生物群落中真正的霸主，占据着顶层食物链的位置，它们的食量惊人，可行动却十分缓慢，还常常处在睡眠状态，因为在热液生物区它们完全不用担心如何填饱肚子的问题。它只要游到热液口张开嘴等上一会儿，漂游的密密麻麻的微小生物就会自发地漂流进入大头鱼嘴巴里，成为它的美餐——而且大头鱼似乎也不挑食。由此，热液口地区的食物之丰富程度可见一斑了吧。除了守株待兔之外，大头鱼喜欢在管状蠕虫和贻贝丛中游弋觅食。

章鱼是另一种处在热液生物群落生物链顶端的生物。章鱼的身体长1米左右，头部相

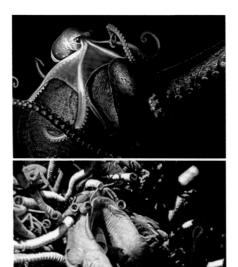

图1-17　热液宏生物：章鱼和鱼

当于一只橙子那么大，它们喜欢栖息在管状蠕虫和贻贝丛区，捕食除了鱼以外的生物，包括凶猛的螃蟹。

2. 热液生态系统的形成过程和特点

应该说，热液生态系统是依附于热液系统而形成的。随着越来越多的热液系统在各个海域被发现，对热液生态系统的认识越来越深入，科学家们惊讶地发现，许多意料之外的现象不断冲击着他们固有的认知。比如说，同是热液生态系统，空间和时间上的不同使得热液生物群落之间存在着显著的差别。

其实，虽然热液生物群落的时空变化在发现初始引起了科学界不小的震动，但如果类比到陆地上的生物群落，又是理所当然的事了。作为一个生态系统，比如热带雨林生态系统中的巴西亚马孙热带雨林生态系统和中国云南西双版纳热带雨林生态系统，一定存在着相似之处，但在群落结构和物种形态方面也一定存在着差别。那么，热液生态系统也是如此。在科学家眼里，这些明显的相似和区别一定与不同热液地区的某些性质的相似和差异相关，这引起了科学家们的兴趣，经过系列的调查分析，形成了数种对这些相似和区别的解释和假说。

1）热液生物群落的空间变化

不同地域的热液系统周围的热液生态系统有着显著的差别。但在这种地域引起的系统差别中，又有着蛛丝马迹的规律存在。比如说，在太平洋喷口的生物群落里，主要生活着红白相间的管状蠕虫、金黄色的深海黄金螺和白色的贝和蛤；在印度洋的热液喷口和大西洋洋中脊的热液生物区，红白相间的管状蠕虫不见了，那里的优势种群变成了黄金螺、虾（包括阿尔文虾）与贻贝。这里提到的阿尔文虾（Alvinocarididae），就是科学家乘坐"阿尔文"号载人深潜器科考时首先发现的，并以载人深潜器的名字来命名的。

科学家对比东太平洋海隆和大西洋洋中脊之间的物种分布情况发

现，喷口群落的物种在种、属、目，甚至在更高的分类水平上几乎都是独有的，这显示了地域隔绝因素对热液生物群落特性的重要影响。基于这种现象，科学家们提出了动物区系在热液喷口的分布与板块构造历史有关的假说。科学家们还从种种迹象中发现了热液生物主要是沿着洋中脊迁移这个特点，因此，又提出了热液喷口的生物地理分布模式与洋中脊的发展有关的推测。

除了地域隔绝引起的热液生态群落差别之外，科学家研究发现，热液生态群落的特点与热液产生的地理位置、在海底的高度以及产生热液地区的岩石类型有紧密的联系。作为热液生物群落生活的环境，热液的物理化学成分指标当然是决定生物群落差异的重要因素之一。而热液的物理化学成分则主要与热液存在的深度、所在洋中脊的物理特性以及热液地区的岩石类型有关。之前，我们介绍了热液的形成过程，是由海水下沉到地壳，被岩石加热后发生水岩反应形成的。那么，岩石成分作为反应物之一，对热液成分的影响是不言而喻的。而深度对热液的物理化学成分影响，主要来自热液在不同深度反应时的温度和压力条件不同。科学家们惊讶地在部分热液口采集到了冒出的盐度超高的卤水，而在部分热液口又采集到了盐度接近零的淡水。热液的物理化学成分差别如此之大，也就不难理解热液生物群落之间的差异了。以大西洋洋中脊发现的热液口为例，深度对热液生物群落的影响可见一斑。在中大西洋洋中脊发现的热液口，大多分布在北纬14度至38度间，对洋中脊的深度来说，北纬27度是个分界点。北纬27度以北，热液深度都小于2000米，而在北纬27度以南，热液都处在水深超过3000米的海域。科学家发现，从南部的Logatchev热液口到北部的Menez Gwen热液口，热液生物群落中的优势种生物逐渐由虾转变成双壳类贻贝。导致这种现象的原因，科学家们已经给出了解释，主要是热液中的重金属含量和颗粒物浓度的差别。在南部热液口虾是最主要的优势种，是因为虾对于重金属含量高的热液具有较强的回避能力。虾可以自由游动，这样在它的幼体发育期间，它就能躲开重金属含量高的热液口区，提高幼体的存活率，随着个体发育成熟，抵抗力不断增强，这些虾便又能耐受这一区域的环境；而贻贝等移动能力较差的种类就没那么幸运了，它们因无法耐受重金属而死亡。然而，到了北部热液口重金属含量和颗粒物浓度都较低的地区，贻贝其他方面的竞争优势就凸现出来，成为群落的优势种类。

不仅不同海域的热液生物群落的组成成分有所差异，同一个物种在不同的大洋热液口，其形貌也可能天差地别，就如古文说的"橘生淮南则为橘，生于淮北则为枳"一样。以热液生物群落的标识性生物管状蠕虫为例，在大西洋洋中脊的热液口生物群落和太平洋洋中脊的热液口生物群落中都有它们的身影，可是，如果说太平洋的管状蠕虫鲜艳饱满，就好像是一株株盛放的玫瑰；那么大西洋的管状蠕虫则形同废墟中丢弃的白色塑料细管，苍白而瘦长，长得也是东倒西歪，毫无美感（图1-18）。这让人不由地揣测，如果首次发现的热液口是在大西洋洋中脊而非在太平洋洋中脊处，那样形状怪异的热液生物群落是否会稍稍延迟科学家们对热液的巨大热情？

图1-18　东太平洋洋中脊地区与大西洋洋中脊地区的管状蠕虫

　　以单个热液生物群落来看，种群的分布是以热液喷口为中心向四周呈环形分布的。以热液为中心，不同类群的生物占据着距中心位置不等距离的位置。从这种分布形式就可以看出热液生物群落的分布很大程度上受到海底热液产生的温度梯度的控制。在近喷口处，温度为20～110摄氏度，这里，多种嗜热菌和古生菌常常在烟囱壁、玄武岩等硬基质表面形成层状的白色菌毯；在喷口附近，通常在烟囱壁上温度为20～45摄氏度的地带，则是嗜热多毛类庞贝蠕虫的家园；再往外就是热液地区的"明星"管状蠕虫了，它们主要分布在5～25摄氏度区域；捕食性的蟹常常喜欢盘踞在靠近热液羽状流区温度在8～20摄氏度的管状蠕虫群集区域；贻贝、蛤和虾一般分布在温度低于10摄氏度的外围地带；而并不常见的鱼和章鱼，则偶尔出现在热液口周围。当然，热液生物群落的环带状分布并没有非常严格的界限，随着热液羽状流的温度梯度不同，有时生物之间也表现出不同门类的杂居和共生现象。图1-19为热液口生物的空间分布模式。

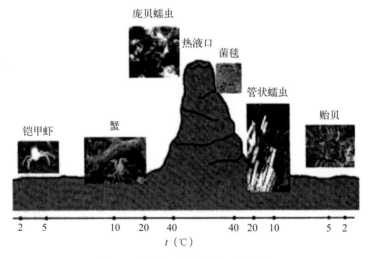

图1-19　热液口生物的空间分布模式

2）热液生物群落的时间变化

对于依附于热液系统的热液生物群落，深海热液的活动自然对生物群落的存亡和特性都有着重大影响。既然热液系统有着新生到死亡的过程，那么即使在同一个热液生态系统中，在热液不同的生命历程中，热液生态系统也会发生相应的改变，比如系统中物种数量和优势物种等。

1991年4月，科学家们非常幸运地在东太平洋洋中脊地区北纬9度45分和北纬9度52分之间，发现了一处刚形成的热液活动喷口区。该热液地区属于快速扩张轴地区，这一区域处在东太平洋洋中脊刚喷发的海底火山口区，对这里的新热液活动喷口的观测在火山喷发之前就开始了。所以，经过其后数年对该热液喷口的持续观测，科学家们获得了非常珍贵的、包括从喷发前15个月到喷发后55个月的、完整的第一手观测资料，为研究热液生物群落的演替开启了新的一页（图1-20）。

图1-20 管状蠕虫的生命"轮回"

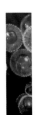
新形成的热液活动喷口正位于东太平洋洋中脊地区北纬9度9分到北纬9度54分之间，这是迄今为止发现的热液活动最为频繁的区块之一。1989年11月，通过搭载在深海拖体上的摄像设备，科学家们在该地区北纬9度45分到北纬9度51分之间，发现一块类似加拉帕戈斯群岛附近的洋中脊裂谷地带热液生态系统。这里同样有着白色的贝和蛤、大群的虾、横行的螃蟹和大片红白相间的管状蠕虫。

（1）热液的集中喷发阶段

1991年4月，温度高达392摄氏度的热液从原本光秃秃的岩石缝隙里爆发出来，巨石断裂崩塌，紧接着，更多的岩浆和热液从大大小小破裂的岩石缝里喷涌而出。灼热的岩浆无情地摧毁了那里的几个生机勃勃的生物群落，所过之处一切都化为乌有。大型生物化为灰烬，起伏的岩石、突起的烟囱口都一股脑儿地被夷为平地。1991年4月之后对新生热液区的温度监测显示，热液羽状流区域的温度在22~55摄氏度。同时，热液羽状流区域的铁离子和硫化氢含量也增加到了一个很高的程度（大于1毫摩尔/千克）。可令人惊奇的是，在这样一个令人绝望的环境下，居然有大片大片的微生物喷涌而出，以至于形成了一张面积50平方米，1~10厘米厚的纤维状的白色菌毯，笼罩了整个新生的热液区域。当这张白色菌毯被猛烈喷发的热液流冲起的时候，可以上升高达50米的距离。随即，在新生的热液区域将会纷纷扬扬地下起"暴风雪"（图1-21）。这种在热液口喷发初期阶段最先出现的、能大量繁殖形成菌毯的微生物已经被科学家分离鉴定出来，是一种形状像剑鞘一样的单纤维嗜硫微生物。

虽然微生物已经蓬勃地生长起来，但此时的热液地区依然是一片荒凉。1991年4月期间，水下摄像机只记录到6只螃蟹和1条大头鱼偶然经过这片生物区。

图1-21　热液喷发初期的生物"暴风雪"现象（右上图）以及偶尔经
过新生生物区的大头鱼（左图）和螃蟹（右下图）

（2）热液的稳定喷发阶段

1992年3月，距热液集中喷发已经过去了11个月，热液的集中喷发
阶段基本结束。热液集中喷发阶段的那种铺天盖地、毁天灭地的气势消
退了，转而形成了一个个大小不一的独立的热液喷口区，热液的喷发进
入到稳定喷发阶段。到了这个阶段，由嗜硫微生物霸占热液羽状流生态
系统的状况很快就被宏生物管状蠕虫所取代，原来笼罩着热液区域的巨
大白色菌毯很快缩水成大小为1～10平方米的圆形碎屑状。在稳定喷发
阶段的初期，微生物的辉煌时代过去了，取而代之的是一种耶利歌管状
蠕虫（图1-22）。它的个头比较小，管子长得非常像一段段生了锈的
可伸缩水管，里面的肉头部分虽然也呈红色，但远没有我们发现"玫瑰
花园"时占主导地位的巨型管状蠕虫鲜艳饱满，因此科学家们又给耶利
歌管状蠕虫取了一个形象的昵称"生锈蠕虫"。经科学家检测发现，这
种蠕虫外表的铁锈色还真和铁元素脱不了关系。新生热液区中由热液喷

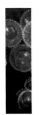
出的高铁离子化合物就像沙尘暴似的，铺了管状蠕虫满脸满身，这才让它显得那么邋遢。如图1-22所示，生锈蠕虫也不是全身铁锈，偶尔也露出一点原本雪白的颜色。生锈蠕虫的生长位置很固定，它们要么生长在热液喷口的侧边，要么紧挨着大热液喷口附近的小裂隙，那里的海底地面上还冒出小股热液。那些小裂缝附近还厚厚的覆盖着曾一度笼罩整个热液口的白色菌毯，在这些圆形的白色菌毯之间有一个个"小岛"，里面挤着软壳动物——两种深海帽贝。它们的居住密度高达每平方米100～500个。为什么这些软壳动物居住的地方没有白色菌的存在呢？原来，这种软壳动物正是以捕食白色嗜硫菌为生的。在这个时期里，在热液生物区出现的螃蟹数量已经增加到1000多只，大头鱼的数量也有17条了。此时，它们还只出现在热液区边远地带，几乎不爬到耶利歌管状

图1-22　热液喷发后11个月后，热液进入稳定喷发阶段。生物"暴风雪"迅速缩小范围，生锈蠕虫开始占据热液生物区（上图），还有大头鱼（左下图）和螃蟹（右下图）

蠕虫生活区去。一些非热液生物，如一般的螃蟹和拥有鞭子一样上肢的虾，也开始聚集在热液生物区的外围，根据喷口的大小和喷射强度，距离喷口4～40米不等。从生物群落的多样性角度看，此时的热液口生态群落的物种还比较单一，只有4～5种，除了上述介绍的生锈蠕虫、捕食白色细菌为生的软壳动物深海帽贝以及螃蟹之外，还有长着长长尾巴的大头鱼。

（3）"玫瑰"复生

到了1993年12月，距集中喷发32个月后，已经独立喷发的一个个大小不一的热液喷口又发生了分化：有些喷口喷射强度几乎不变，有些则正处在慢慢减弱的过程中，有些喷口的喷射强度已大为削弱，有些喷口甚至已经消失不见了（图1-23）。依附于那些强度削弱甚至已经消失的喷口生长的管状蠕虫自然也难以幸免于难，摄像头清楚地记录下了那些濒临死亡和已经死亡的管状蠕虫。可以看到，在这些管状蠕虫开始相继死亡的时候，大量花朵似的管水母动物，也开始划着它们长长的纤维状触须，移向这些地方并占领原本属于管状蠕虫的势力范围。

此时，在热液持续喷发的喷口区，热液生物区的温度和硫化氢的浓度差不多降到热液爆发时的一半，温度从22～55摄氏度降到16～35摄氏度，硫化氢浓度从1.9毫摩尔/千克降至0.97毫摩尔/千克。同时，即使是在热液仍然持续稳定喷发的喷口区，大量高密度的微生物菌毯再也找不到了，转而变成了低密度的菌毯碎屑，而且只附着在高温热液烟囱口的表面。此时，热液生物群落的物种丰富程度大大增加了，从1992年3月到1993年12月，热液区发现的物种数量从4～5种至少增加到了11种。在热液喷口依然稳定喷射的区域，大个体的巨型管状蠕虫开始大量繁殖，取代了先前的小个子的"生锈蠕虫"成为热液区的新主导宏生物，花园中的"玫瑰"又要开始绽放了（图1-24）。除了巨型管状蠕虫和之前已有的5种生物之外，虾、多毛管状蠕虫、奇怪

图1-23　距集中喷发32个月后，部分喷口开始死亡。摄像头清楚地记录下了那些濒临死亡和已经死亡的管状蠕虫。大量花朵似的管水母目动物占领了管状蠕虫的栖息地

图1-24　距集中喷发32个月后，在热液持续喷发的喷口区，热液生物群落的物种大大增加了。大个子巨型管状蠕虫逐渐取代小个子"生锈蠕虫"，成为了热液区的新主导宏生物

的甲壳类动物等6种新生物加入了这个热液生态系统。原来已经在热液外围地区观望的非热液生物们，数量越来越多，终于忍不住开始往热液喷口中心迁移了。大个子巨型管状蠕虫大约能长到和人一样高，令人惊奇的是，它的生长速度非常快。已知一只身高1.5米的巨型管状蠕虫第一年可以长约85厘米，已经超过它成体自身一半的高度！这是科学家们记录下来的最快的管状蠕虫生长速率。以这样的速度生长，科学家发现，大个子巨型管状蠕虫从出生到成熟仅需要20个月不到的时间。巨型管状蠕虫个头也是高矮不一，即使在同一个热液生态群落区，生活在中心区的也要比生活在边缘区的高上一倍不止。更有趣的是，根据科学家们的观察，生活在中心区的管状蠕虫高度似乎与热液黑烟囱的喷射强度成正比。

1994年10月，距热液集中喷发42个月后，硫化氢浓度和热液中铁含量进一步下降。热液中硫化氢的含量已经降到0.40～0.68毫摩尔/千克了，差不多比10个月前又降低了一半。在这10个月中，巨型管状蠕虫继续大量繁殖，密度增加了约一倍，从开始的稀稀疏疏变成了挨挨挤挤。它们的个子也长高了许多，最快的管状蠕虫在10个月内长高了1米。这时候，热液区特有的贻贝也到这个新生的热液生物区安家落户。有趣的是，这种贻贝似乎很有地域观念，又特别喜欢漂亮的巨型管状蠕虫，因此它们总是很绅士地先在离巨型管状蠕虫0.5～6米的区域定居下来，在经过3个月左右的熟悉过程后，它们就厚脸皮地贴着巨型管状蠕虫住在一起了（图1-25）。

比较让人意外的是，在历时2年的连续记录中，水下摄像机一直没有在这个新生热液系统中拍摄到一种在太平洋中脊热液生态系统中常见的热液蛤。在1995年11月，科学家们又利用了一台在海底分辨率为1厘米，拍摄距离能达到2米的大型水下摄像系统对这块新生热液系统进行了强化性搜寻，即便如此，人们依然没有找到热液蛤的蛛丝马迹。当然，没有发现并不等于这块热液系统中没有这种蛤。鉴于这种

图1-25　距热液集中喷发42个月后，热液区特有的贻贝也到这个新生的热液生物区安家落户，它们总是很绅士地先在离巨型管状蠕虫0.5～6米的区域定居下来

蛤具有强健的足丝，可以楔入海底岩缝中生存，也有可能是它们藏身在一些大型水下摄像系统极难发现的环境，比如在大型火山岩的孔隙和裂缝下定居下来了。

时间到了1995年11月。55个月后，热液的覆盖范围和1994年10月时保持一致，但热液中硫化氢的浓度下降至0.2～0.4毫摩尔/千克，热液群落的温度也下降了10摄氏度，生物区中铁的浓度持续维持在一个很低的水平。管状蠕虫长得越发茂密了，生长范围也在扩大，但在茂密的管状蠕虫区内已经能看到一些死亡的蠕虫，它们鲜红的肉头不见了，只剩下一根白色的管子（图1-26）。对喜欢栖息在管状蠕虫区的生物，如贻贝、虾和蟹等来说，扩展的管状蠕虫区为它们提供了更多的栖息地。因此，这些生物的数量也增加了。到了1995年11月的时候，贻贝已经完全和巨型管状蠕虫打成一片，成为形影不离的伙伴了。

在喷口喷发3～5年内热液动物的种类数增加了2～3倍，而在没有其他海底火山喷发和地震的情况下，在喷发后的5～10年内热液生物群落中，贻贝和双壳类将取代管状蠕虫成为该热液口最占优势的大型底栖动物。当热液口的热液活动逐渐减弱乃至消亡后，生态系统中靠热液维持的底栖生物会死亡或迁移至别处。生

图1-26　55个月后，管状蠕虫长得越发茂密了，生长范围也在扩大，但在茂密的管状蠕虫区内已经能看到一些死亡的蠕虫，它们鲜红的肉头不见了，只剩下一根白色的管子

物学家研究发现，热液生物群落在短时间内经历着从发展到消亡的群落演替过程，推动这种演替的不仅是地质和化学环境的变化，生物内在的因素也起很大作用。当然，海底的热液活动绝不会完全如上述的程序进行，也会受其他海底事件的影响。

阳光下的热液区——浅海热液

　　热液并不仅仅存在于深海海底，在浅海甚至距离海面十多米的地方也会存在热液。热液也存在于陆地上，就是我们比较熟悉的温泉和热泉，如美国黄石国家公园的热泉，我国安徽黄山的温泉、云南腾冲的温泉，等等。有一种对海洋中热液的分类方法就是根据热液在海洋中的高度划分的，水深200米以上的热液被称为浅海热液，超过200米的则被称为深海热液。浅海热液的发现其实还早于深海热液，与浅海热液活动相关的一些特殊的生物现象甚至在19世纪80年代之前就被某些文献提到了。但令研究浅海热液的学者愤愤不平的是，对浅海热液活动的研究一直没有受到科学界的重视，直到近几年，随着世界各地

越来越多的浅海热液系统及其相关的生态系统被发现，投入浅海热液活动研究的科学家才逐渐多了起来，不过其热度仍比不上深海热液系统（图1-27）。

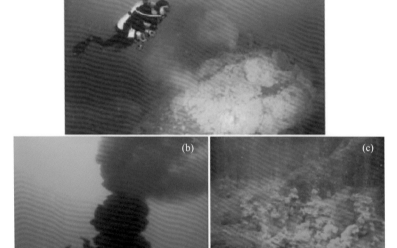

图1-27 台湾浅海热液区龟山岛热液的白泉（a）、黄泉（b）和气泡区（c）

　　虽然在本书中，介绍的重点仍将是深海热液系统，但适度地向大家介绍一下浅海热液系统也很有必要。同为热液，与深海热液系统和陆上热液系统相比，浅海热液活动的多数性质介于两者之间。浅海热液的来源比较复杂，其主要来源有三种，分别是海水来源、大气来源和岩浆来源。海水来源部分与深海热液的形成类似，然而对浅海热液来说，海水在深层地壳与岩石发生水岩反应时或生成的热液在海底上浮过程中，除了活动的火山岩浆冒出的气体成分之外，大气降水也有可能通过地表裂隙从陆地渗入到热液中去，改变部分浅海热液的物理化学性质。其中，大气降水加入到热液上浮过程成为部分热液的来源，是浅海热液系统有别于深海热液系统的主要部分。

　　由于压力的缘故，已发现的浅海热液系统温度在10～120摄氏度范围内，比深海热液低得多。它的化学成分受不同的来源影响，不论是与深海热液比还是相互比较，都有较大的差别。而浅海热液系统中最有趣的应该算它伴生的生态系统了。当浅海热液系统处在海水的真光层时，在还原性环境下生活的化能自养型微生物和依赖光合作用生活的生物，都能在浅海热液形成的生态系统中存活。海洋真光层是指自然光穿过海水时达到光能衰减至1%的水层深度，在干净的海水中，透光层最深可达200米左右。

　　因此，研究浅海热液生物区的科学家宣布，从生态多样性角度，浅海热液的生物群落比深海热液的生物群落更复杂。根据测量结果，由于浅海热液所处深度较浅，有些喷口甚至只离海面10米左右——如龟山岛浅海型热液的黄泉口只距海面8米，而热液喷射强度很大，在海面上能清晰地看到像喷泉一样涌出海面的部分。在这种情况下，部分热液羽状流会浮在海水表层。科学家告诉我们，在这些海域观察海水的纵向分布会发现（图1-28），海水的最表层进行的是微生物的化能作用，而在次表层才开始进行浮游植物光合作用。各个深度上形成的有机质和代谢产物的有机碳下沉后被分解，产生新的营养物质，供微生物和藻类再利用。

　　这是一个多么复杂的生态系统啊！在浅海热液形成的还原性环境中，滋养着大量进行化能作用的微生物群以及捕食这类微生物群的相关生物系统。而在未受热液影响的海水中，生活着进行光合作用的各种微生物、藻类以及相关的生物系统。两个系统相互交织在一起，产生各种有机质和代谢产物。科学家们感兴趣的是，在这个生态系统中，对初级生产力的贡献到底是化能作用多些呢还是光合作用多些？在化能作用和光合作用交织在一起的区域内，它们是互相影响、互相渗透还是泾渭分明、井水不犯河水？交织区域内的生物会产生什么新的变化吗？生物又会对环境产生新的影响吗？

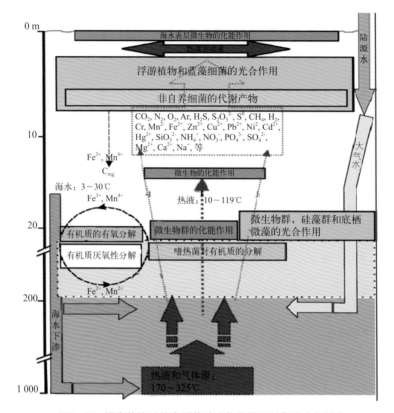

图1-28　浅海热液系统主要的地球化学循环过程和生物过程

触摸海底——海洋技术在热液研究上的支撑

有人可能会问，人们如何在茫茫大海的深部，发现这些海底热液的呢？譬如，在上文中我们看到了许多描述热液的照片，这些照片是怎样得到的呢？大家都会说这是拍摄到的。但大家能否再深入思考一下，这些数千米之深的海底图片，科学家们是如何拍摄到的呢？

对了，有人想到了载人深潜器。科学家一定是搭载载人深潜器，潜到深海，用安装在深潜器外部的摄像机拍摄照片的。载人深潜器是一个技术奇迹，前文多次讲到的"阿尔文"号载人深潜器，是世界上

56

最为著名、使用次数最多、获得研究成果最多的载人深潜器。

让我们在这里一一归纳，科学家开展海底热液研究，需要哪些技术手段。

深海热液研究中的技术难点除了深海赋予的高压、高盐度的特点之外，还具有高温、高抗腐蚀性及生物污染方面的挑战。比如说在"发现热液"研究中，首先要基于对热液的物理化学性质的分析。

我们要想发现热液的话，需要一系列的探测手段，来找到热液。当然我们不会乘坐载人深潜器在海底四处寻找，我们需要对海底地貌进行分析，找到像洋中脊这样的地方。然后我们会采取一些探测方法，通常采用物理探测方法或化学探测方法。譬如我们用温度传感器，去探测海底的温度异常——因为海底热液最为显著的特点是高温，这就是一种物理探测方法。我们也可以用甲烷传感器，去发现海底热液引起的甲烷异常，这就是所谓的化学探测方法。通过这样的方法，我们不断地缩小搜索靶区。在使用载人深潜器之前，我们还可以用水下遥控潜水器（ROV）或水下自主潜水器（AUV）等无人潜水器去观察海底的热液地区，最后用载人深潜器把人送到热液旁边，开展热液的观察和研究。

在这里，让我们用定位海底热液这样一个例子，来说明技术手段是如何发挥作用的。

热液喷口的大小在直径几米到数十米的范围内，想要在茫茫大海的海底寻找到这样尺寸的目标，其难度真可用大海捞针来形容。如果说1977年"阿尔文"号载人深潜器在东太平洋加拉帕戈斯群岛的大洋洋中脊裂谷地带考察时，发现热液喷口及周边的生态群落还可能有些运气的成分，那么之后各种海域内热液喷口井喷似的发现，绝不可能仅仅依靠运气的眷顾。那么科学家们是如何在茫茫大海中精确定位到这些烟囱口的呢？

国际上勘探热液已基本形成了一套根据热液口羽状流特征来寻找热液口的方法。科学家研究发现，羽状流在不同的海域有着一些系统

性的差异，比如在太平洋洋中脊，热液羽状流通常在距海底100～150米的高度；在大西洋洋中脊，热液羽状流通常离海底更远，主要分布在200～400米的高度。在这个高度，热液已经被稀释1万倍，在海底洋流的作用下向横向扩散，形成羽状流。

根据对已找到的热液的研究发现，刚喷出的热液与海水之间的物理和化学成分有明显差别：热液温度高、浊度高、还原性强；海水温度低、浊度低、氧化性强；热流中的氦同位素、铁离子、锰离子、甲烷、硫化氢等化学量远高于海水。然而随着羽状流与海水混合逐渐远离热液喷口，有些元素的浓度差很快低于检测下限，比如氧化还原电位和硫化氢浓度；有些元素的浓度差则在距离热液口1千米左右的羽状流中都能被检测到，比如锰；有些元素虽然在随热液与海水混合过程中被迅速稀释，但可以较稳定地存在于热液羽状流中，甚至在数十千米的羽状流扩散区域也能检测到，比如氦同位素，甲烷化学量以及浊度参数。根据上述热液羽状流与海水的差异量（称为异常），科学家们研制了相关的传感器，利用这些异常量来寻找羽状流的位置，从而精确定位到活动热液口。

勘探方法的形成是一个慢慢摸索的过程，也是一个典型的科学加技术的例子。由于各种元素异常能存在的范围不同，定位热液喷口就是一个利用相关传感器，逐步缩小范围，最终精确定位热液喷口的过程。定位过程主要分为三步。

第一步：通过走航过程中浊度传感器和甲烷等传感器发现异常信号，将目标范围控制在数十千米以内。此时悬挂传感器的拖体离海底的距离在100～400米范围内。

第二步：在数十千米的目标范围内，通过拖曳中距离（1千米以内），如锰传感器和其他近距离存在于热液喷口附近的物理化学传感器（氧化还原电位传感器、硫化氢传感器等），将目标范围缩小到1千米以内。此时拖体离海底的距离应缩小到50米左右。

第三步：利用近距离存在于热液喷口附近的物理化学传感器（氧化还原电位传感器、硫化氢传感器等）精确定位热液喷口，并通过摄像系统拍摄到喷口状况。

在发现热液的整个过程中，科学与技术缺一不可，它们之间的完美结合使近年来新发现的热液口呈井喷现象。

事实上，即使是1977年首次在加拉帕戈斯裂谷发现热液生物群落，也是技术和科学的结合共同推动的。1972年，美国科学家在加拉帕戈斯裂谷考察时，首次发现了那里的底层水温异常高。这种水温的异常信号是通过水下温度传感器获得的信息。根据这一现象，科学家们推测在这一海域的底层可能有异常存在。因此Corliss等科学家根据"South Tow"航次所收集的证据，向美国国家自然科学基金会提出申请，建议对加拉帕戈斯裂谷带进行深潜考察。考察的方案为：先由美国海军用多波束对海底地形进行扫描，为深潜器考察洋中脊裂谷带热液喷泉选好地点。在扫描地形确定下潜位置这个过程中，水下声学技术起到了关键的作用。1977年2—3月科学家们乘坐"阿尔文"号载人深潜器，24次下潜到加拉帕戈斯群岛附近的断裂带进行考察，并在小范围内进行物理化学参数测量，获取了大量的海底热泉口热流样品和有关的沉积样品。载人深潜器下潜到深海，通过各种作业工具完成测量以及各种形式的采样过程，是集中展现技术在科考中重要作用的代表阶段。但现在我们先避开这个阶段，只拿深潜器的定位工作这个小环节为例，来分析一下技术在深海科考中的作用。

不知道大家是否考虑过，在黑暗的海底世界，深潜器是如何定位的？要知道，全球卫星定位系统（GPS）的信号是无法穿透海水，为在水下数千米航行的深潜器导航的。深潜器上确实有探照灯，但即使在非常纯净的海水中，光在水下的传播距离也不会超过100米。那么，如果只靠潜航员肉眼观测来行驶深潜器，再加上海底崎岖不平的情况，深潜器在海底发生碰撞甚至卡住的概率会非常高。即使潜航员

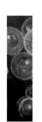
的驾驶水平超高，可是没有导航，深潜器如何一次次精确地找到已发现的热液口？要知道单个热液喷口的直径小的只有茶杯口那么一点，而深潜器下沉到海底的过程中的不确定范围可能有上千米。所以，在水下一定是有导航设备的。深潜器在下潜之前，会先向海底放置三个异频雷达收发器，用来接收并发送声呐信号，它们就是深潜器在黑暗的海底世界前行的灯塔。所以，深潜器的定位是通过接收水下异频雷达收发器的反馈信号，来确定自己在水下的方位，而母船则借助GPS确定每个异频雷达收发器的方位。

异频雷达收发器的稳定性和精确度是非常重要的。为了确保深潜器在海底的定位系统，船长在放置雷达之前都会做一个常规性工作，即用声波检测海底是否有其他遗留下的工作异频雷达收发器。要知道一旦发生这种情况，遗留的异频雷达发射器干扰到深潜器的接收系统，深潜器就会在深深的海底彻底迷失方向。

20世纪30年代，对深海的技术手段还停留在打捞的阶段，而到20世纪60年代，科学家已经能乘坐"阿尔文"号载人深潜器亲身到海底进行科学考察了；从1977年"阿尔文"号在东太平洋加拉帕戈斯群岛的洋中脊裂谷地带考察时意外地发现了热液生物群落，到1991年在东太平洋洋中脊隆起地区发现并记录下了一处热液活动喷口区从喷发前15个月到喷发后55个月时段的完整的第一手观测资料，海洋探测技术的进步是惊人的。海洋技术的每一步发展，都会推动海洋科学领域中的新发现，而海洋科学研究的前进，又召唤更高端的海洋技术出现，两者互相促进，共同发展。

我们谈到了水下摄像和传感器，谈到了定位，谈到了各种潜水器。在海底热液的进一步深入研究中，我们还会用到各种各样的技术手段，譬如说采样技术等。海底的大深度、高腐蚀度、热液区的高温等等，给这些海洋技术装备带来了巨大的挑战。本书的第二篇，将给大家详细介绍这些技术手段和方法。

冷泉
——海底里的"绿洲"

1983年，在发现海底热液区5年后，对东墨西哥湾佛罗里达海底陆崖的考察中，"阿尔文"号载人深潜器又有了新的重大发现：美国科学家确定了世界上第一个冷泉。在3200多米的海底生长着一大片密集的生物群落，乍看之下非常像热液的生物群落。那里同样有覆盖在棕黄色海底的大片白色菌毯，同样有大大小小的管状蠕虫，白色的蛤、贻贝、透明的虾、凶恶的螃蟹……为什么是"确定"了第一个冷泉而不是"发现"呢？原来，早在1977年和1979年，美国人就已经发现生长有重晶石和管状蠕虫的冷泉了，但冷泉的生物群落与热液的实在是太像了，因此，那时就误认为发现的又是一个"低温热液区"，生生地把明确冷泉的时间推后了近6年。紧接着，又有两支科考队伍在中墨西哥湾地区先后发现了化能生物群落（依靠无机物作为能量来源的生物群落）。这些类似于热液生物群落的海底"绿洲"，就是冷泉（图2-1）。

冷泉与热液的差别

从冷泉发现过程的小故事，我们可以获得两个重要的信息：第

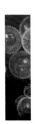

一，冷泉与热液存在着众多相似之处；第二，冷泉与热液存在着本质上的差别。

我们先来看看冷泉和热液最明显的差别：温度差，正像两者的名字指示的那样。实际上，冷泉并不冷，冷泉的温度和周围海水差不多，有时还会稍稍高一些。它之所以被称为冷泉，是相对于高温的热液口而言的。但温度差并不是两者的本质性差别，因为在热液系

图2-1　海底的橙红色沉积物上铺着毛茸茸的菌毯，管状蠕虫随着水流曼妙地舞蹈，蚌合着双壳，静静地互相倚靠，这就是在海底的另一片绿洲——冷泉的模样

统中也存在"低温弥散流"。冷泉与热液的本质差别在于它们的形成源不同，冷泉是海底埋藏的烃类物（天然气水合物和油气）在海底表面的溢出。天然气水合物主要由水分子和天然气（主要成分是甲烷）组成，因此冷泉溢出海底的成分中许多是甲烷气体。除了甲烷气体之外，冷泉的气体成分还包括其他短链烃类气体、硫化氢和二氧化碳。热液的形成在上一章海底火山中有所介绍，主要是由海水下沉到地壳过程中，受地热影响与周边岩石发生水岩反应形成的，当然岩浆冷却过程中带来的组分，如高含量的氢气和硫化氢，于热液形成初始阶段在热液中占较大的比重。因此，即使是低温弥散流热液，也只是热液冷却到接近海水温度后流出海底而形成的，它产生的源头依然是高热环境。冷泉则不同，它从上到下、从里到外都是冷的。1984年，《科学》杂志上发表了一篇关于科学家1983年考察东墨西哥湾佛罗里达海底陡崖时，发现了类似热液生物群落的文章。文中特别提到了科学家们一直在海底试图寻找像热液那样的温度异常区域却无所发现，特别是他们还用温度探头直接插入了所发现的类似热液生物群落附近的海

底沉积物10厘米处，依然没有检测到温度异常。其实他们发现的就是冷泉，只不过当时还没有"冷泉"这个名词。

从热液和冷泉的形成过程中，我们也可以认识到为什么热液和冷泉的产生源不同，但它们孕育而成的生物群落却那么相似。因为这两个生物群落的初级生产者都是能利用化能作用的细菌微生物（细菌和古生菌）。除了产生源不同之外，低温弥散流热液和冷泉是否存在一些典型的肉眼可辨的差别以便进行辨别呢？科学家们发现，冷泉周围常常伴有被称之为冷泉碳酸盐岩的自生碳酸盐沉积。冷泉碳酸盐岩沉积是海底天然气渗漏系统的重要标志，也成为指示天然气水合物可能存在的重要证据。虽然被称为冷泉碳酸盐岩沉积，但它的组成成分并不是单一的碳酸盐，在甲烷氧化古生菌和硫酸盐还原细菌的作用下，根据冷泉所在地的沉积物组成成分的差别，冷泉周边会形成碳酸盐、硫酸盐和硫化物的沉积。其中组成碳酸盐的矿物可能有白云石、方解石、文石等；组成硫化物的矿物可能有黄铁矿等；而组成硫酸盐的矿物有石膏、重晶石等。除此之外，深海冷泉常常伴随着冷泉生物群落的存在，蛤和贻贝等留下的生物碎片也会夹杂在冷泉的沉积物中，所以实际采集到的冷泉碳酸盐岩往往如图2-2所示，从图2-2(a)和(b)来看，我们的直观感受是冷泉碳酸盐岩上布满了密密麻麻的小孔、小坑，除了小坑外还能看到一个较大的、类似烟囱状的小孔。科学家告诉我们，这个较大的孔是以天然气为主的流体向上渗漏的主要通道。科学家们又将冷泉碳酸盐岩样品的一个面进行了抛光处理［图2-2(c)］和显微镜放大处理［图2-2(d)］。经过这两个步骤后，我们能非常清晰地看到冷泉碳酸盐岩的组成是非常复杂的。在显微镜下仔细分辨，斑驳的冷泉碳酸盐岩结壳中含有保存较好的贻贝和蛤的壳，有弯曲状的管状蠕虫附着在结壳的表面。这种驳杂的、呈半成岩或成岩状、以结壳的形式产出、颜色多为灰白色或灰黄色、形状各异、大小不一的碳酸盐

深海探秘
Behind the Deep Blue

岩就成了识别冷泉的标识物了。当然，对冷泉碳酸盐岩的识别，主要还得依赖于对碳酸盐岩碳同位素的分析，形貌只是辅助而已。

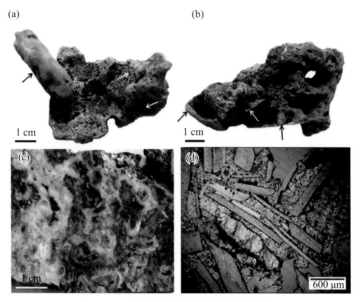

图2-2　不同形貌特征的冷泉碳酸盐岩结壳

冷泉的形成

冷泉是海底埋藏的烃类物（天然气水合物和油气）在海底表面的溢出，那么找到冷泉，就有可能寻找到海底丰富的天然气水合物或油气资源。在陆地资源日益枯竭的今天，寻找冷泉、研究冷泉就不仅仅是科学家们关心的事了。热液的存在与地热是分不开的，所以它一定会出现在活动性的板块边缘或者板块中存在热点的地方。那么冷泉会出现在什么样的地方呢？又是怎么形成的呢？

冷泉与热液不同，冷泉是已有的埋藏在地底的天然气水合物资源或者油气资源的渗出，因此冷泉首先要有源。天然气水合物资源或者油气资源的形成条件是一个非常复杂和综合的过程，但如果撇开纷繁复杂的过程而只关注形成条件，则主要有如下几条：丰富的沉积物来源、沉积物中蕴含丰富的有机质含量、较高的沉积速率、适宜的温度压力条件和合适的地质构造条件。天然气水合物和石油都是有机质转化过来的，因此，丰富的沉积物来源与丰富的有机质含量以及较高的沉积速率保证了形成油气资源的物质来源。但有了物质来源的保证，并不等于就一定会存在油气资源，还需要合适的地质构造条件来保证油气资源的储存，并且需要适宜的温度、压力条件来促使天然气水合物的形成。

天然气水合物是在低温和高压条件下，由水和气体形成的冰态结晶物。但有趣的是，最早的天然气水合物是在19世纪早期，由化学家H. Davy首先在实验室中发现的。Davy在1811年的著书中首次提出"天然气水合物"一词。到了1934年，美国科学家在处理高压输气管道堵塞问题时，首次在自然界发现了天然存在的天然气水合物。当时，这些天然气水合物堵住了天然气输送管道，引起了石油专家的注意。但最开始专家们的研究主要关注于天然气水合物的结构和形成的物理、化学条件，目的是来预测天然气水合物在输气管道中的形成，并着力于消除因水合物构成而引起的管道堵塞问题。简而言之，在发现天然气水合物的初期阶段，它是作为油气工程中的一种需要被监测的、希望被去除的"坏物质"存在的。直到1965年，苏联在西西伯利亚北部的麦索亚哈气田中发现了面积和厚度都十分可观的水合物气藏，并于翌年出版了世界上第一本关于天然气水合物的勘探、评价和开采的专著后，天然气水合物才被看作是一种资源，逐渐引起了科学界的重视。到了20世纪70—80年代，在世界各地相继有天然气水合物被发现，它才作为一种潜在的未开发能源，受到世界各国政府和学者的广泛关注，各个国家相继设立与之相关的国家研究与发展计划。到了20世纪80年代，随着对天然气水合物形成和分解过程研究的深入，

科学家们发现，天然气水合物不仅是一种重要的资源，同时也可能是引发地质灾害和全球气候变化的敏感因素。对天然气水合物这方面的研究，逐渐成为地学界一个活跃的前沿研究热点。

随着研究的不断深入，我们终于可以一窥天然气水合物的真面目。它所构成的结晶状白色化合物，和冰雪长得很像，又极易燃烧，燃烧后几乎不会剩下任何固态的废弃物，因此又叫"可燃冰"（图2-3）。这种可以用火柴点燃的海底可燃冰越来越常见于对新能源的讨论中，对大家来说已经不算陌生了。在低温高压的情况下，水分子构成一个个小笼子，把甲烷、二氧化碳、硫化氢等气体关在里面，联结在一起，形成一种固态的形式。粗略地分，如果笼形格架里充填的是二氧化碳，则称为二氧化碳水合物；如果填充的是甲烷，则称为甲烷水合物。科学家们在实验室对几种单一短链碳氢化合物随压力和温度变化所产生的存在状态改变做了大量的实验，结果发现，天然气水合物喜欢低温高压力的环境，在海底4摄氏度左右，甲烷要形成水合物，环境的压力必须在60个大气压以上，即水深需要超过600米。同样，在压力为1个大气压的情况下，必须降到某个温度之下，天然气水合物才可能形成。一旦压力降低，或者温度升高，这种水合物结构就会被破坏，甲烷就变成气体跑到大气中去了。与实验室的结果非常吻合的是，在海底高压（大于3兆帕，即30

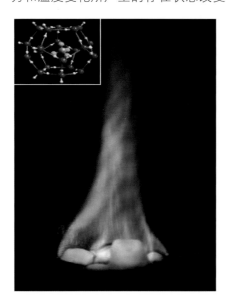

图2-3　可燃烧的天然气水合物与它可能的化学结构

个大气压）低温的环境，即水深大于300～500米的沉积物环境中发现天然气水合物之后，在寒冷的高纬极区和大陆冻土带（低于0摄氏度）也发现了大规模的天然气水合物矿。

那么按照图2-4告诉我们的，在海底埋藏的天然气水合物所处的环境是高压低温的环境，此时处在一个稳定的水合物状态，那么为什么在海底又会有水合物或油气资源溢出形成冷泉呢？

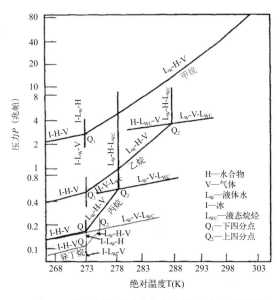

图2-4　单一气体形成水合物的温度压力相平衡图

从地理位置上而言，冷泉常常形成在海底受挤压的地方——板块边缘、大陆边缘、断层或是受挤压而拱起的背斜区。冷泉是目前世界上已发现的、分布最广的、也是地质构造最多样的深海还原性环境（即能够提供电子、发生氧化的环境）。无论是活跃或是稳定的大陆边缘，从深度达9345米的日本Kurile海沟到小于15米的浅水区，从除南北极外各大洋到内陆湖海都有冷泉生态群落存在。最古老的冷泉可能是在距今6亿多年前的新元古代冰川时期的末期产生的。而现在依

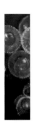

然活动的冷泉主要在太平洋的活动俯冲带，沿美洲的西海岸、日本、新西兰的大陆边缘分布。鉴于现在每年都有新的冷泉被发现，目前已知的冷泉很可能只占总数的很小一部分。

有很多原因可能会导致冷泉的形成，但归根结底还是源于天然气水合物所处环境的压力或温度发生改变。海床中的压力分布并不均匀也不稳定，它是会不断变化的。如果稳定状态的天然气水合物处在大陆边缘的海床，它的局部压力会受到板块间相互挤压、海底沉积物的重力堆积、沉积地层中的流体超压等因素的影响而发生改变，使得天然气水合物沿断层的裂隙通道向海底排放形成冷泉。除地质构造外，海平面和海流的变化也可导致海底温度和压力的改变，使得原本处在稳定状态的天然气水合物部分偏离了稳定相位，发生分解释放甲烷，于是甲烷气体就从海底的缝隙中冒出来。这类因水合物的分解而形成的冷泉是稳定而缓慢的，有时候可以看到一串串的气泡从水底的一个个小坑中推推攘攘地冒出来，很像我们在水族馆里看到的通着氧气的鱼缸——只不过冷泉中冒出的不是氧气，而是甲烷、二氧化碳和硫化氢。另外，因全球气候的变化使极地冰盖融化或是凝结而改变了海底的压力和温度；地震或火山爆发引起的快速压力变化；海底抬高或海平面下降使得海底压力降低；海底沉积物移动后重新堆积都有可能让冷泉"破土而出"。在一些由海平面突然快速下降或者强烈的构造活动，如地震、大陆坡坍塌等——引发的爆发式、大规模的甲烷快速排放过程，俨然有火山喷发般浩荡的声势。这种大规模的集中性喷发，可能会进一步造成海床崩塌或大规模的滑坡，引起地震、海啸等非常严重的灾害。不仅如此，如果有大规模甲烷气体喷发，可直接进入大气参与甲烷循环。虽然，大家都知道二氧化碳是导致全球变暖的温室气体，但其实甲烷的制热效应在100年的时间内是二氧化碳的20～30倍。只是由于目前大气中甲烷的含量远低于二氧化碳，因此，它对全球气候的影响程度被排在二氧化碳之后。可以想象一下，如果由大量天然气水合物分解而造成甲烷释放进入大气会造成什么可怕的结果呢？

事实上，天然气水合物的分解是非常迅速的。在墨西哥湾海底深潜科考中，科学家们观察到一年前存在于海底的、露出部分水合物的小丘，一年后居然消失不见了。在2002年5月对美国墨西哥湾GC185区Bush Hill水合物丘进行海底考察时，我国科学家陈多福博士在海底实际观察到一个非常奇妙的过程：一个在观测仪器中形成的天然气水合物非常快速地分解了，那是一个肉眼可辨的速度（图2-5）。如果把水合物从海底提到甲板上，它的分解速率更快，鸡蛋大小的块状水合物在几秒内就化为乌有了。科学家们在卡斯凯迪亚汇聚边缘水合物海岭，还目睹了一个体积达1立方米的水合物块体，漂浮到了海面上，并迅速分解的过程。这表明在自然界的某种极端环境下，大量由水合物分解产生的甲烷瞬间涌入到大气中的现象是可能发生的。

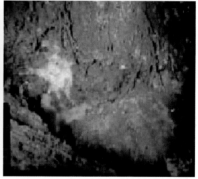

图2-5　墨西哥湾表面沉积物露出的天然气水合物（左图）及形成的生物群落（右图）

在漫长的地质历史上，是否真的有过大规模水合物分解，产生甲烷，涌入大气的情况呢？答案是肯定的。地质历史时期发生过的多起全球性的地质大灾难事件中都有着水合物的影子。如图2-6所示，2.514亿年前二叠纪-三叠纪的大灭绝事件，1.996亿年前三叠纪-侏罗

纪灭绝事件,1.83亿年前早侏罗纪托阿尔阶灭绝事件以及5500万年前古新世–始新世之交的极热事件等,均可能与天然气水合物大规模快速排放有关。

其中,我们最熟悉的应当是6500万年前白垩纪–第三纪灭绝事件。在这次大规模物种灭绝事件中,灭绝了当时地球上包含恐龙在内的大部分动物与植物,并促成了哺乳动物的兴起以及之后哺乳动物在地球上的统治地位。但我们不知道的是,其实二叠纪–三叠纪灭绝事件才是地质年代中最为严重的生物集体灭绝事件,是地质年代的五次大型灭绝事件中规模最为庞大的,因此又被称为大灭绝,或是大规模灭绝之母。在这次事件中,当时地球约90%的生物,包括当时地球上70%的陆生脊椎动物以及高达96%的海生生物都被灭绝了。这次灭绝事件也造成昆虫,这种从没有占据过统治地位的动物的唯一一次大量灭绝,昆虫中总共有57%的科与83%的属彻底消失了。这次灭绝事件之后,陆地与海洋的生态圈足足花了数百万年的时间才恢复到了生机勃勃的状态,比其他任何大型灭绝事件的恢复时间都更长久。值得一提的是,二叠纪–三叠纪灭绝事件后,当时地球的霸主兽孔目动物被主龙类动物逐渐取代。到了三叠纪中晚期,主龙类的恐龙演化出现,逐渐成为称霸地球的优势陆地动物。也就是说,如图2-6所示,如同白垩纪–第三纪灭绝事件开启了哺乳类动物称霸地球的窗口一般,二叠纪–三叠纪灭绝事件为恐龙的霸主地位奠定了基础。

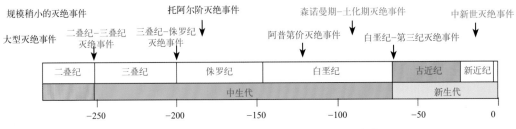

图2-6　距今百万年前地质历史时期中的生物集群灭绝事件
(负号代表公元纪年之前)

虽然二叠纪—三叠纪灭绝事件的过程与成因仍在争议中，但目前国际上多数科学家认为二叠纪—三叠纪灭绝事件可能是一个多种因素事件连锁交错形成的，包括水合物、陨石、火山爆发等。科学家们已经在部分二叠纪—三叠纪交界的地层发现了陨石撞击留下的证据。大陨石或者陨石群的撞击可能带来大规模的火山爆发。火山爆发制造了大量的灰尘与酸性微粒，遮蔽照射到地表的阳光，妨碍陆地与海洋真光层的生物进行光合作用，造成陆地食物链的崩溃。大气层中的酸性微粒，通过系列反应形成酸度极高的酸雨降落到地表，对陆地植物、特别是以碳酸钙为硬壳的软体动物和浮游生物造成致命的伤害。同时，火山爆发释放了大量二氧化碳，形成温室效应。虽然已有证据证实了大规模火山爆发的存在，但这些火山爆发的规模是否足以造成二叠纪—三叠纪交界的大灭绝事件，在科学界仍有很大的争议。在二叠纪末碳酸盐矿层中，科学家们在全球许多地点又发现了其中的C^{13}/C^{12}比值（用来指示油气资源的种类与含量）出现多次显著负异常的迹象，暗示天然气水合物的出现。虽然大规模火山爆发也会造成C^{13}/C^{12}比值下降，但按照目前推测的火山爆发的规模，只能引起全球碳同位素负异常不到2‰，而天然气水合物的埋藏量可以引起全球碳同位素7‰~8‰负异常漂移。因此，天然气水合物在剧烈环境因素变化下，发生气化作用产生的甲烷，是最有可能导致全球性C^{13}/C^{12}比值下降的原因。在二叠纪—三叠纪界线地层附近发现的总有机碳含量陡增、黑色页岩大量出现，表明当时海洋出现过显著缺氧的情况，这与水合物产生大量甲烷，消耗氧气，生成二氧化碳的结果也是吻合的。

冷泉居民

至今为止，发现的最深的海底热液引起的生物群落在西太平洋关岛附近的Loihi火山，达5000米之深。而以甲烷为能量和碳源的冷泉生

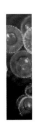

物群落已经在西北太平洋堪察加半岛及千岛群岛东侧的Kurile海沟处被发现，有9345米深。这极大地拓展了深海极端环境下生命的潜在界线。哪儿是生命的极限压力？哪儿是生命不可能存在的环境？科学家们的猜测在事实面前被一次又一次地打破了。

与热液系统类似的，在海底冷泉系统中同样是终年不见阳光，同样存在高浓度的碳氢化合物、硫化氢和高盐度的海水。因此，在冷泉地区同样聚集着许多依靠甲烷或硫化氢为能量来源的化能自养菌。构成冷泉生态系统最基础的反应是由甲烷氧化菌和硫酸盐还原菌参与下的，冷泉中的甲烷所发生的缺氧甲烷氧化反应，细菌利用海水环境中存在的甲烷和硫酸根离子合成酸性较弱的碳酸氢根和氢硫酸根离子。这个反应是化能食物链的第一环节，为化能自养生物提供了可用的碳源和能量。

因此，同样以化能自养细菌为初级生产者而衍生成的热液生物群落和冷泉生物群落自然具备非常多的相似之处。那里同样有大片的菌毯，有白色管子加红色肉头的管状蠕虫，有贻贝和具有强健腹足的蛤，有海星和海胆，还有虾、蟹和鱼等。在那里，因为有了化能自养细菌提供的最初的能量和碳源，具有化能自养细菌共生系统的宏生物，如管状蠕虫、蛤类、贻贝类、蚌类等开始在冷泉地带安家落户。以菌类为食的底栖生物如海星、海胆、海虾等，也逐渐被冷泉周边丰富的食物所吸引，开始从各地慢慢移居到这里，新居处是它们的天堂。在那儿，它们再也不用像以前那样费劲地找食物填饱肚子了，食物就好像是懒人脖颈上围着的烧饼，俯拾皆是。再接着，喜欢捕食管状蠕虫、蛤、贻贝、海星、海胆、海虾等的鱼、螃蟹、章鱼、扁形虫和五彩的冷水珊瑚被吸引了过来（图2-7）。等这些生物死亡后，线虫出现在系统中对这些生物尸体进行分解，共同形成繁荣的冷泉生物系统。从1977年美国科学家们第一次发现冷泉及其生态系统，到1983年第一次确定冷泉生态系统，中间相隔了6年的时间。期间，正是因为如此相似的生物组成，使得科学家们多次把冷泉生态系统误认为是低温热液产生的生态系统。那么冷泉与热液的生态群落有区别吗？

图2-7　左边透明的海胆，中间一只红色的海葵和右边白色的小扁虾，
在碎裂的蚌壳间比邻而居，和平相处

　　答案是肯定的，冷泉和热液孕育而成的生态群落相似但一定存在不同。经过数十年的研究，科学家主要归纳出两点不同之处：一是冷泉生态系统的生长速率明显慢于热液生态系统；二是冷泉生态系统的生物量高但生物多样性低。从某种意义上说，热液生态系统更像陆地的热带雨林系统，充足的阳光和水分使得那里的动植物快速地生长着。同时，热带雨林系统也是陆地上生物群落中多样性最高的。在热液生态系统中，喷薄的热液提供了巨大而狂暴的能量，在它孕育的生态系统中，生物们疯长着。之前我们描述过热液区的大个子巨型管状蠕虫，在冷泉附近的同种管状蠕虫，同样生长迅速，第一年可以长约85厘米，超过它1.5米身高的一半。与热带雨林系统相似的，热液的生物多样性要比冷泉高得多，但热液的生物量却低于冷泉。这是为什么呢？这应当归结于热液短暂的生命周期。热液的生命是短暂的，不论

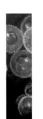

是与冷泉相比还是从它存在的绝对时间来说。由于热液生成的地点是在频繁的火山活动和洋壳的构造活动区，那里能量狂暴且不稳定，一旦海水的循环受阻或者发生改变，海底的黑烟囱就会熄灭，依赖于热液生存的生物群落也就会消失。总的来说，热液喷口的寿命一般只有几年到几十年的时间，期间热液的生物虽然拼命生长，却因为所依赖的能量来源在还未使其生长达到其最高峰便化为乌有。所以，热液生态群落的生物量低于冷泉。

而冷泉生态系统提供的能量来源于油气资源或天然气水合物资源的泄漏，能量的供给要温和得多也稳定得多，因此生物的生长速率也慢得多。在路易斯安那大陆坡的冷泉生态系统中，科学家们发现了一种有趣的管状蠕虫。它能长到2米高，而它长到2米高则需要花上170~250年的时间。照这样推算，冷泉的寿命起码要大于250年了。目前，已被确认的冷泉生物物种已超过210个。

虽然在高等生物分类学上，冷泉环境拥有与热液环境相似的生态群落，菌毯、管状蠕虫、贻贝、蛤、海星、海胆、虾、蟹等，但仔细看，这些物种在冷泉与热液生态系统中还是存在一些不同之处。

1. 冷泉中的菌毯

在冷泉地区存在着许多不同种类的古生菌。这些细菌铺在沉积物上，可以形成几厘米到几百米五彩斑斓的斑块，白色、红色、橙色，把冷泉渲染得生机勃勃（图2-8）。这些斑块也被叫作菌毯，是冷泉生态系统食物链的基础。菌毯往往存在于冷泉强烈上涌的地方，是冷泉流速情况的指示牌，橙色和红色菌毯所在的地方一般比白色菌毯所在的地方流速更高。科学家们发现，冷泉菌毯的颜色主要与菌种氧化硫化物的活性水平相关。白色菌毯具有很强的固定二氧化碳的能力，而彩色菌毯几乎没有，因此，科学家们推测白色和彩色菌毯可能标识着自养和异养两种不同生存方式的菌类集合。

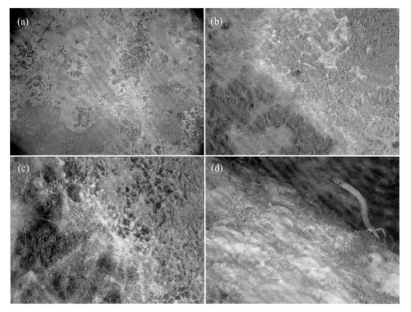

图2-8　墨西哥湾北部冷泉口的彩色菌毯
（a）～（d）为各种不同形态的菌毯

2. 冷泉中的管状蠕虫

冷泉地区生活着的管状蠕虫与海底热液地区的管状蠕虫十分相似，它们的长度都为1～2米，外形也十分相似：没有嘴和内脏，"一根肠子通到底"。然而与它们的表亲相比，冷泉地区的管状蠕虫生长可就慢得多了，同时也长寿得多。最慢的冰蠕虫它们一年只能长2毫米左右，可以活到170～250岁，也就是说，现在发现的管状蠕虫很可能在清朝就已经存在了！这与热液生态系统中的管状蠕虫形成了鲜明的对比。热液管状蠕虫是地球上生长最快的无脊椎动物之一，而冷泉发现的这种冰蠕虫则是目前为止发现的地球上长得最慢的无脊椎动物了（图2-9）。

图2-9 在墨西哥湾大陆坡冷泉口生物群落中发现的一种管状蠕虫。科学家在1994年、1995年和1997年分别用蓝色染料标记了这种管状蠕虫，根据这几年的数据平均计算，这种管状蠕虫每年大约长2毫米

3. 冷泉中的蚌和蛤

　　冷泉地区的蚌、蛤、管状蠕虫和菌毯都是主要依靠体内的共生系统提供生存所需能量的。冷泉地区的蚌和蛤与热液地区的属于不同的种，它们的个头长得比其他地区的表亲大，目前发现的最大贻贝类有36厘米长，最大的蛤有18.6厘米长。虽然蚌和蛤主要依赖它们的共生伙伴"投喂"，但它们依然保留着嘴和内脏。有些蚌体内甚至会同时存在两种不同的共生细菌，一种依赖甲烷生存，一种依赖硫化物。这些细菌住在蚌的鳃里，富有甲烷或硫化氢的海水被泵进蚌里时会流过它的鳃，细菌便趁此时机把甲烷当成碳源和能源，合成蚌所需的有机

物。冷泉口发育的蛤类常常与硫酸还原菌共生。它们喜欢生活在冷泉口密集的地方，常常抱团生活，可以100~1000只蛤聚集在一起，最大的密度可以达到每平方米1000只。在Carolina 隆起的冷泉口，大片密密匝匝的贻贝床被发现，贻贝床的范围大约有20米×20米，如图2-10所示，其中图（b）是贻贝床中死去的贻贝和蛤聚集区里死去的蛤的样子，贻贝和蛤的密集程度可见一斑。有趣的是，在Carolina隆起的Blake Ridge冷泉口，贻贝和蛤的地盘是泾渭分明的，它们有着清晰的地域界限，比邻而居、互不侵犯。科学家们推测这可能与蚌和蛤体内不同的共生菌有关。

当然，有些生物是乐于和贻贝生活在一起的，比如生活在贻贝床区边缘的海胆和有孔虫，吃有机物碎屑为生的海参和海葵，游来游去的虾和螃蟹等，如图2-11所示。

冷泉地区的生物分布不是一成不变的。比如，管状蠕虫喜欢待在水流速度比较慢的地方，在冷泉的水流速度变慢以后，它们就可能会赶走当地的原住民蚌类，霸占冷泉口。不同地区不同的冷泉中生物的分布也是各不相同。在哈康莫斯比的泥火山中，管状蠕虫是冷泉的优势种，泥火山广大的外围地区都铺满了纠结缠绕的褐色管子。有些地方，直直的黑管子从海底往上戳出5厘米高。在更南边的地区，每一个甲烷渗漏的斑点都被这些蠕虫围绕着。与哈康莫斯比的泥火山不同的是，地中海地区的冷泉系统虽然也观测到了蠕虫，却是被小型的双壳类动物统治的。

冷泉系统为生物提供了一个较为稳定的生态环境，这里的生物似乎可以活得更久。这里生物独特的生活环境是否会给科学家们发现新的微生物生存方式的机会？它们独特的代谢方式是否会产生可利用的天然产物？又或者它们的基因中是否隐藏着"长寿"的奥秘？在对冷泉生物的研究中有着无数的可能性。

图2-10　Carolina隆起的Blake Ridge冷泉口密密匝匝的贻贝床和蛤区
（a）～（d）为不同生长状态的贻贝床和蛤区

图2-11　和贻贝生活在一起的其他宏生物
（a）蛋糕状的海胆和鱼；（b）像花朵一样盛开的海葵；（c）有孔虫；（d）阿尔文虾

冷泉的消亡

和海底火山一样，冷泉也会走向消亡。随着甲烷气源的消耗，或是因为冷泉通道被堵塞等原因，冷泉地区的生命之源——甲烷的喷溢终会衰竭，而这一片海底绿洲也将归于沉寂。由于从天然气水合物开始泄漏到衰竭花费的时间远超人类的寿命，所以不可能像热液那样看到冷泉从生到死的过程，但我们可以找到正在孕育着的冷泉，也能找到正在消亡中的冷泉。

加的斯湾达尔文泥火山的冷泉就正处于消亡中，这里不再有丰富的生物群落。在一次勘察中，科学家们在泥火山的顶部发现了大量的贝壳，可大多数都是空的。与覆盖着厚厚的沉积物和冷泉生物的哈康莫斯比等地不同，这里到处是裸露的、光秃秃的岩石。科学家们只观察到了一小块蓝灰色的沉积物在被扰乱后释放出了可观的甲烷气体，然而这里没有什么可见的生物存在。活着的和死去的蚌凌乱地藏在石缝里——一切证据都表明这里曾经是一个非常活跃而丰富的生物乐园，然而甲烷喷溢的中止使得这里的生物大片死去，只留下这样一处死气沉沉的"遗址"，几片珊瑚，几只螃蟹。

我国的冷泉

我国对冷泉和天然气水合物的勘探研究起步较晚，2003年才首次在南海发现冷泉区，后来我国在东海和南海也发现了冷泉区。相对来说，目前针对南海的冷泉区域的调查研究较为深入，已经发现了完整的生态系统。

我们国家对冷泉的调查和研究是伴随着天然气水合物的勘探工作进行的，虽然起步较晚，但近年来取得了长足的进展。十多年的调查研究发现，在南海北部水深200米到3000多米的陆坡海底，冷泉碳酸

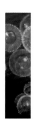
盐岩广泛发育。我国科学家们从西南部的西沙海沟到东北部的台西南海域的40多个站位海底，都采集到了冷泉碳酸盐岩或冷泉生物（或生物壳体）。目前对这些特殊沉积的岩石学及地球化学等基本特征已经有了比较清晰的认识，对它们的年龄也有了比较系统的研究。

南海冷泉碳酸盐岩呈结壳状、结核状、烟囱状、角砾状、块状等。矿物成分组成主要有文石和方解石，同时也存在以白云石和铁白云石为主的冷泉碳酸盐岩沉积。整体上，冷泉碳酸盐岩具有较轻的碳同位素组成特征，但显示了较大的变化范围，可能反映了复杂的碳源。南海北部陆坡在不同的海区，甚至在同一探测站位发现的冷泉碳酸盐岩都会表现出不同的矿物成分组成和同位素特征，如锶（Sr），可能反映了冷泉渗漏流体、天然气水合物的分解与形成及化学能自养生物群落的差异。同样是南海的冷泉，研究揭示了其不同的流体来源。比如，神狐海域冷泉碳酸盐岩锶同位素锶87与锶86的比值为0.709 175～0.709 238，与现代全球海水值（0.709 175）之间的差值小于0.000 063，较一致的锶同位素组成反映这些样品的沉淀流体与现代海水性质类似。而南海北部的冷泉碳酸盐岩的几乎所有样品的锶同位素比值均略高于海水值，说明沉积物样品可能是受到陆源碎屑颗粒影响所致。东沙西南海域冷泉碳酸盐岩的锶同位素比值为0.709 025～0.709 097，略低于现代海水值，反映冷泉渗漏流体的放射成因锶含量低于现代海水。该海域自生碳酸盐岩的锶同位素比值为0.709 172～0.709 259，与现代海水类似，指示了较浅的流体来源。

南海北部冷泉碳酸盐岩的定年结果显示，南海冷泉发育时间为距今33万年到6.3万年之间，冷泉活动主要集中在低海平面或海平面下降时期。神狐海域冷泉碳酸盐岩的形成时间较老且跨度较大，在距今33万年到15.2万年之间，从沉积岩石学和年龄数据来看都显示具有显著的冷泉渗漏活动暂时停止和再活化的特征。东沙东北海域冷泉碳酸盐岩样品的年龄较新，在距今7.7万年到6.3万年之间。总体来说，南海北部冷泉活动活跃期呈现西南部较早、东北部较晚的特征，指示了南海北部的冷泉活动对海平面下降独特的响应特征。结合南海冷泉流体特征及其来源、冷泉发育的一般环境特征及南海北部冷泉活动发育时间，推测低海平面时期较低的静水压力导致了水合物稳定带的变化，造成大规模水合物分解，释放大量甲烷等流体，从而诱发了南南北部冷泉渗漏活动的活跃。

相比较而言，我国冷泉相关探测和研究才刚刚开始。即使如此，已经通过地震、地质、地球化学等综合调查，证实南海北部发育有活动冷泉。2013年夏天，"蛟龙"号首次实验性应用航次吹响了针对活动冷泉研究的号角。2013年6月17日，"蛟龙"号载人深潜器首次在南海冷泉区作业。在南海海下1120米深处，"蛟龙"号观察到一处生机盎然的世界（图2-12），大量雪白的毛瓷蟹和红褐色的贻贝密密麻麻地铺满了海底。根据现场科学家初步研判，这些在贻贝床区域海底大量存在的蟹类应属于甲壳动物十足目蜘蛛蟹科蜘蛛蟹属。该属的螃蟹个体普遍较大，形状类似蜘蛛，有一个球状蟹体和细长的蟹足，现已发现的蜘蛛蟹的最长蟹足可达到1.5米。这次考察中，"蛟龙"号带回了大量生物和地质样本，包括冷泉标志性的碳酸盐烟囱，让冷泉的概念走进了国人的视野。

2013年7月9日，"蛟龙"号载人深潜器通过超短基线定位再次下潜到蛟龙冷泉1号区和玻璃海绵分布区，这是"蛟龙"号第一个航段中第五次下潜冷泉区了。在此活动航次中，"蛟龙"号针对性地采集了冷泉区边缘地带的碳酸盐岩和贻贝壳，同时还捕获了其他

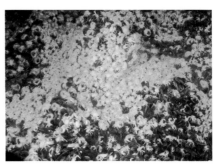

图2-12 2013年6月，"蛟龙"号载人深潜器首次在南海冷泉区作业，在海下1120米深处，"蛟龙"号发现了一处生机盎然的世界

多种深海生物。此次下潜也是收获满满，共采集了4块碳酸盐岩，数十只贻贝、毛瓷蟹和贻贝壳，2个短柱状沉积物岩芯，1只海百合，1株珊瑚和1只深海虾（图2-13），并开展了地热探针测量。

图2-13　漂亮的海百合和通体红色的深海虾

冷热交织的海底环境

冷泉和热液，听上去似乎是无法共存的。它们有不同的构造、温度、地理分布和化学条件。然而在2010年，科学家们却偏偏发现了一处冷热交融的奇特生态环境。在这个地区，既有大量的热水轰轰烈烈地从海底喷发形成热液喷口系统，同时又存在甲烷渗出的低温冷泉区域。

在哥斯达黎加的边缘海Jaco Scar地区分布有40多个冷泉口。2010年，科学家们在大片管状蠕虫下发现热液的存在，从而意识到这个地方的特殊性。科学家们用热液冷泉（Hydrothermal Seep）来为它命名。在这片区域的生物种类数量超过了一般的热液区或冷泉区，在那里科学家已经发现了许多从未在热液区和冷泉区发现过的生物物种（图2-14），并断言还有更多的奇特现象等待着人类去发现。

图2-14　在Jaco Scar地区，热液和冷泉交汇处孕育的奇特生物群落

（a）贻贝与冰蠕虫愉快地生活在一起；（b）趴在贻贝和管状蠕虫上的深海小蜗牛；（c）紧挨着热液喷口区的蛤床；（d）大头鱼正在巨型管状蠕虫丛中悠闲地游动着；（e）巨型管状蠕虫上寄居着小型多毛类动物；（f）蛤床附近聚集着蛇尾形状的生物

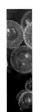

技术接力——亲近"海底绿洲"

开展对冷泉的科学研究，可以从冷泉微生物的观测、生物分布研究、海底天然气水合物采样等方面进行。在海底热液和冷泉的微生物生态研究中，目前主要有三种方法：第一种最直观的方法就是在热液或冷泉区域架上摄像头和探头进行观测，但这种方法供电往往是个难题。铺上有源的海底观测网络吗？有线供电很难支持在远海的研究。现在普遍采用的微生物燃料电池是个较好的方法，它是利用海底微生物代谢的氧化还原反应制成的，但也要经受海底紊乱多变的水流和海水腐蚀性的考验。第二种方法是在深海的热液或冷泉口进行培养实验，模拟新生的生态系统的发展情况。也就是在喷口处装上培养装置，在几周后再取回研究。这种研究方式最早在热液区应用，但当人们把它照搬到冷泉区时却遇到了问题：和热液区不同，冷泉区的微生物生长繁殖十分缓慢，新的生态系统往往要几年甚至几十年才能形成——把培养装置在水下装上这么长时间显然不现实，因为海底的生物和复杂的环境条件会破坏实验装置，而目前这些装置又无法在海底自动修复。第三种方法也是最常用的方法就是取样分析，采集样品后立刻厌氧冷藏，在实验室中分析。但是样品的保存也十分让人头痛，特别是压强无法保证，许多严格嗜压的微生物在采集后因为高压的消失而消亡了。

冷泉地区的生物分布受甲烷的流速和渗透斑点分布的影响很大，所以冷泉地区的生物往往分布不均，在十米到百米间，微生物团和与它们共生的无脊椎动物描绘出了复杂而美丽的图案。而要更好地研究这空间多样性极高的生物分布，自然最好的方法就是把它"画"下来，即通过样品采集和分析掌握其不同地理环境下的生物多样性特征。

提取天然气水合物样品主要应面对的问题就是它的易挥发性和流

动性。只有在高压低温的地方，天然气水合物才能稳定地存在。被仪器送到常温常压的海面上时，天然气水合物可能早就分解得一干二净了，无法用于水下的天然气水合物分布的研究。因此，在天然气水合物的科学研究中，技术支撑至关重要。

目前科学家在考虑布置定点观测站，由海面发电装置供电，开展冷泉的原位观测工作。同时开发保真采样器，至少是保气采样器，来支撑获取有效的海底天然气水合物样品。

几乎可以肯定的是，海底还有许多像这样奇特的现象等待着我们去发现。在阳光无法照耀的地方，科技之光将照亮这片极限生命之地。

深海生物

深海：挑战生存的战场

在对深海海底的探索中，人类无可避免地要潜入茫茫深海，领略一路向下时蓝色海洋的万种风姿。在这里，深海生物用它们丰富的种类，各异的形态，独特的行为在这深蓝色的画布上描绘着神奇。在陆地上，生物本身所占据的高度，比方说那些长得最高的树木的树梢，最多也只能达到几百米，与它们所占据的地表面积相比，可以忽略不计。当我们在计算陆地可供生命发展的空间时，我们仅仅需要考虑陆地生命覆盖的表面积。但在海洋里，除了水平的概念，还必须加入垂直的内涵，需要考虑体积，因为平均3800米深的海洋，占据了生物在地球上可能发展空间的99%。这个巨大的空间可以分为两个部分：中上层与底层。

中上层区域是指生物可以游泳或漂浮的开阔海域。生活在这里的生命，主要是游泳动物和浮游动物，其中，游泳动物主要由脊椎动物，如鱼类组成；而浮游动物则主要由小型无脊椎动物组成。如果以由浅至深的方法来划分，大多数的生物学家往往将中上层水域再加以细化，故而又分成浅层水域（海水表面200米左右，可以进行光合作用的水层）、中层水域（距表层200~1000米的地方，又称为微明带，那里微弱的光线可以投射进来，但不足以进行光合作

86

用）、深层水域（距表层1000～4000米的区域）、深渊层水域（距表层4000～6000米的区域）以及超深渊层水域（海洋中最深的地方，距表层超过6000米，最深的地方能够达到11 000米）。由于阳光无法穿透、投射到深层、深渊、超深渊水域的三个水层，因此科学家就把这些水域统称为"黑暗带"（图3-1）。这里的世界，终年黑暗、盐度高、压力大、海水温度低冷，除了海底火山口，大部分的海水温度基本维持在4摄氏度以下。因此，这里也被人们称为世界上最大的"冷藏库"。随着深海科学探索的不断进步，特别是深潜器技术、深海影像技术（图3-2、图3-3）、样品采集技术等海洋科学技术的长足发展，人们逐渐发现在这寒冷、黑暗的深海世界，仍然生存着一群群鲜活的生命，活跃着鲜为人知的生物物种，这里并非一无所有的荒漠。阴冷黑暗的深海世界，虽然生存条件非常恶劣，但这里所包含的众多生命形式以及这些生命在进化过程中所表现出来的一系列的生存智慧，最终适应了环境，赢得了生存和物种的繁衍。它们或潜游深海，或隐匿黑暗，正在热切地等候着人类的探访……

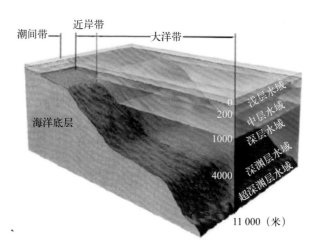

图3-1　海洋可以分为中上层和底层，中上层又根据深浅分为不同的水域，每个水域都有不同种类的生物栖息，它们根据环境的变化进化出一系列生存技能

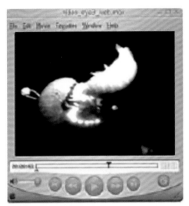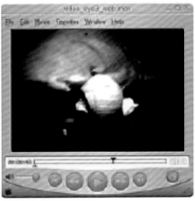

图3-2 2004年在墨西哥湾开展的"海洋之眼"计划，通过采用生物荧光或者放入深海的、能够模拟生物荧光的人造水母所发的光线为光源（左图为人造水母模型及其所发的荧光），24小时拍摄海底的生物活动。这次科学考察除了发现生活在深海中的头足类生物（比如章鱼）外，还发现了一只长约3.7米的、十分罕见的六鳃鲨（右图为六鳃鲨被人造水母的生物荧光所吸引而逼近）

在广袤深邃的海洋里，与黑暗地带紧密相连的就是海洋的底层。假设我们把海水排干，那么就会发现，深海底层其实并不平坦。海底表面也像陆地一样，有山脉、有高原、有峡谷、有凹地，甚至也有丘陵和平原。不过同陆地相比，有的海底山脉更高、更长，地貌的高低起伏比陆地更为复杂或奇特。非但如此，大洋海底还有一条令人惊奇的、长达60 000千米的山脉，科学家们形象地将其称为"海底洋中脊"。因为它确实像一条海底巨龙一样，凸起蜿蜒，傲然地崛起，豪迈地穿越纵横大西洋、太平洋、印度洋和北冰洋。

在神秘的深海底层表面，绝大部分都覆盖着来自上层海水的物质。这些由陆地河流和大气输入海洋的物质，包括软泥沙、灰尘、动植物的遗骸、宇宙尘埃等，它们是在漫长的地质年代里以及人类活动中沉落海底的。这些沉落物质，长年累月，越积越多，不断增加，已经多得无法计算了。于是，科学家就把这些东西统称为"海底沉积物"。在海底沉积物中保存了大量的微生物和生物死亡后的遗骸。此外，还有风尘沉积、火山灰、冰山载运的碎屑以及宇宙尘埃等物质，它们随着环境的变迁，都会自然而然地留下各自的信息指标，就像考古出土的文物那样记载着地球的蹉跎岁月、海底世界的漫漫演化，并由此成为古生态环境研究的档案馆、活化石……

图3-3 1930年威廉·毕比博士坐在自己研发的深海球形潜水器中，通过舷窗向外观测，发现了许多前所未闻的深海生物。由于当时还没有水下实时拍摄系统，毕比博士将他的所见描述给艺术家艾尔斯·博斯特尔曼，由他绘制出的生物形象栩栩如生，与真实所差无几（右侧为博斯特尔曼所绘制的与真实拍摄的深海龙鱼）

这里所涉及的深海生物，是指从微明带向下延伸区域里的生命，即距表层200～1000米及更深的地方。人们对这一区域的科学探索始于1876年。这一年，英国皇家海军舰艇"挑战者"号启动了他们的环球航行。他们从海洋带回来超过4000个海洋生物新物种，其中包括取自深海的第一条鮟鱇。这条鮟鱇的到来，无疑引起了人们的极大兴趣。同时，这次远征奠定了深海生物学研究的基础，进而促成了一系

列其他重要的探险和探险必需技术的开发。接下来的一系列不断挑战深度的探险，帮助观察者不受限制地观看深海中的生物，带领我们认识了深海中存在的种种奇特的生命现象。

伴随着现代深海探测技术的不断发展，我们得到这样一组数据：在南大西洋或是太平洋海底山脉探险所采获的生物中，有50%～90%是未能识别的物种；25年来，平均每两周就有一个新的深海物种被发现。在深海中，估计还有1300万到3000万的物种尚待发现，这意味着，每次在深海中的潜航，都有机会遇见人类之前从未见识过的生物！过去人们估计存在于地球上的物种，包括陆地和海洋，有140多万种。但是，事实显示，这一数量远远不足以反映深海生物实际存在的数量。从某种意义上来说，广袤深邃的海洋，就是地球上最大的生命储存库。

在这一章里，根据深海生物不同的生存空间与生活习性，我们将按照深海鱼类（能够自由游动的脊椎动物群落）、深海无脊椎动物（经常在海水中浮游及自主游泳的无脊椎动物群落）、深海底栖动物（一类生活在海底的动物群落）以及深海底微生物（个体难以用肉眼观察，包括细菌、病毒、真菌以及微藻等在内的生物群落）的顺序为大家依次介绍，就让我们一起去聆听深海生物勘探活动为我们开启的那些生活在幽深、黑暗、静谧、极端的深海环境中，散发着勃勃生机的神奇生命的故事……

游弋于深海的生命

俗话说，万物生长靠太阳。陆地上的动植物，由于光合作用，万物生发，多姿多彩，物种繁复，春秋代序，生生不息。可是，没有阳光的深海无法进行光合作用，这就意味着生命不可能在这里生存；何况，深海中巨大的水压可以将几厘米厚的钢制容器像鸡蛋壳一样压碎。因此人们很难想象在如此令人窒息的严酷环境中，怎么可能会有生命诞生？然而现代探海研究发现，深海里确确实实存在着鲜活的生命！不仅在3000～6000米的深海中有大量的鱼类嬉戏游弋，即便是在6000米以下的深海里，也仍然有鱼类存在，而且这些深海鱼类不但没有像深潜器那样的硬壳，反而是肌肉松弛、皮肤柔韧而富有弹性，体内包含大量水分，有的水分竟然高达95%。人们不禁要问，生活在这些深海中的鱼类，为什么能承受重压，为什么能做到鲜活不死呢？这是因为，它们在长期的生命奋斗过程中，已经完全适应了自己所处的地理环境，并且能够与环境和谐相处，成为了大自然的一部分。无疑，在这个过程中，为了生存，它们曾经付出了极其艰辛的努力。大家知道，每增加10米水深，压力大约增加一个大气压，这就意味着即使一条20厘米长的小鱼，在这一深处得承受140多吨的压力。根据流体力学原理，在一个密闭的充满液体的容器内，给液体施加某一压力，则按所加压力的大小由液体向各个方向传递。深海和超深海地区，相当于一个密闭的容器，深海鱼体内含有许多水分，所受到的压力，通过体内的水分传递给周围的海水，这样鱼体内外的压力差就消失了，鱼不会有沉重的负荷感觉，从而得以生存。然而惯于深海重压下生活的鱼类，一旦升到水的上层，它就面临死亡。这是因为在原有高压条件下，氧气已经溶解于它们的血液之中，一旦突然减压，氧气则立即膨胀，形成的气泡堵塞血管，堵塞严重时，鱼类就会因血管胀破而死亡。

除了体内的高水分含量，深海鱼类在外形上也十分独特。由于深海环境幽暗阴冷，这些鱼类的身体生长伴随环境而发育，大多大嘴獠牙，长相怪异。这是因为它们长期过着食物缺乏、四处黑暗的生活，必须最大限度地利用环境，并且在物质匮乏的恶劣环境中，捕获那些并不经常有的猎物，用来喂养自己。这些深海之鱼，共同的特点是它们的嘴巴都大得惊人，牙齿长而尖利，身体却扁扁的、短短的，一个

个头大尾小，比例失调，样子非常难看。同时，它们非常珍惜自己的能量，虽然不大爱活动，却总是张着大口，不放弃任何获得食物的机会，并且依赖身体上的拟饵诱捕猎物。这些拟饵形状如同一杆伸出的小灯笼，里面有发光器（图3-4）。那些好奇贪食的其他生物，往往以为这发光的"灯笼"是可口的美食，于是兴高采烈地游到它们跟前，正在打算张嘴去咬，不料却已经成为大嘴巴鱼类的口中之食。

图3-4　不论是头顶灯笼的深海鮟鱇（左上）还是下巴底悬吊发光器的龙海蛾鱼（左下），都是擅长利用自带的发光器来诱惑食物的高手。而黑巨口鱼的眼睛下方生有一个能够发出红光的特殊器官，可能是用来在黑暗中照亮猎物的探照灯（右图）

　　深海鱼类所拥有的相对于它们体型而言的巨大嘴巴，在食物匮乏的深海，无疑作用巨大。这不但极大地提高了它们的捕食能力，而且随着吞食容量的增加，成功扑食概率也会上升，一旦碰到食物，嘴巴会本能地大张，越张越大，这样一口吞进去的食物就会越多，生存的机会就越大。有的深海鱼类，甚至还能吞下和自己身体一样大的食物，求生的欲望令人震惊。深海鱼口中往往长有锋利的牙齿，这些牙齿既能有效地帮助它们猎取食物，也能成为防范敌人的武器。如蝰鱼，又称毒蛇鱼（Viperfish）的尖牙利齿。你瞧，它那一大排像针一样的牙齿，长得都露出口外了，根本无法裹进嘴巴里。事实上，它的下牙几乎伸到了眼睛上。更有甚者，这些牙齿还长在绞合在一起、可高度延伸的颌骨中，以至于蝰鱼的嘴巴看起来活像一个巨大的捕鼠器（图3-5）。

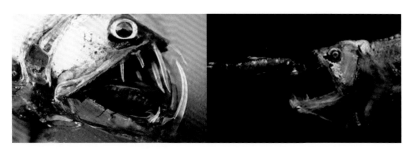

图3-5 蝰鱼巨大的口和锋利的牙齿使猎物难以逃脱它的"围捕"

许多深海鱼类的身体都能发光。在深海之中，鱼类发出的点点星光，仿佛是遥远天际闪烁的星星，格外迷人。发光的深海鱼类因为种类繁多，因而呈现出复杂的生物多样性。同时，由于种类的不同，其发光的方式和发光的器官也不尽相同。某些生物能持续不断地发光，另一些则间歇性地发光。发光的深海动物都长有"发光器"。有的"发光器"结构简单，只是一个管腺；有的"发光器"则较为复杂，比如巨口鱼，它的"发光器"是一个埋在皮肤里的囊状体；有的鱼的"发光器"则散布在皮肤之内，且数量众多，共同发出强烈的绿色光芒；另外一些鱼的发光器官则长在身体的两侧，从头到尾平行排列；还有些鱼类虽然没有发光器官，但是它们通过皮肤分泌出一种发光的液体，达到发光的效果。真可谓是"八仙过海，各显其能"。

深海鱼类发光的目的是惊吓敌害、吸引异性、诱捕食物和找到同伴。除此之外，深海游泳动物还拥有奇特而敏感的感觉系统。例如深

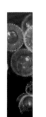
海鳗鱼可以靠嗅觉来找到同伴并辨别雌雄，一些食腐肉的深海鱼，还能依靠气味很快地找到食物。在海洋中上层生活的鱼类，眼睛往往很大，像望远镜一样变成筒状，方向朝上，这种形状可以使它们充分接受来自上方的微弱光亮。但是，筒状眼睛有一个问题，就是侧向视力不佳。为了弥补这个自身的缺陷，这些鱼眼中常常具有非常大的视网膜，使它们能够看到侧面和下面。后肛鱼头上突出的眼睛，就是其中的典型代表之一。后肛鱼的样子很像一只水下的丛猴，它的筒状眼睛可从某个特定的方向集中光线，用以产生非常敏锐的视觉（图3-6）。而在中下层生活的鱼类，除了获取生物发出的光亮以外，周围再无任何光线，即使视力再好也无用武之地，所以许多鱼类眼睛都渐渐退化，变成了瞎子。但它们的侧线系统（鱼类的一种特殊的感觉器官，分布在鱼的体侧）却很发达，许多鳍条延长成丝状，其作用就像盲人探路用的竹竿一样，可以探察周围所发生的微弱动静。任何动物的一举一动在稳定的深海水流中，都会引起水的振动而被它们发觉（图3-7）。

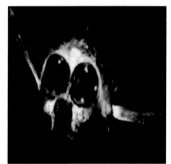

深海鱼类除了在形态结构上进化得适合在黑暗、高压下生存之外，它们的生活习性也与浅海鱼类有很大的不同。深海鱼类通常游得很慢，因为这里的食物很少，它们必须保存一定的能量，有些生物甚至一年只进食一两次。深海动物的代谢率通常很低，仅为相近的浅海动物的1%。当然，深海鱼类的耗氧量也是浅海相近动物

图3-6　深海中的后肛鱼具有筒状的眼睛（上图），与陆地上的丛猴（下图）极为相似，在漆黑的深海环境中，这种进化可以帮助它们提高视觉水平

的1%。由于深海食物稀少，深海动物身体组织中所含的水分就比较多，包含的蛋白质和类脂物质就比较少，这是造成它们代谢率普遍低下的原因之一。可是，较低的代谢率却使它们的寿命得以延长，更适宜在恶劣的环境中长期生存。

图3-7　多毛琵琶鱼是鮟鱇鱼的一种，它的长毛能够在深海黑暗环境下，将各种感官信息传递到大脑（左图），通过研究这种深海鱼可以帮助神经科学家更好地理解人类的神经传导。深海龙头鱼的皮肤下布满花纹状的网络神经系统（右图）。这些神经系统可以在超高压和黑暗环境下，将食物、交配以及敌情的细微信号变化传递给大脑

为了能够在深海的极端环境下生存，躲避捕食动物敏锐的眼睛，深海动物各有属于自己的许多适应方法。例如，看起来很像粉红色鳗鱼的绵鳚，在面对捕食动物威胁时的反应，就是把尾巴绕到嘴上，变成一个面包圈的形状（图3-8）。以这种姿态，它可以一动不动地漂浮在水中好几分钟，直到前来捕食的动物走了，才突然飞快地"跑掉"。也有人认为，绵鳚的面包圈姿态使得它看起来很像水母，而后者是捕食动物避之唯恐

图3-8　绵鳚在遇到危险时，会蜷曲身体，头尾相连，看起来就像一个面包圈，使得猎食者无法辨认它，从而免于成为它们口中的美餐

不及的，绵鳚借此免于成为猎食者的食物。胸斧鱼使用的是一套完全不同的技巧（图3-9）。它们用筒状的眼睛来发现猎物，而为了避免自己被吃掉，则是无所不用其极。首先，它们的身体是完全扁平的，像一片薄饼，大大地减少了它们的轮廓尺寸。另外，它们的整个身体都是反射性很强的银色。就像一栋玻璃大厦，当它的窗户映出云的图像时，就与天空融为一体，几乎隐匿于无形。胸斧鱼反光的侧面就像是一面小镜子，能把来自海面的蓝色余光反射回去，从而和海水融为一体。胸斧鱼具有这两招隐身术似乎还不够，它还有另外一个伪装的办法。沿着它们的腹部有一连串由发光的特殊细胞构成的发光器。这些发光器会改变颜色，以便和从海面透入的光线保持一致。因此，从下面看上去，就能非常有效地使胸斧鱼的轮廓变得模糊不清，难以辨别。

当然，仅仅依赖善于躲避这一特长是无法维持生存的。深海鱼类还演化出了不同的捕食技巧，以保证自己的生存。舒蛳鱼是一种光滑细长的鱼，拥有尖利、突出的吻部和强有力的牙齿。这种鱼能完全直立地悬浮在水体中，直接向水面上看，以发现猎物的身影。另一个坐等猎物上门的优雅捕食动物是细长弯曲的线口鳗。它的嘴巴由像鸟嘴一样奇特的喙组成，两半各以和缓的弧度弯向相反的方向。每一边都长满了像钩子一样的小牙齿，当线口鳗在幽暗中耐心等待时，这些牙齿特别适用于抓住路过虾类的细长触须（图3-10）。

除了众多游弋于深海中层的鱼类之外，截至目前，科学家还鉴定出大约1500个不同的海底鱼种，其中以长尾鳕的数量最多。从250米的深度，一直到最深的海沟底部，都可以发现它们的踪影。大脑袋和逐渐变形的长尾巴，使它们看起来很像是长得过大的蝌蚪（图3-11）。长尾鳕是从潜水器中最常看见的鱼，它们有一个非常典型的姿势——尾部抬高，吻部倾斜向下伸到海流中，缓缓向前滑动。由于具有鱼鳔，因此它们能够不偏不倚地浮起来，而且还能在水体中自由地上下移动。如前所述，为了在这个漆黑的环境中节省能量，深

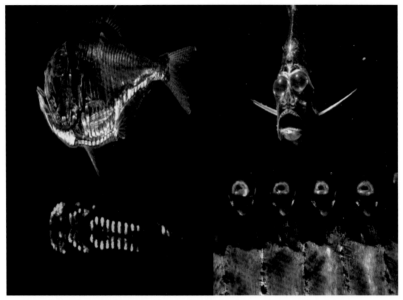

图3-9 胸斧鱼因其胸部侧影很像一柄斧子而得名,除了巨大的眼睛和口——这些深海鱼惯用的捕食和防御手段外,它的全身都布满了生物荧光发光器(右下图),这些荧光使它的外形难以辨认(左下图),从而达到了藏匿的目的

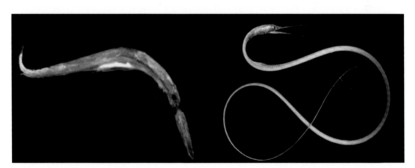

图3-10 舒蜥鱼(左图)和线口鳗(右图)都利用它们特有的身体形态来捕食,既节省体力又别出心裁

海鱼类往往动作缓慢，它们大多没有像长尾鳕那样灵活的身手。许多鱼都宁可坐等食物上门，也不愿意出去觅食，以节省自身的能量。因为自身没有可以调节浮力的鱼鳔，反而对它们的活动更有益，只要停止游泳，它们就会沉到海底，优雅的短吻三刺鲀便是其中的一员（图3-12）。短吻三刺鲀这个名字的由来，是因为它的鳍条极度伸长，组成了三脚架的结构来供其站立，它们一动不动地面对水流，等着咬住任何路过的猎物。这种鱼的眼睛不是

图3-11　长尾鳕是海底观测最常见到的鱼类之一（上图），我国自主研发的载人深潜器"蛟龙"号也曾在5000米深的海底捕捉到它的身影（下图）

极小，就是非常不中用，因而它们在自身的进化过程中，演变发展了对水中即使最微小的震动也很敏感的能力。有些种类的鱼头上生长着很长的鳍，它们把这种鳍像无线电天线一样伸到面前，以探测潜在食物的活动。

图3-12　短吻三刺鲀腹部及尾部生有长鳍，在它捕食的时候，这些鳍条可以极度伸长，形成一个三脚架，使它能够稳定地站立在水中，猎食过往的美味

现在，让我们来总结一下深海游泳动物——深海鱼类的主要特点。它们的体内往往水分含量极高；身体形态通常是头大尾小，嘴巴巨大，牙齿锋利，自带"发光器"；视觉有所退化，但是具有非常敏感的嗅觉和触觉；它们以被动捕食为主以节约能量。所有这些特点的唯一目的就是保证它们能够在深海这一特殊环境下生生不息，繁衍进化。下面我们将向大家重点介绍深海鱼类里独树一帜的两个家族。

1. 深海鲨鱼——黑暗炼狱中的鲨鱼

鲨鱼属于软骨鱼类，即拥有软骨骨骼的鱼类。这类鱼还包括鳐类、魟类、银鲛等。这个类群的成员没有鱼鳔，但却能借助比水还轻，充满油脂的肝脏来获得浮力。它们在深海底层附近缓慢游动，以捕食猎物。深海中最大的鲨鱼种之一，就是睡鲨，或称格陵兰鲨，它的长度可达7米，在深达2200米的海底被发现。只有浅海中的姥鲨、鲸鲨和噬人鲨可以长到比它还大，而350种左右的深海鲨鱼大部分要比它小得多，细长的体型很少超过1米。实际上，所有鲨鱼中最小的宽尾小角鲨就是一种深海鲨鱼（图3-13）。它们形状像雪茄，大小也很像雪茄，长度不超过25厘米。它们生活在500米以下的深度，整个腹面布满了发光器，大概是用来发出亮光，以避免它们被从下往上看出轮廓，从而保护自己。而角鲨（如拟角鲨、霞鲨和荆鲨）体型在90～160厘米，是现今最常被研究的深海鲨鱼。

虽然大部分深海鲨鱼都很小，但多极为奇异有趣。达摩鲨名称的由来，是因为它们敢从诸如旗鱼甚至鲸类等较大的动物身上咬下大块圆形肉块并吞食的习性而来（图3-14）。像许多其他的深海鲨鱼一样，它们的身体上布满了生物发光器官，因此整个下半身都发出鬼魅的绿光。这可能是吸引充满好奇心的较大型动物的一个方法，这样它们才有机会乘其不备咬上一口。而所有深海鲨鱼中最奇特的，要算是剑吻鲨了。它们的身长通常为3～4米，尾巴却占了很大部分，颌骨上

还伸出来一个桨状长刃的吻突。这个吻突的确切用途，至今仍然是一个谜。或许，这个吻突与双髻鲨鱼头上的突起一样，里面装满了传感器，或者也可能是用来翻动海底沉积物，以寻找可口食物的工具。

我们经常会把鲨鱼看成只是周旋于水面的快速捕食者，然而事实上，在地球上400多种已知名称鲨鱼之中，大约有60%是以缓慢步调生活在海洋的深处。这些深海鱼种，仅有极少部分会在夜晚向海面移动，所以黑暗中的鲨鱼是高深莫测的。它们有一种所谓"机会主义"的饮食方式，也就是说，它们会把握每个进食的机会，不像浅海鲨鱼那样只吃活生生的猎物，它们也吃腐烂不堪的死尸。例如小头睡鲨，就曾经被拍摄到大口吞食或剔除鲸的骨架（图3-15）。人们解剖了这种身长4米的大型嗜睡鱼鲨的胃之后，发现它几乎只进食死鲸。大齿达摩鲨，敢向活鲸、鲔、鲛等大型鱼挑衅，根据这些大型鱼类身上的咬痕与大齿达摩鲨齿痕完全吻合的现象，可以判断大型鱼类是大齿达摩鲨的食物来源。正是由于这种长50厘米的小鲨鱼下颚的样子，所以人们又叫它"饼干成型切割刀鲨"。

研究发现，深海鲨鱼的肝脏含有一种极度浓缩的油——角鲨烯，可以用于制作人类的化妆品。此外，在亚洲，鱼翅及鲨鱼尾巴都有其买卖市场，以供应人们的餐桌。不过，在人们的日常烹调习惯中，一直很少发现食用鲨鱼肉片，其原因在于这会导致海洋表面水域鲨鱼资源的严重缺乏。深海鲨鱼生长迟缓，代谢缓慢，妊娠期非常长，怀胎数量又少；综合以上各种因素，试图在它们身上进行商业开发是完全不可行的。一旦开发，对于深海鲨鱼来说，简直是毁灭性的。例如在大西洋北方，据估算，自1992年以来，鲨鱼的数量已经减少了80%，一些专家认为，在所有深海鱼种当中，如果不能严格规范人们的猎杀行为，鲨鱼将是最快濒临灭绝的生物之一。

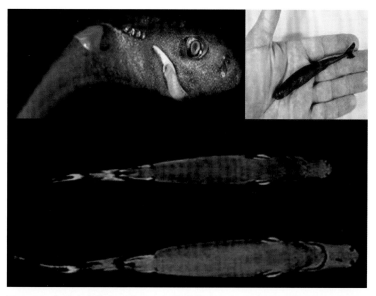

图3-13　宽尾小角鲨身型小巧，只有雪茄那么大，周身布满发光器，能够发出荧光

图3-14　达摩鲨的个头也不算很大，长相恐怖，口中布有锋利的牙齿。它是一个大胆的猎手，常常去攻击比它大的对手，在鲸、鲔、鲛等大型鱼的身体上常常能发现与它的齿痕相对应的伤口

图3-15　剑吻鲨（上图）和小头睡鲨（下图）都是深海中的鲨鱼种类，它们各具特色的外形到底具有什么样的独特功能目前尚未明确，很有可能是为了帮助它们更好地在资源稀缺的深海猎食吧

2. 深海鮟鱇——深海造就的怪胎

　　鮟鱇鱼，俗名魔鬼鱼，它是海洋中最怪异的鱼类之一，并且也是最令人着迷的鱼类之一。它分布广泛，大西洋、太平洋、印度洋都生活着不同种类的鮟鱇鱼。我国也生活着两种鮟鱇鱼，一种是黄鮟鱇，它们生活在黄海、渤海及东海的北部，其下颌齿呈2行排列，口内黏膜为白色，背部生长着8～11根鳍条；另一种是黑鮟鱇，这种鱼多生活在东海和南海，它们的下颌齿呈3行排列，口内有黑白圆形的斑纹，背部生长的鳍条比黄鮟鱇鱼少一些，为6～7根。生活在我国的两种鮟鱇鱼，它们的身型都比较小，一般全身长度只有10厘米左右。世界上最大的深海鮟鱇鱼体长可以达到1米，体重可以达到9千克。这种鱼长了一副可怕的牙齿，还有一个与身体其他部分完全不成比例的大脑

袋。它们动作迟缓、肌肉松弛、骨骼羸弱，还有几乎不具有功能性的鱼鳔。当它们在水体中等待食物上门的时候，往往采取静止不动的姿势来减少能量消耗。由于在这个深度已经没有自然光亮可言，视力几乎没有多大用处，所以物竞天择，鮟鱇鱼的眼睛相对较小，视力不足。鮟鱇鱼的牙齿，巨大而尖利，这使得它可以在食物匮乏的环境中，准确地捕杀、猎食任何经过它们身边的猎物，无论对方身形如何，它们都会趁机掠食。除了体型的优势之外，鮟鱇鱼的背部还长有一个特殊演化的背鳍，这个背鳍很像一根钓竿从头顶上伸出来。竿的末端是一个布满了共生细菌的诱饵，这些细菌会产生生物荧光，在一片深邃的黑暗中显得格外诱人。诱饵上还常常带有细丝或分枝，它们也可以在黑暗中发光。所有这些都是为了使钓竿更具有

吸引力，以便能够准确地"钓取"猎物（图3-16）。在黑暗中，任何发光生物的吸引力都不可小觑，其他生物会误以为那是稀缺的食物而冒险靠近。鮟鱇鱼就是靠将诱饵悬挂在大嘴附近，来回摇摆来诱惑猎物的。好奇的猎物一旦靠近，鮟鱇鱼就会用巨大的嘴巴和像剃刀一样锋利的牙齿把猎物牢牢咬住。然而，不同的鮟鱇鱼，其背鳍并不都是一样的，长丝角鮟鱇鱼的背鳍长在嘴巴上面；长颌的梦鮟鱇鱼则把诱饵附着在口部的顶端，与尖利的牙齿排列在一起，这样更容易直接将猎物诱惑进口中。鮟鱇鱼中

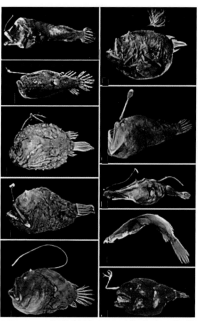

图3-16　深海鮟鱇有不同的种类，但是无一例外的外形恐怖，头顶灯笼般的发光器，诱惑猎物上钩

的树须鱼不但在头上长着诱饵系统，在它们的下颌上还有一条特别的触须，会自行发光。这条触须上分布着数十根不同的细丝，在黑暗中就好像一个发光的竹篮，诱惑着猎物。

　　鮟鱇鱼的生物荧光系统，不仅是在辽阔、空旷、荒芜的黑暗带中寻找食物的好帮手，也是寻找配偶不可缺少的条件。通常雄性和雌性鮟鱇鱼都有自己独特的光影像，在诱惑猎物的同时也给配偶发送信号。雄性与雌性鮟鱇鱼的外形差别很大，一般来说，雄性的身体要比雌性小很多，有的只有雌性的1/10；它们体型小巧、强壮，可以主动游泳。雌雄两性的巨大体型差别，使得科学家们一度将雄性鮟鱇鱼鉴定为一个完全不同的种属。直到1922年，一位冰岛的生物学家描述了一种雌性鮟鱇鱼的腹部吸附着两条小鱼的现象，科学家还以为这两条小鱼是鮟鱇鱼的幼仔。直到另一位生物学家解剖了其中的一条小鱼，发现那其实是雄性鮟鱇鱼。至此，人们才将雌雄鮟鱇鱼归为一类。

　　雄鮟鱇鱼生存的唯一使命就是寻找一个雌性配偶，传宗接代。它们的身体构造可以帮助其在渺渺的黑暗中发现自己的另一半：小巧的体型使得它们可以自由游动去寻找配偶；大大的眼睛使得它们可以看清楚雌鱼的生物荧光；它们眼睛前面进化出的一个特殊器官，可以用来嗅闻雌鱼释放出来吸引异性的化学物质。一旦找到一个伴侣，雄鱼便会咬住雌鱼的腹部，试图永久地吸附在那里，与雌性逐渐融合。雄性的循环系统会完全被雌性的系统所取代，唯一残存的功能是呼吸。就这样，雄性变成了雌性鮟鱇鱼的一个附属的肢体，而雌性则得到了一个永久附属的精子库，随时为自己提供精子。雌性鮟鱇鱼会释放雌性荷尔蒙，控制附着的雄性鮟鱇鱼在其排卵的同时排出精子，以保证成功地受精。一旦受精，卵里富含的油滴系统会提供浮力，使得受精卵浮到海面上发育。充足的养料和舒适的环境，会为鮟鱇鱼幼仔提供生长的必要条件。等到它们长到足够大，便又会沉落到海洋黑暗带，重复它们世世代代幽深神秘的生活（图3-17）。

图3-17 雄性深海鮟鱇鱼（右图）与雌性在外形特征上有很大的不同，它们往往吸附在雌性鮟鱇鱼的腹部（左图），最终发展成为雌性鮟鱇鱼的精子库，便于它们在深海恶劣的环境下顺利繁衍生息

绚丽多彩的深海无脊椎动物

　　比起在深海中自由游动的鱼类，深海中的无脊椎动物似乎更适应这种黑暗、高压的环境。然而，人类对于它们的认识却起步较晚。自从人类发明渔网、拖网以后，从深海打捞的渔获中，发现了大量柔软、不成形、透明或半透明、难以鉴别、且不为目前科学所知的浮游动物，其中包含一些身形比较硬的水母。这些水母在脱离水体后身形仍得以保存，才使我们能将其区分出来，加以辨识。但在大多数的例子中，我们无法将这些动物一一区分开来。这些被捕获上来的、众多且不大可口的无脊椎动物，在陆地上显得丑陋，呈现出不讨人喜欢的一面，它们真正的美，只有在自然生长的水环境中才得以展示，并为人欣赏。在拍摄装置用于潜水或使用潜水器做深海探测以前，我们一直低估了这些无脊椎生物的重要性以及多样性。30多年来，我们发现这些透明的生物比我们想象的要多、要残暴、要分布广泛。时至今日，科学家们发现它们甚至已经成为海洋中具有主宰性的掠食者。

　　那么，深海无脊椎动物到底有哪些呢？水母——即栉水母、水母和管水母的合称，无疑是一个重要组成部分，它们构成了一个复杂的食物网，捕食者和猎物在其中相互影响。它们绝大部分都由95%或以上的海水组成，它们的透明组织，呈现凝胶状。它们拥有刚好能让它

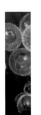
们维持身体功能的肌肉、皮肤和神经。它们的身体透明亮丽，且十分脆弱，没有骨头亦无牙齿，没有头脑亦无脚爪，但令人难以想象的是，其中某些水母却是海洋中最凶残的掠食者。在这些"有组织的水体"当中，有很大一群，比如水母和管水母（都属于刺胞动物门，也是珊瑚以及海葵的近亲），都携带具有毒性的可怕武器。这些优雅的水母，有时会在身后拖曳长达数十米的有毒触手，可以同时杀死猎物，并保护自身柔软的身体。管水母令人着迷之处，在于它们不是一个单一的动物，而是由许多个体附着在同一个共同主干上所形成的线性群体。就像一群蜜蜂一样，不同的个体承担着不同的任务。有些在群体的顶部形成一个搏动的钟状体，促使管水母在水中推进；其他的个体或负责繁殖，或负责捕猎。然而与蜜蜂不同的是，管水母里面的个体都是紧密结合在一起的（图3-18）。没有人能够准确地判定它们到底应该被视为由许多个体结合在一起的复杂群体，还是某种"超有机体"。近年来，科学家对一些管水母的观察发现了其复杂的摄食行为，似乎支持这是一种具有复杂的公用神经系统的"超有机体"的观点。

栉水母没有能让猎物麻痹的刺，却具有黏性的细胞，让它们能够捕捉遇上的猎物：即其他的凝胶状动物、小型的甲壳类动物，甚至是鱼（图3-19）。栉水母类名字的由来，是因为它们沿着身体的长度方向，长着一排排像梳子一样的栉板。这些栉板由一组组相连的、被称为纤毛的短纤维组成，它们拍打出同步的波浪，使水母在海水中自由移动，非常神奇。在潜水艇前灯的照射下，正是这一排排摆动的纤毛在亮光中产生干扰图案，才会发出彩虹般的颜色。这种住在深海中的栉水母，有着较大的体型，并具有长长的触手或是相当发达敏感的组织，以便于它们在幽深黑暗的海洋中静静地布下陷阱，以捕捉不机警的猎物。

图3-18　管水母是由许多分工不同的个体附着在同一个主干上所形成的线性群体，每个个体各司其职，保证管水母的正常生命活动

图3-19　栉水母属于辐射对称动物，有8列栉板对称排列，每栉列都由一系列栉板组成，栉板又由许多根部相连的巨大纤毛组成，正是通过纤毛有规律、有组织地来回摆动来推动栉水母前行。在它们前进时发射出衍射光，形成色彩斑斓的魅影。然而，一旦脱离了它们赖以生存的海洋，这些水母便毫无特色可言

生活在表层的凝胶动物有一个共同点，即身体透明，易于与海水融为一体，这让掠食者几乎看不见它们，因而忽视它们。而大多数生活在水深超过500米的凝胶动物则相反，有的水母身体组织并不完全透明，它们的颜色会比较深，呈黑色或红色。这些颜色，能够吸收处于这种深度的动物制造出的蓝绿光。这种与深海颜色相似的非透明外表颜色，可以使这些凝胶动物有效地遮盖那些被它们包裹吞食的动物所发出的生物荧光，从而得以隐蔽自己的行踪。在深海的某些区域内，凝胶动物的数量可以庞大到几乎将环境中所有的食物消耗殆尽的程度，于是它们成为这些区域中的其他居民（部分鱼类或头足类动物）最直接、最致命的竞争对手。假如环境适合，许多种类的凝胶类生物皆能做到快速繁殖。尤其是当它们的身体主要由水构成时，新陈代谢只需要很少的物质即可进行，这让它们能在转眼之间迅速成长。我们不知道大部分这样的生物寿命有多长，因为它们被捕获之后能存活的时间很短；但我们推断，这类动物中较小型的，平均寿命大约在几个星期到几个月之间；而深海中较大型物种的寿命，或许可达到几十年。就整体而言，凝胶动物很可能是海洋中最普遍存在的生物。

尽管这种动物数量繁多，且在海洋生态系统的整体平衡上占据着举足轻重的位置，但却长久以来并不为人所知。生活在沿岸的巨型水母，到19世纪才被人发现，并逐渐为人所知。生物学家成功地将这种脆弱的生物捕捉上岸，比如在意大利的那不勒斯，由于水流的关系将它们推到岸边。然而，随着网具的开发，虽然深海生物的采集数量增加很快，却只能在其中找到一些甲壳类动物和鱼类，因为当这些凝胶动物脱离了水之后，就会糊成一团，无法被辨识出来。自从载人潜水器出现，科学家们开始乘坐它们去海中研究凝胶生物。自那之后，我们在物种的发现上，有了长足的进步。为了下探到更深之地，更多地了解这些凝胶动物，人们意识到，必须有能下潜到更深的工具才行。

载人深潜器和水下遥控潜水器（ROV）的出现，使得我们得以潜至深海的底部，并让我们发现，凝胶动物在深海各层都具有丰富的生物多样性。时至今日，科学家探知海洋内大约生存着2000种凝胶动物，并且每年还有50多个新种被鉴定出来。这些貌似纤弱的生物，分布广泛，居住在所有已被探察过的大海之中，无论从表层的沿海地区，还是到千米的深海，皆可发现它们潇洒摇曳的身影。它们的形体结构虽然简单，却经得起时间的考验：它们的生存轨迹可以追溯到5亿年前，可谓历史悠远。事实上，凝胶类动物比起海洋中的其他生物来说，更早地适应了海洋的生活环境，其个体形态与环境生态密不可分。研究发现，最古老的寒武纪化石上的动物，与水母非常相似。即便是今天，每当我们到达一个新的海域进行探险，都会发现某些凝胶动物的新物种。它们有的是体型极小、不显眼的透明水母，有的是直径近1米的深海水母。这些大大小小的水母，让我们意识到，它们是属于我们星球庞大生态系统中的一群原始居民。

深海头足类——乌贼和章鱼，是深海无脊椎动物中的另一大家族。它们敏捷、柔软的身体，无论是用渔网还是拖网都很难捕捉。因此，对人类来说，头足类一直是神秘的存在。直到有了遥控摄像机和潜水器，人们才开始对它们的分布和自然行为有了些许了解。现在记录的生活在深达5000米海底的头足类，就包括了一些海洋中最奇异的动物：被称为活化石的鹦鹉螺是曾经统治海洋的一个动物类群的最后幸存代表；幽灵蛸是乌贼与章鱼的可怕混合体，行踪诡异，难以捉摸；而大王乌贼则是地球上最大的无脊椎动物，常常是科幻故事中怪兽的主角，下面就让我们来听听它们的故事！

1. 鹦鹉螺

虽然其他头足类差不多都已丧失了软体动物特有的坚硬外壳，但是鹦鹉螺仍保留了一个又大又重的外壳，其中还分隔成许多密封的壳

室。其实，鹦鹉螺的身体组织本身只占据了最后一个壳室，其他的壳室却充满了空气，这些空气的作用，是为鹦鹉螺提供足以保证它在水体中自由活动的浮力（图3-20）。这种身体结构，战胜了环境，适应了环境，才使得鹦鹉螺类及其后代得以世代繁衍，统治海洋达2亿年之久。但是，自从鱼类发展出可供身体自由浮游的鱼鳔，鹦鹉螺就相形见绌了。由于鹦鹉螺类大多生活在大约5000米的海洋深度，而且主要以腐肉为食，有自己的生活局限，因此，大部分鹦鹉螺类逐渐被海洋淘汰，最终灭绝了。现在只有鹦鹉螺这个大家族的幸存者，依然承担着生存繁衍、继往开来的历史重责。

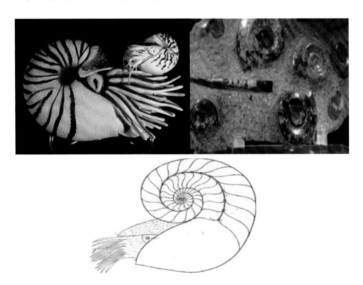

图3-20　鹦鹉螺（左上图）是鹦鹉螺类仅存的物种，很多其他的物种我们只能通过化石来了解（右上图）。鹦鹉螺的螺组织仅占最尾的一节被称为"住室"的螺室，其余的螺室通过连室器官相通，总称为"气室"，它的功能就像是鱼鳔，能够提供浮力

2. 幽灵蛸

幽灵蛸是深海里可怕的吸血鬼，就字面意义而言，指的是地狱来的吸血鬼鱿鱼。这是1903年德国的生物学家卡尔·屈第一次捕捉到这

种头足类生物时的切身感受。主导几项深海动物研究工作的威廉·毕比，在1926年也将这种动物描述为"一种非常小但可怕的章鱼。它们的颜色黑如深夜，具有象牙白色的下颚以及血红色的双眼"。很显然，这两位科学家都是根据拖网所捕获的标本去描述幽灵蛸，把它看作"吸血鬼鱿鱼"，并没有机会在其所属的自然生活环境中观察它们。经过多次这样的描述，幽灵蛸的形象就此被塑造出来，并被冠之为不祥的"吸血鬼"之名。然而这种半鱿鱼、半章鱼的中间型生物在今日变成了深海中非正式的吉祥物，就像生物学家史蒂芬·哈多克（Steven Haddock）所强调的一样，倒不是因为它的习性像深海中可怕的吸血鬼，而是因为它不管从哪个层面上看来，都是个相当独特的生物。

幽灵蛸是一种少有的、居住在深海中的活化石，因为它的起源可追溯至2亿多年前。与章鱼相似，幽灵蛸具有一片皮质伞膜联结起来的八条腕，但是在这个网络内部，又有另外两条细腕，与乌贼的触手相类似。在它的身体末端，有两片伸缩自如的小的鳍状物（图3-21）。科学家由此推断，它很有可能是章鱼与乌贼共同的祖先，因为在它的身体上，兼备两者的特征。由于这种头足类动物身体结构的奇特性，科学家不得不为它设立一个独立的科目，即幽灵蛸目。这个古老生物的另一个特点是，它可以长久居住在海洋中最低溶氧层中，这很令人吃惊。在大洋中，溶解在水中的氧气含量随着深度的变化而变化。表层和次表层由于和大气交换较迅速，且存在浮游生物的光合作用，常处在接近饱和甚至过饱和的状态。当水深超过1000米之后，水中的溶解氧也较高接近饱和状态，那是因为1000米以下的海水主要来自极地下沉的表层水，在输送过程中1000米以下又很少有有机质需要消耗氧气进行分解。而在500～1000米的区域内，氧气则不到饱和状态的5%。从温跃层以下，大量的来自生物的有机质需要分解，消耗了大量的氧气，因此在500～1000米区域内，溶解氧随着深度的增加呈递

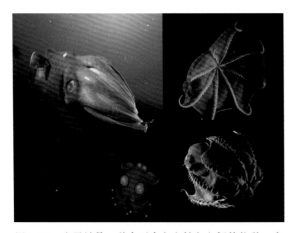

图3-21　幽灵蛸是一种介于章鱼和鱿鱼之间的物种，它的身体上带有生物荧光发光器以及可以调节光亮开合的皮瓣。它的活动迅速，能够将自己的身体灵巧地内外翻转，搭到外套膜之上，将吸盘暴露在外面，使它看起来像一只浑身是刺的菠萝，可能在恐吓捕食者方面具有重要功能

减状态，在1000米左右形成最低溶氧层。绝大多数的头足类，每天只能在含氧量不足的环境中，待上几分钟，最多几个小时。除了幽灵蛸，几乎没有任何动物能在其中长时间生存。那么，幽灵蛸有何与众不同之处，来突破这一生理极限的呢？原来，它有一种具有特殊呼吸作用的血红素。这种血红素可以非常有效地滤取水中所含的氧气，维持生命活动。因为具有这种秘密武器，才能让它的性能与其缓慢的新陈代谢机能相结合，使其可以在对其他物种来说相当恶劣的环境中存活。同其他深海动物一样，生活在深度大约1000米的黑暗带的幽灵蛸，全身也布满了发光器。在它鳍状物的后面，甚至还有两个大的发光器，上面长有皮瓣，其功能就像眼睑一样，可以控制光的开关。然而，这个动物真正令人称奇的地方，是在遥控摄像机观察到它在自然栖息地的行为以后，才被逐渐揭开，为人所知。原来，幽灵蛸的动作比它臃肿繁赘的身体结构所表现出来的要快得多，而且还能够将自己的身体灵巧地内外翻转。它可以将腕爪向后翻转，直到搭在外套膜之上，将吸盘暴露在外面，使它看起来像一只浑身是刺的菠萝。可是，至今还没有人对幽灵蛸这种不寻常的行为和目的做出科学的解释。想要真正了解这一生命的奥秘，还需克

服深海探测的多种技术难点，开发一种能够较长时间定向跟踪拍摄的深海探测器。

3. 大王鱿——从神秘到真实的深海巨怪

早期关于深海动物的信息很多来源于水手的传说，其中有一些不吉利的动物纷纷登场。过去，水手们从海上探险归来以后，总能带回一些令人毛骨悚然的故事或者歌曲，来描述那些海洋中的多头人、巨蛇以及住着能够攻击船只、吞食水手的怪物的海岛。有时，沙滩上会出现发臭的动物残骸，有些老水手还能从中辨认出哪些是年轻时曾在海上遇到过的、令人记忆深刻的动物骸骨。在1550年的欧洲自然史书中，曾经有人试图用图鉴的方法去描绘或者去揭秘这些怪异的海洋动物。而且当初采用诸如"海僧""女妖""海妖"这样的词汇，来表述它们，形容它们，有的甚至还用"波兰主教"这样的名称，去描述一直让人感到新奇的海洋生物。那个时代的自然学家，由于无法亲临现场，亲密接触这些神秘生物，也没有条件采集到任何完整的标本，因此对水手的幻想和故事，不能进行科学的辩驳，故而，这样的传奇故事得以流传几个世纪。

19世纪，有两个重大的生物事件，出现在这个历史舞台上。其中一位事件的主角是丹麦著名的动物学家杰普特斯·史丁史崔普，他依靠卓越的侦查能力，在1854年向大家宣布："这些神秘怪兽只不过是一只鱿鱼罢了。"他指出，这种生物不是一般大家所熟悉的沿岸鱿鱼的突变，而是一种生活在深海、巨大的新物种。这位科学家将之命名为"大王鱿"。这个重大的发现，从生物科学层面上揭开了大王鱿真正的面纱，也成为探察海洋大鱿鱼——大王鱿的开端。第二个生物事件是自1873年起，在加拿大的纽芬兰岛洛基湾——也就是加拿大最东部的区域——出现的一连串的海洋生物发现。在那里，人们首次采集到了一定数量、形体完整的大王鱿标本，它们相继漂浮在海面上或被

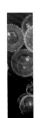
冲刷到岛屿的海湾内，让人们得以首次近距离地观察和了解这种巨大的、如同怪兽般的鱿鱼。那个时期，有位年轻的巴黎作家听说法国的蒸汽船"爱列克顿"（Alecton）号在加那利群岛沿岸发现了一只巨大的鱿鱼。船长在海面上看到它后，起初想捕捉到它，以便让科学家进行研究。于是，船长从甲板上用毛瑟枪向它开火，可又担心怪物会袭击他的船只，并危及船上人员的生命安全，因此不得不放弃这次对大王鱿鱼的捕捉。这个发生在"爱列克顿"号上的真实故事，深深地吸引了法国那位年轻的科幻作家儒勒·凡尔纳。他中断了正在印刷中的《海底两万里》，艺术地引用了这个动人的情节，编织了一段扣人心弦的故事，即关于尼摩船长与一只体型超级巨大的鱿鱼如何在"鹦鹉螺"号上惊险相遇，又如何较量与分手的情景。由于作家所描述的场景十分生动形象，情景故事也非常感人，这部脍炙人口的著作流传至今。所以，即便是今天，人们只要提到凡尔纳的《海底两万里》，依然会想起那机智勇敢的船长和那可怕的"巨鱿"。

20世纪，虽然有一些死亡的大王鱿被发现，但是我们从未亲见活生生的海洋大王鱿，所以也就未能清楚地了解它的栖息地、分布区域、生活习性以及其生物行为等。目前，大王鱿仍属于头足动物中颇具传奇性的神秘成员，即使海洋生物学家已经肯定了它的存在，但仍没有改变它作为一种神秘生物的地位。迄今为止，我们已经知道大王鱿是世界上最大的无脊椎动物，它的身长最长可达18米，体重从500千克到1000千克都有，它拥有巨大的双眼，眼睛如人头般大小，这是陆地动物中尚未发现的！伴随着岁月的演进，我们渐渐发现，大王鱿不仅体型庞大，而且还是海洋中的凶猛掠食者，强悍的抹香鲸，就是它最喜爱的食物之一。抹香鲸以捕食深海鱼，比如橘棘鲷、鳕鱼为生，同时也吃其他种类的深海鱿鱼，是深海中的可怕杀手。但在大王鱿面前，也只能小巫见大巫，无可奈何了。

大王鱿雌雄明显可辨，成年后的雌性鱿鱼，体型远比雄性大得多。当然，它们的雌雄体型比例不像鮟鱇鱼差别那么悬殊，也不会发生雄性吸附在雌性鮟鱇鱼上提供精子库的事儿。

大王鱿生长在水深500~1000米的海洋中，至今全世界被发现的、已记录的大王鱿标本超过300只。深海拖网渔船曾捕获过一些巨鱿，但我们现有的标本，绝大部分是从大王鱿自己搁浅在岸边获得的。大王鱿为什么会自己搁浅呢？如果了解了大王鱿游泳的方式，这个神秘的现象就很容易解释了。大王鱿身上的组织能制造比海水还轻的氨离子。氨离子可用来调节浮力，这样就不需要大王鱿一直处于泅泳状态，而是能持续保持在自己想要的深度当中。因此，当它们在深海中死去以后，尸体就会浮上水面，小部分尸体被海流或风浪推向岸边，遗留在沙滩上。

尽管我们对大王鱿有着越来越明确的认识，但一些文学作品或剧作仍然将大王鱿作为海洋中的怪兽，并加以夸张，为我们提供了艺术想象的空间，同时也打开了人们探索神秘海洋的思维，为揭秘海洋生物铺垫了道路。大王鱿到底如何生活，有多么可怕？我们坚信，未来的探索者将会给予我们更多、更详、也更精彩的回答。20世纪90年代，出现了一些可用于深海摄影和照明的工具，生物学家以及摄影师通过镜头，穿透深邃的海洋黑暗地带，开始寻找活生生的大王鱿。为了捕捉到它们真实的身影，有些摄像机是由申缆连接着而沉入深海，有些则是悬吊在随水漂流的浮球下，深入海洋，人们满怀着期待，希望能够目睹神秘大王鱿的惊人风采，亲自领略这种巨型生物的特殊魅力。为此，在海洋生物的探察中，至少有20~30个探测项目是以这种动物为目标的。然而，非常遗憾，到目前为止所有的尝试都失败了。

对大王鱿的最新一次发现，是一艘航行在南极海域的渔船捕捉到了一只巨型的大王酸浆鱿。近80年来，专家们借助抹香鲸肚内所发现的众多同种鱿鱼的标本，已经对这个物种有所认识。但是，大

王酸浆鱿并非大王鱿的近亲，甚至连在淡水捕鱼的渔民都可以分辨出两者的不同。与大王鱿相比，大王酸浆鱿的身体及头都较长也较壮硕；其次，两者分布的地理区域不同，只有在靠近南极的南纬40度海域才重叠。所以，直到现在人们也没有真正捕捉到这个活生生的巨大生物——大王鱿（图3-22）。

　　首度呈现出大王鱿在其自然栖息地的影像，是日本科学家提供的，这引发了全世界热爱海洋生物人士的一阵狂喜。久保寺博士与他的团队将一台相机放到水下900米处，所选定的是抹香鲸洄游时会进食的地方。他们发现放置在相机装置下方的饵食，被一只精力充沛的大王鱿吃掉了，估计它的身体总长约达8.5米。当相机被回收时，有一条断掉的腕足被放饵的鱼钩无意间钩到，这让我们可以针对标本，从形态和DNA方面去做详细的种类鉴定。这个生物探索史无前例的成功，极大地鼓舞了科学家对大王鱿继续探索的热情，也为新的海洋探险开启了新的思路。也许，终有一天我们可以目睹大王鱿的风采，并且揭示这场抹香鲸与大王鱿之间持续不断的厮杀搏斗，揭示生物竞争的血色传奇以及它们各自为生存而战的种种故事。在超过一个世纪的研究之后，大王鱿似乎有权利要求被冠之为"深海最庞大住民"的头衔，可以神气十足地代表一下某个海洋物种的生态存在。人类具有好奇心，人类需要探索海洋奥秘、宇宙奥秘，当然人类也需要怪物，需要传奇。而这个巨大体型的深水鱿鱼长久以来未曾活生生地现身人

图3-22　人们所捕获的大王鱿的标本，它们巨大的体型让人不得不将其与怪兽挂钩

前，成为神秘怪兽，长期担当台前主角，将以往许多的神话放在它身上，想来也是理所当然的。

深海中的无脊椎动物，与那些深海鱼类一样也面临着生存的压力，不断在捕食动物与猎物之间进行着永无止境的斗争。深海中的无脊椎动物同样有效地利用自身的生物荧光，来维护自身安全，避免被吃掉。同样，许多弱小的海洋生物常常利用生物荧光来警告或迷惑它们的捕食者。例如，桡足类甲壳动物在受到攻击时会明亮地闪烁，这种信号可能是用来警告其他桡足类，或者是用来吸引捕食攻击者本身，或者是用来求救。有些种类的桡足类动物，把一束束的生物荧光释放到体外，在黑暗中像小型烟火一样爆发开来。有时候爆发的时间会延迟，因此光亮和释放它的桡足动物就会有一段距离。这便会误导不少动物前去追逐火花，等到发现真相时，这种桡足动物早已隐入到黑暗，消失得无影无踪了。其他动物还有不同的防敌技巧：有些虾类会吐出一种发光的黏液，一旦接近它们，不仅能迷惑捕食动物，还会给捕食者涂上一层明亮的光芒，使捕食者清晰可辨，以便被捕食者采取防范措施。还有些虾类周身通红，隐匿于深海中，很难被识别出来。有一种乌贼——异乌贼，能向水中喷射带有生物荧光的迷惑云团。但是，如果你坐着载人深潜器下到深海中，最令人难忘的还是无脊椎动物的那些"烟火"表演。让人意想不到的是，这种表演，完全是由黑暗带的水母展现出来。前一刻它们还在黑暗中轻柔地漂浮，可是突然之间，如果被捕食动物碰到，它们的身体便会燃起翻滚跳动的生物荧光，用以吓退敌人，赢得胜利。盖缘水母的整个钟形体都会亮起光芒，连触手的末端都不例外，而圆形的红色环礁水母一亮起来活像一团旋转的烟火。棒水母（Colobonema）不仅全身闪亮，而且还会抛掉自己的一些发光触手。这番牺牲可以吸引捕食动物的注意力，转移它们的视线，以便水母趁机逃脱，安全自保（图3-23）。

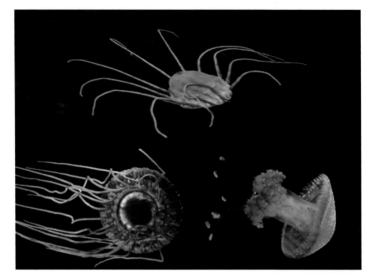

图3-23　水母是深海无脊椎动物的主要组成部分，它们种类繁多（上图：盖缘水母；左下图：环礁水母；右下图：棒水母）、色彩斑斓、形态各异，游动起来摇曳飘逸，为静谧的深海涂上了绚丽的色彩

底栖生物——深海底的"森林"

长久以来，深海海底曾被视为一个平坦、没有生命的荒漠。20世纪80年代，一个深海生物学家小组花了两年的时间，从美国东海岸的深海底层取得了数百个淤泥标本。从仅仅54平方千米的区域内，他们鉴定出属于798个种的90 677个动物个体，其中将近60%是生物新种。若以陆地上类似的取样实验为基础，科学家小组估计，那么在每平方千米的深海底层上，便有望发现一个新种。将这个数字乘以海底的面积，这意味着尚未为人们发现的新种大约多达1亿个。其他科学家虽然怀疑这个数字，但是多数人却达成了这样一个共识：深海海底比喜马拉雅山有更多起伏多变的地形，这种多变的地形所蕴藏的海底生物的种类，可能比亚马孙雨林和大堡礁加起来还要多。

除非是动物自身发出生物光以及深海热液在高温喷射时释放出的

微弱光线，否则深海就总是沉浸在一片黑暗当中。所以，海底生物都是微生物和动物，即深海"森林"是由动物组成的，诸如海葵、珊瑚虫、管虫等。深海平原虽没有布满青草也没有树木，但也会有成群结队的动物游荡其间，取代牛群、羊群，这就是海胆和海参群。它们在无边的"平原"上进食，吃的不是叶子，而是污泥。尽管黑夜是永恒的、压力是极高的、温度是极低的、食物是稀少的，但是在各个大陆架间和包含南、北极的全部海底，乃至最深的海沟，差不多都可遇见形形色色的海洋动物，甚至是由它们形成的"森林"（图3-24）。

图3-24 "蛟龙"号载人深潜器所拍摄的5000米深的海底，看起来平坦、安静，其实，这里或许藏匿着各种底栖生物，构成了海底动物"森林"

事实上，接近3/4的海洋板块都是非常平坦的。位于深达4000～6000米间的广大深渊平原，覆盖着由小型植物和动物的尸体累积而成的外壳，而它们整个生命周期都在表层的阳光普照地带完成，并不属于这个深渊平原。缺少起伏地形且一成不变的深海平原与孕育其间的

生物多样性形成强烈对比。当我们筛检覆盖在海底的微细沉积物时，可知动物主要的活动都是在淤泥表层下进行，大批的微小生物像蠕虫、双壳贝、螺类和奇怪的甲壳类，都善于在沉积物中挖洞栖息，或是在淤泥中缓慢地穿越。几千年来，这里一直是这些生物摄食、繁殖和生存的舞台。

当载人深潜器缓慢地掠过海底进行探测时，从舱窗仔细观察软泥海底，可隐约看到小径、小丘、小洞和犁沟，它们留下了自己的痕迹，表明着它们的生存轨迹：长长的蠕虫从它们栖息的深洞里拖出全身黏液的身体，在最大范围内，一边勾勒星星的图案，一边扫划着软泥；虾、龙虾和双壳贝在挖洞时，将喷出的泥沙筑成小小的泥山口；几百万只海参一边舔着管足，一边打扫这宽广的平原。正当它们用管足不停地用力踩踏，隆隆行进着找寻富含细菌的软泥时，其他生物受到惊扰后会一跃而起，飞快地离开底层，在水流中以出人意料的优美舞姿远远逃离海参们的捕食（图3-25）。

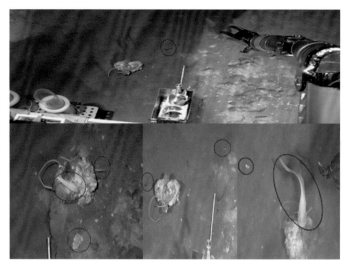

图3-25　乘坐"蛟龙"号载人深潜器下潜到水深5000米的海底时，科学家用机械臂"扔出"一袋饵料。面对如此丰富的美味大餐，藏匿于黑暗中的各种底栖生物纷纷探出头，慢慢向食物靠近，毫不畏惧强烈的光线

除了热液、冷泉口的生物之外，大部分深海底的动物都必须依靠从海面掉落下来的食物为生。这种"海下雪花"，大部分都是死亡的植物或动物以及动物排泄物的微粒。由于从海面掉落下来路途遥远，许多"海下雪花"都会被先接触到它们的中层水域动物吃掉。还能掉到海底的，其实都是上层"富人餐桌"上剩下来的残羹剩饭。尽管如此，中层水域的动物必须在食物路过的时候赶紧抓住，而海底的动物则只能等待食物落到海底。因为它们再也不会跑掉了！专门利用这种方法取食的动物之一，就是海参。泥质海底上许多纵横交错的足迹，便是它们的杰作。海参属于棘皮动物——这个在海底占优势的动物类群还包括海星、海胆和海蛇尾（图3-26）。海参的身体大小变化很大，从只有1厘米长到足球般大小的庞然大物都有，它们觅食的方法是慢慢爬过海底，吸起沉积物，从中提取有机营养成分。与浅海的种类一样，许多深海海参长得都很像又大又肥的香肠，但也有些具有不同寻常的形态，有些长着长长的触角看起来像小腿一样，有些甚至从背部直伸出来高高的帆状结构。有一种特别引人注目的海参，叫作梦幻海参，它们身体的前后都发展出蹼状的游泳结构，这对于大部分在海底定居的动物类群来说是很特别的，这种特别的结构使得它们能够游离海底，旅行到远离海底1000米之上的水体之中。有人认为，这些迁移活动有助于梦幻海参进入新的取食地，或者逃避捕食它们的动物。它们美丽的红色表皮上布满了数百颗会发光的金色小颗粒，那是一种防御结构。一旦受到攻击，这种有黏性的表皮会脱落下来，并粘到袭击它们的动物身上，在黑暗中发出危险的光芒。

海蛇尾和海胆也是深海底常见的棘皮动物，有时在一个小范围内会出现数百万之多。海蛇尾可见于世界各地约达7000米的深海里。它们有5条细长的腕，这些腕连接着一个含有口部的中央体盘。它们用这些腕将食物从海底打捞起来，有时也可将自身在水中撑起，以捕捉

漂过的食用颗粒。深海海胆棘刺的基本结构也是多种多样：有的长棘刺上带有像糖果一样的粉红色条纹；有的长有可弯曲的棘刺，微小的圆形身体可以悬浮在这些棘刺上。大部分海蛇尾都属杂食性动物，找到什么就吃什么。它们常常成群结队一起行动，这可能是寻找食物的有效方法，但也可能是有利于繁殖。正如深海的其他地方一样，海底的动物密度很低，要找到伴侣相当困难：集体行动可以确保潜在的配偶永远都不会离得太远。

图3-26　常见生活在海底的棘皮动物：海参（上图），海蛇尾（左下图），还有海胆（右下图）

122

在深海寻找食物的压力，对生活在这里的许多动物的身体结构和生活方式都有着强烈的影响。在这个严苛的栖息地最奇特的适应生物之一，是多毛类蠕虫的双桨虫（图3-27）。多毛类蠕虫通常居住于沉积物里的虫管之中，但是双桨虫与众不同，它们生活在海底沉积物之外。如果遭到捕食动物打扰，或需要迁移到新的取食地，双桨虫有其极聪明的一招。它们能利用嘴巴周围丛生的触须划水，还能够突然动身游走。对于通常被认为只能固定待在一个洞穴里的蠕虫而言，这真是个非同凡响的能力。

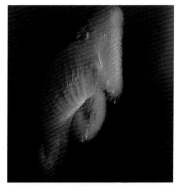

图3-27　海洋蠕虫双桨虫，不但能够栖息在海底，而且还可以在捕食和躲避被捕食的时候通过移动触须划水游动

然而，许多深海底层的动物，并没有可四处移动以寻找食物的选择。像海绵、海葵、海笔和管虫等动物，采取的都是比较固定的生活方式。它们只能以守株待兔的方式坐等食物上门。静止不动地待在一个地方，在这个低能量的世界里，是一种节省能源的策略，作为一种生活方式，已经在深海中经过许多次独立的演化和发展了。为了增加捕捉到路过猎物的机会，深海的动物往往长得比它们生活在较浅水域的近亲要庞大一些。例如，有一种海葵长有10厘米长的茎，可将其摄食触手高高地支撑起来，伸到水体之中。

虽然海底大部分是平坦的，但是只要是坡度陡峭的地方，深海动物就要面对一系列新的挑战。"海下雪花"可能不会沉淀下来，而是继续掉落到下面的平坦海底。而另一方面，岩石露台却可以提供一个理想的有利地位，来捕捉在海流中漂过的食物。正是由于这些条件，使得许多深海动物显得更像植物，扎根于这些深海底的"悬崖峭壁"或底部淤泥中。海百合看起来像努力朝向阳光的花朵，而实际上它是

一种棘皮动物。它们发育了很长的茎和伞状的腕，以捕捉路过的猎物。它们在海流中身体齐向前弯倾，将腕排列成一个抛物线形的扇面，并以这样微小的长度方向分布在浓稠的黏液中，以便捕食（图3-28）。

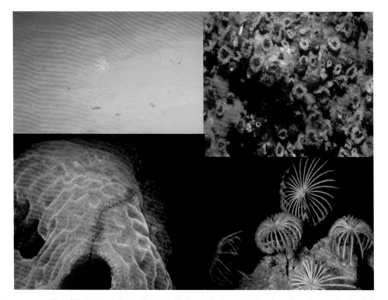

图3-28　种类繁多的、营固着生活的海底生物：海笔（左上图），海葵（右上图），海绵（左下图）以及海百合（右下图）

珊瑚是另一个具有像植物一样身体结构的动物类群。在浅海中它们这样生长，是因为它们需要最大限度地暴露在阳光下，以促进共生藻类的生长，后者是它们永久居住在一起的食物来源。而在深海中，它们必须完全靠自己捕捉食物。这样的结构，帮助珊瑚易于捕捉悬浮在水中的颗粒。例如，柳珊瑚或角珊瑚可以长成蔚为壮观的树丛桩，或者有螺旋状的长柄伸进海流，以便获取食物。有时海蛇尾会爬到柳珊瑚上面，好让自己处在一个角度较佳的捕食位置。深海的软珊瑚，包括美丽的草珊瑚，远远看去，很像是一个粉红色的蘑菇。顶上长出的红色"棕榈树",实际上就是巨大的珊瑚虫,它是海洋里所有珊瑚中个头最大的。它们身体的顶端排列着长长的触手,用以捕捉猎物。虽然深海没有像热带浅海那样典型的大规模造礁珊瑚,但是人们也出乎意料地发现了一些大型珊瑚在这里生长。最近,生物学家利用一艘水下遥控潜水器在外海300米深的地方,发现了一片冷水冠珊瑚的礁体;它的高度超过30米,延伸将近200米,可谓是形体庞大(图3-29)。

图3-29 同浅海一样,深海也有珊瑚生长,比如柳珊瑚(左上图)、草珊瑚(右上图)以及冷水冠珊瑚(下图)等

深海底层严重的食物匮乏,对许多动物的身体结构和取食方式都具有显著的影响。举例来说,浅海中的海星专门捕食海螺之类移动缓慢的动物。然而在巴哈马外海深处的鲜红色新旋海星,行为却更像是滤食性的动物,是专吃虾和其他动作迅速的甲壳动物的凶猛猎手。它把布满微小棘钳的腕高举到水中,凶猛地捕捉路过的猎

物（图3-30）。在深海中，为了求生而改变身体形态最显著的，莫过于被囊类的大双桨海鞘。大部分被囊动物看起来都像固着在海底的透明小球。身体侧面的吸管，用来吸进和排出海水，在这个过程中，它们将食物颗粒提取出来。然而大双桨海鞘却与大部分被囊动物不同，它是食肉性动物，它们把水吸入身体的吸管，不仅极度膨大，而且更加有力，变成一个令人可怕的"颚"。这个"颚"看起来很像挂在一根肉茎上的拳击手套，大双桨海鞘通过它的开合，紧紧抓住进入其势力范围内的任何猎物。在整个深海，为了在这个最严酷的栖息地求得生存，类似的动物形态发生剧烈变化的典型事例，可以说是屡见不鲜。

图3-30　海星（左上图）利用它的腕足来滤食过往的食物，一般的被囊动物（右上图）用透明的球状被囊滤食海水及其中的食物，然后通过底部的吸管来吸食和排出海水，而大双桨海鞘（下图）则是通过进化后用像颚一样的顶部来完成滤食的工作

宛若繁星的海底微生物

　　微生物总是能出现在它们能够生存的一切物理、化学、地质环境中，这似乎是一条基本规律。海洋的深处，分布着各种微生物，它们形态各异，数量众多，好似夏天夜晚的繁星。尽管微生物能够在极端苛刻的环境中生存，它们在深海中的各个深度的分布却不是均一的。有研究表明，从表层水到深海沉积物中大约75%的细菌生物量存在于深海沉积物顶层10厘米的沉积物中，这里所蕴含的微生物量约占全球微生物总量的13%。而深海水体中的微生物量相对较少，它们多是来自较浅真光层水域的原住居民，随着真光层的颗粒有机物质的沉降而潜入深海，它们或者包裹于这些有机物中，或者吸附在有机颗粒表面，或者游离在这些颗粒附近，靠这些有机物提供的养料维持生命，并随着这些颗粒有机物的运动而运动。

　　深海恶劣的环境，给这些小生命的生存方式戴上了神秘的面纱。人类对深海的不断探索和研究，正逐渐揭开这层面纱。"综合大洋钻探计划"是一项国际合作项目，后来发展成为"国际海洋发现计划"，有来自22个国家的科学家参与，主要目标是研究海底地壳的历史演化过程。在对海底底质层下方的深度钻探过程中，科学家们发现了那些在极端环境中生长、并通常需要这种极端环境才能正常生长的微生物，它们被统称为极端微生物。在深海环境中广泛存在着嗜酸（pH 3以下）、嗜碱（pH 10以上）、嗜盐（2.5摩尔/升以上）、嗜冷（可达0摄氏度以下）、嗜热（120摄氏度以上）、嗜压（500大气压以上）微生物。深海微生物处于独特的物理、化学和生态环境中，在高压、极微弱的光照条件和高浓度的有毒物质包围下，它们形成了极为特殊的生物结构和代谢机制系统。嗜热菌是一类生活在热环境中的微生物，如深海热液周围。决定嗜热菌耐热性的主要机制是蛋白质的热稳定性，嗜热菌中蛋白质合成系统具有热稳定性。不仅嗜热菌与

常温菌蛋白质的氨基酸组成不同，而且在蛋白质的天然构象上也不一样，这种空间上的微妙变化，决定了蛋白质对高温的适应性。此外，由于嗜热菌中蛋白质合成系统具有热稳定性，重要代谢产物能迅速合成以补充失活的物质。在深海的高盐环境中还存在着许多抗高渗透压的微生物，即嗜盐微生物。各种嗜盐菌具有不同的适应环境机理。杜氏藻是目前已知真核生物中最耐盐的生物，能在5.5摩尔/升的饱和盐浓度中生存，其耐盐机制被认为是通过调节自身细胞内甘油浓度来实现的。最适生长在pH为9～10环境中的微生物，称为嗜碱菌。它们种类繁多，包括细菌、真菌和古生菌，细胞壁所起的屏障作用和细胞膜对pH的调节作用，让嗜碱菌虽身处碱性环境，却能保持细胞内环境的中性。嗜酸细菌主要包括自养嗜酸细菌和异养嗜酸细菌，很多情况下，嗜酸菌往往也是嗜高温菌。目前，对嗜酸菌的抗酸机理有一些假说，有的学者认为嗜酸菌细胞表面存在大量的重金属离子，可与周围的氢离子交换，阻止了氢离子进入细胞；还有的人认为，嗜酸菌含有抗酸水解的蛋白质，因而能够存活于这种酸性环境。能适应深海高压环境的微生物称为嗜压菌。嗜压菌有一组能调节压力影响的基因，通过它们减少某些蛋白质的产生率，能有效阻止高压环境下体内的糖和其他营养成分扩散到体外。嗜冷菌的主要生存环境有极地、深海、寒冷水体、冷冻土壤等低温环境。嗜冷菌能在温度较低的环境中生存，与其细胞膜对温度变化的适应及特殊的蛋白质有关。它们可以通过改变细胞膜脂类的组成来适应低温环境。另外，当环境温度波动较大时，嗜冷菌还可以通过合成冷激蛋白来适应环境的变化（图3-31）。

如前文所讲的，海底深部生物圈可根据能量来源划分为两大系统，即依赖于地球表面和水体真光层光合作用输出的和依赖于地球化学反应产能进行初级生产的自养生产系统。深海沉积物中的微生物构成了海洋生物量的绝大部分，也是自养生产系统的最主要组成部

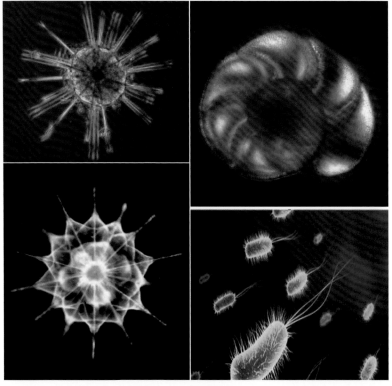

图3-31 生活在深海中的微生物：等辐骨虫是一类生活于海洋中的星状变形虫
（左上图），以其他微小生物和小型浮游动物为食；星石虫（左下图）属于放射虫
目——海洋大型星状变形虫；孔虫（右上图），是具有壳的变形虫，壳有点儿像蜗
牛；细菌（右下图）——深海中能够利用各种现有化合物而进行自养的初级生产力

分，它们对地球生物圈起着至关重要的作用。海底热液、冷泉活动区
的许多动物食物链的基础是由微生物提供的，如氧化硫细菌，它们利
用热液、冷泉喷发出的无机化合物的化学能，把二氧化碳转变成能够
形成糖和碳水化合物的有机分子，以供养各类动物，因此氧化硫细菌
被认为是深海热液活动区的初级生产力。对于海底热液及冷泉附近的
微生物群落在本书中的相关章节中已有详细的描述，在此不再赘述。
除了有效地利用环境中的无机化学能外，死生物体的脱氧核糖核酸

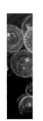

（DNA）也是海洋底部生活的微生物的一个重要的营养来源。海底沉积物中90%以上的DNA是细胞外的，这是全球海洋中最大的DNA库。DNA是一种富含磷的分子，磷占其重量的10%。由于DNA通常仅仅被看作是遗传物质，其在磷循环中的作用基本上被忽视了。意大利研究人员计算出，这些不再被细胞膜保卫的细胞外DNA，为海底生活的微生物提供所需的碳、氮和磷的比例分别为4%、7%和47%。当微生物"吃掉"这些细胞外DNA后，它们很快地"再生"磷，也就是说它们将DNA中的磷转化成一种能被浮游植物和其他生活在海洋表面的光合作用生物体利用的无机形式。这样，不但维持了微生物本身的生存需求，也为深海底的其他生物提供了能量来源。

在深海极端环境附近发现的微生物群落中，有些超高温、超高压微生物演化出极为缓慢的代谢水平，使它们变得非常"长寿"，好似"僵尸"的状态。有些细菌的寿命可以达到1亿年之久，它们的年龄可能与它们所居住的沉积物的年代一样久远。这些微生物多处于进化树的根部（图3-32），可能保存了地球上最古老的生物信息，是我们研究陆地生命起源、生命老化、甚至外星生物的一个窗口。另外，深海微生物群落长期生活在高压、高温或低温等极端环境下，具有显著区别于陆地微生物的独特的代谢途径以及适应于该环境的分子信号转导和化学防御机制。这就意味着其生命活动中生成的形形色色的化合物，有许多也是可被利用的天然产物。工业生产常常要求一些特殊的反应温度、酸碱度，在这种条件下，普通酶无法保持活性，而这些微生物体内的极端酶在普通酶失活的条件下仍然能保持较高的活性，因而在工业上有着广泛的应用前景。同时深海生物还是新型特效药物，是抗肿瘤、抗病毒、抗衰老、降压、降脂等药物的来源。同时，生存在海底的微生物能分解有毒物质及硫化物，并以其为能源繁衍生息。因此，这些生物还成了能清除重金属、石油等污染物的"清道夫"。这些潜藏于深海中的生命，都静静等待着人类进一步的探索。因此，深海独特的生态系统不仅是潜在的生物资源宝库，同时也引发了科学家们对诸如生命起源、演化等一系列重大生物学问题的思考。

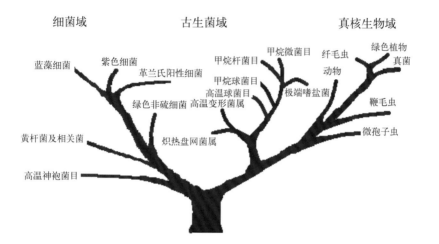

图3-32　深海中的微生物普遍存在于进化树的底端，是进行生命起源研究的良好对象

　　深海海底的微生物还是大洋多金属结核成矿的建造者。这些金属结核矿中富含多种有用金属元素，可以为人类所利用。自1837年以来，英国"挑战者"号在大西洋首次发现了锰结核，发现其中富含锰、铁等矿物元素后，世界上一些大国在开发海洋的过程中越来越重视对这些"黑色资源"的开发，并试图将它们作为新型资源来满足人类的需求。那么金属结核到底是什么样的呢？科学家用透射电子显微镜，对海底采集的金属结核矿的内部结构进行了观察（图3-33）。通过这种显微镜，可以看清楚在普通光学显微镜下无法看清的小于0.2纳米的亚显微结构或是超微结构。我国学者采用这种技术鉴定结果显示，锰结核内部纹层构造是叠层石构造：

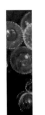

一是富藻纹层石，富含有机质，显微镜观察显示暗色；二是碳酸盐纹层，有机质比较少，在显微镜观察中显示亮色；两种纹层相互交错，形成了深海结核矿的特有叠层结构。在放大一二十万倍的透射电子显微镜下观察，发现叠层石纹层是由众多的纳米级超微生物化石，按照一定的生长方式堆积起来的。经过鉴定，这些超微生物的组成主要是中华微放线菌和太平洋螺球孢菌。这些超微生物在它们的生命活动中，根据自己的嗜好，从生存环境中选择性地吸取了锰和铁等矿物元素，并以这些元素作为生长发育所需的营养，按照各自的生活习性和生长方式，首先形成菌丝、孢囊，而后形成菌落及其他，逐渐形成单一的一层。随着时间的延续，这些微生物群体在经历千百万年的世代繁衍后，完成一个又一个的生长轮回，逐渐形成化石，叠层结构的纹层也不断加厚扩展，最后形成了深海底的金属结核矿。简而言之，深海底的这种金属结核矿产资源，就是由能够吸收累积特定矿物元素的微生物经过世代的繁衍堆积而形成的。

深海微生物不但提供深海生物生存所需的初级能源，形成人类可以利用的矿产资源，其自身所具有的各类天然产物也具有重大的利用价值。对深海微生物的采集与研究，成为世界各国生物学家竞相角逐

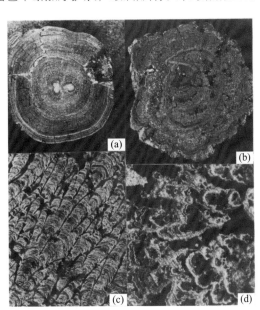

图3-33 透射显微镜下的光滑状锰结核面。图（c），（d）分别为图（a），（b）放大100倍后的显微镜成像

的领域。前文中我们已经归纳了深海微生物生态研究中的三条主要思路：一是最直接的获取信息的渠道，就是在冷泉、热液等特殊地点作长期原位观测；二是利用深海的自然条件做原位培养试验，记录新生生态系统的生长过程；三是最常用的一种研究方法是以取样为基础，对取样这一时间点的微生物种群做分析，或者将样品带回实验室，通过模拟技术富集培养。这些研究思路在不同程度上都因为深海探测技术限制而进入了瓶颈，难以实现。深海海底严峻的环境，使得许多在陆地上轻而易举便能解决的问题变得困难重重，举步维艰。目前，深潜设备的研发，深海采样、保真、保压装置的开发以及深海底观测网络的构建与铺设等技术都在取得可喜的进步，相信在不久的将来，我们便能叩响深海底微生物的大门，使它们能为人类所利用。

　　深海是迄今地球上最大的生物栖息地。就体积而言，它几乎占据了80%的可利用空间，而陆地只占了0.5%。即便如此，它仍是世界上最不为人所知的地方。深海的巨大压力使探险活动极为困难，今天，人们使用高度精密复杂的仪器和深潜设备来研究海洋，探索生命。其中包括各种类型的深潜器，载人的、遥控的，甚至还可以利用人造卫星从高空进行观察。尽管取得了巨大的进步，但我们对海洋的了解仍然很肤浅。我们对火星表面的了解，甚至比我们对地球上大部分海底的了解还要多。今天，在仅仅勘探了不到1%的深海领域之后，我们终于开始知道深海下面生命惊人的多样性和巨大的数量。深海是地球上最后一块真正尚未开拓的领域，深海的高压、黑暗、幽深以及寒冷的特性，导致深海生态及生物资源研究的困难重重，必须依靠先进、可靠的深海探测技术才能保证在维护原有生态系统的前提下去开拓，去发掘。

海底资源

随着人口不断增长、陆地上矿产资源的日益减少，人们自然地把注意力移向了海洋。海洋占地球面积的2/3，蕴藏着丰富的矿产资源。众所周知，世界上海底石油的产量已达到全部石油产量的30%左右。我国海上石油工业有了长足的发展，海底石油的产量可占到石油总产量的11%。分布十分广泛的大洋金属结核，因其含有丰富的铜、钴、镍、锰等有色金属，早已引起人们的重视，最早我国在东北太平洋的C-C区（多金属结核富集区）圈定了7.5万平方千米的开辟区，并且已获得了联合国的批准。目前中国拥有三个海底资源勘探合同区，除了东北太平洋的多金属结核勘探合同矿区，后来又签署了西北太平洋富钴结壳矿区和西南印度洋的多金属硫化物合同区。中国的大洋人对此十分自豪，因为这意味着在我国领土960万平方千米、主张管辖海域300万平方千米之外，我国的"版图"扩大了许多面积。

海底矿产资源十分丰富多样，有前文提到的人们颇为熟悉的海洋油气资源，还有海洋生物资源，包括舌尖上的美味——各式各样的海鲜。除此之外，还有海洋天然产物资源、深海生物基因资源、海底固体矿产资源、海底热液硫化物资源、天然气水合物资源等等。目前，深海中的生物基因引起了各国的密切关注。美国人就以一种深海生物基因为基础，开发出了一类药物，其销售额已经突破30亿美元。可见，生物基因资源的潜在价值巨大。如果说深海生物基因资源听起来过于高深，那么我们就来看一下最常见的海洋资源——海洋中含量最为丰富的海水，暂且不说海水中富含各种化学物质，单单作为水资源，占地球总水量96.53%的海水便是我们非常重要的水资源。囿于篇幅，这里我们着重谈谈海底热液硫化物和天然气水合物这两种不为人熟知但非常重要的海底资源。

海底热液硫化物

1948年，瑞典的"信天翁"号科学考察船在红海中部考察时，发现水温和盐度的异常情况，在随后对该处的进一步调查中，发现了多金属软泥。研究认为，这种多金属软泥的形成与海底的扩张有关。20世纪60年代末、70年代初，人们把海底照相技术用于海底扩张洋脊区的调查中，在大洋中脊发现了一系列的热液喷口，证明了多金属软泥正是在那里沉积形成的。在随后的1972年、1976年对加拉帕戈斯扩张脊，1984年对冲绳海槽进行的海底热流调查研究中，都发现了很高的热流异常，如冲绳海槽的某些观测站的热流值比正常的海底热流值高了三倍多。在紧接着对这些区域进行的一系列深潜调查中，也都发现了海底热液硫化物矿的存在。

海底热液硫化物矿的发现是有着巨大的科学意义与经济价值的，它的发现在很大程度上得归功于人类深潜技术的成熟。美国"阿尔文"号载人深潜器、法国的"鹦鹉螺"号载人深潜器、苏联的"和平"号载人深潜器及日本"深海6500"号载人深潜器，都在海底热液活动及其热液硫化物矿产的调查研究中起到了非常重要的作用。从1963年美国"发现者"号在红海发现热液成因的多金属软泥，到1977年"阿尔文"号深潜器在东太平洋海隆发现正在生长的热液黑烟囱，再到今天，现代海底热液硫化物矿产的调查研究已走过了近半个世纪的历程。半个世纪以来，科学家们通过不懈的努力，取得了

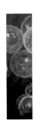

令人瞩目的发现和调查研究成果。

随着调查活动的持续深入，海底热液硫化物矿区的发现已从特定的区域拓展到大洋中脊，从弧后盆地拓展到了板内火山。很快地，人们认识到，海底热液硫化物矿藏在海底是一种十分普遍的地质现象。现已知道，大洋中的三大构造背景（大洋中脊、板内火山和弧后盆地，图4-1）普遍能发育热液硫化物矿，但除了这三大构造背景以外，虽然还没有太多的调查资料显示不存在热液硫化矿，但可以肯定的是，大洋中构造活动的地区，是海底热液硫化物发育的主要场所。到目前为止，我们已在海底发现了成百上千个热液硫化物矿化点。根据研究结果显示，现代海底热液硫化物主要分布在中低纬度的洋中脊的中轴谷和火山口附近，水深一般在2500～3000米，处于洋中脊扩张段地形较高的部位，并且热液活动区的分布还与扩张速率有着密切的关系。

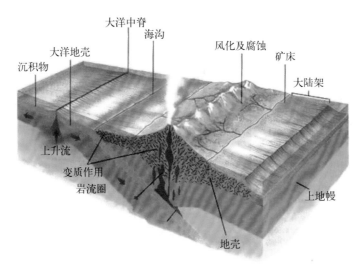

图4-1　大洋构造中的洋中脊、板内火山、弧后盆地等典型区域都是
海底热液的多发区

自20世纪70年代末在东太平洋洋中脊地区发现块状硫化物以后，热液成矿的问题在现代海底热液活动的调查研究中，已经得到了足够的重视。到1993年，在世界海底已圈定了139处热液矿化点，其中多处资源量超过百万吨。如东北太平洋洋中脊的块状硫化物堆积体，直径达200米，高为10米，储量大于150万吨；北胡安·德富卡洋中脊7处热液堆积体，直径400米，高60米，估计每处资源量超过100万吨；红海亚特兰蒂斯Ⅱ海渊的热液金属储量估计为9400万吨；大西洋中脊TAG热液活动区的一处硫化物堆直径250米，高50米，估计块状硫化物的储量为500万吨等等。另外，根据对西太平洋劳海盆黑白烟囱体的调查研究，无论是从规模大小还是从硫化物的含量来看，其储量都不会低于大西洋洋中脊TAG热液区。再加上绵延4千米长，200米宽的地带中存在着的数百个锰烟囱，按一般厚度4.5厘米计算，资源总量估计超过1000万吨。由此可见，整个世界海底热液矿产资源量是非常可观的，资源开发前景十分诱人。

早在1985年，我国就有学者提出了热液成矿的多元理论，并注意到了洋脊地下热液在铁、铜等金属的硫化物沉淀中的作用。但那时我国在这方面的研究仅限于理论上的工作，或是以国际合作的形式参与国外的调查研究。1988年和1990年，中、德、美合作利用德国的"太阳"号科学考察船，两次对马里亚纳海沟的热液硫化物进行调查。1993年，位于青岛的中国科学院海洋研究所，首次用"科学一号"科考船在冲绳海槽进行了一个航次的热液矿床调查，并在1994年3月再度组队，对冲绳海槽的热液硫化物进行了实地调查，在采集的热液样品中发现了较高的金和银的含量，取得了不错的成绩。1998年，我国的"大洋一号"首次在马里亚纳海沟，开展了大洋热液矿点的实验调查。经过短短十几年的考察，我国在大洋热液矿产调查中取得了较为瞩目的成绩。2003年11月，"大洋一号"科考船来到东太平洋隆起地区，开展了中国人的第一次针对热液硫化物的科学考察，第一次获取

到了热液硫化物的样品。

图4-2就是热液硫化物烟囱的横断面的照片。肉眼都可以看到这个横断面内孔周边，是由各类闪闪发光的金属元素组成的，就像闪耀着光芒的绿色星空，神秘而幽深。

图4-2 "烟囱"切片（右上角是一枚一美元的硬币，此处作参照物之用）

在我国对热液的探寻中，"大洋一号"可谓是战功赫赫。它是目前我国第一艘现代化的综合性远洋科学考察船，为我国远洋科学调查立下了汗马功劳。船上配备有十多个实验室，分布在三、四层船舱，如多波束和浅剖实验室、重力和ADCP实验室、磁力实验室、地震实验室、综合电子实验室、地质实验室、生物基因实验室、深拖和超短基线实验等。在"大洋一号"配备的自主研发设备有现代化船舶网络系统、6000米深拖光学系统、4000米测深侧扫声学深拖系统、3000米浅地层岩芯钻机、3000米电视抓斗、3000米海底摄像连续观测系统、船载深海嗜压微生物连续培养系统以及多种我国自主研发的深海取样设备如多管、箱式、拖网等。在进行海底勘探时，人完全不用下水，在船上就能操控水下的工作。

比如可以使用深海可视采样系统将海底微地形地貌图像实时传到科学考察船上，犹如有了千里眼，可以在海底"走马观花"，并可根据需要随时抓取海底表面上的矿物样品和保真采集海底水样。深海浅层岩芯取样钻机不仅可以对海底一览无遗，还可以在深海底比较坚硬的岩石上钻取岩芯，岩芯直径60毫米，长度可达500毫米，同时具有自动调平功能，可以在坡度30度以下的深海海底工作。测深侧扫声呐可以监听海洋中所有异常的声音，并可利用声波回声定位得到海域海底地形、地貌的电子地图。

"大洋一号"于2010年12月8日从广州起航，次年12月11日上午返回山东青岛，历时369天，航行64 162海里，圆满完成我国最大规模环球大洋科考。仅在这一次科考中便新发现了16处海底热液区，几乎占我国已知海底热液区的一半，调查区域涉及印度洋、大西洋和太平洋。

在这个航次中，科学家们利用深海生物组合取样器和电视抓斗抓捕了一条热液鱼、大量盲虾和海底微生物样品。这条热液鱼头大，体形呈蝌蚪状，体长约60厘米，重约0.5千克，鱼眼凸起，呈灰色，体表无鳞，但有坚硬刚毛，应该是人类未知的新物种。此外，由于海底黑暗无光，热液旁聚集生活着没有眼睛、大小不一的虾，命名为"盲虾"。盲虾最长的有10厘米，头部膨大，头两边的腮发达，且呈黑色。这些都为研究深海鱼类、生物多样性等提供了珍贵样品。

中国科学家与西南印度洋热液区的研究

陶春辉博士是自然资源部第二海洋研究所的研究员，一直从事洋中脊海底热液活动及多金属硫化物资源的调查与研究，多次担任"大洋一号"科考船海洋科考活动的首席科学家。

对于印度洋海底是否存在热液区这个问题，学术界一直争论不休，双方各执一词，互不相让。而陶春辉博士作为首席科学家在这一区域的历次科考活动的研究成果，则让这个问题逐渐明朗化。

早在2005年，陶春辉博士作为首席科学家在"大洋一号"的首次西南印度洋科考中，就发现了海底的异常，看到当时有一片区域内的海水，物理和化学上的现象都有些异常，与其他地方很不一样。

2007年，"大洋一号"再次返回这一水域，一个星期的时间，科考人员租用了类似"蓝鳍金枪鱼"的自主水下潜水器（AUV）进行仔细搜索，终于发现了热液区。这是我国首次发现新的海底热液活动区和热液喷口，也是世界上第一次在西南印度洋洋中脊上发现并"捕获"海底热液硫化物活动区及其样品。中国科学家在西南印度洋发现热液区，终结了学术界的一场争论。

此后，"大洋一号"的多个航次都在这一区域发现了海底热液区。2010年，中国大洋协会提交了国际海底区域多金属硫化物矿区申请。2011年7月，国际海底管理局理事会核准了这一申请，这也是当时第一份国际海底多金属硫化物资源的勘探合同。

2013年11月从青岛起航之后半年的时间里，"大洋一号"执行了一次科考活动，首席科学家仍是陶春辉博士。这次"大洋一号"科考船在西南印度洋漂泊了179天，履行我国《西南印度洋多金属硫化物勘探合同》的首个航次。西南印度洋热液硫化物合同区的面积大概有1万平方千米，这里海底资源分布广，生物多样性十分显著。调查该区域海底的这些"家底"，都是当前和今后一段时间内中国大洋科考的重点内容。

这次"大洋一号"在西南印度洋合同区的科考活动，可以说是成果丰硕、满载而归。

首先，发现了11个新热液区。海底热液区中的热液硫化物是日益受到国际关注的一种海底矿藏。它的成因在于海水从地壳裂缝渗入地下，遇到熔岩被加热，熔解了周围岩层中的金、银、铜、锌、铅等金

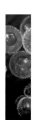

深海探秘

Behind the Deep Blue

属后又从地下喷出。这些金属经过化学反应形成硫化物沉积到附近海底，以"烟囱"一样的形状堆积起来，因此，被形象地叫作"烟囱"。

其次，深海新技术的应用。国家"863"计划的研究成果"进取者"号中深孔岩芯取样钻机，在这一航次中进行了实际应用。该钻机的钻井深度达11米，采集获得的样品对研究多金属硫化物矿体内部结构组成、形成演化、成矿作用等内容是十分重要的，也是评价多金属硫化物成矿潜力、估算资源量的重要技术手段。

最后，通过这次科考，对这一区域的海底环境和海底生物的多样性有了新的科学认识。比如首次在西南印度洋的热液区发现了虾和螃蟹。要知道，热液区周边是高温、有毒的环境，在这样的环境下，这些活生生的小家伙如何安身立命？目前是国际生物学界研究的热点。

目前各国的海底资源合同区有400个左右，还没有一个进入商业开发阶段。海底热液硫化物资源的商业开发，取决于技术条件和经济成本。就目前的情况来看，人类还不具备开发的条件。目前我国的海洋战略正在向大洋和深远海进发，大洋海底科考的意义也越来越重要。通过大洋科考，在获得突破性的科学成果的同时，我们的深海技术和装备也得以应用、检验。

海底天然气水合物资源

除了硫化物矿藏资源以外，天然气水合物作为一种新兴的、引起科学界高度重视的后续资源，同样得到了国内外的一致关注。

现代社会经济增长的基础是对能源的占有和利用，这已是一条为全世界普遍接受的公理。当今80%的世界能源来自化石燃料，即煤、石油和天然气。随着经济的发展、人口的增长，人类对资源的需求逐年扩大。按照传统的化石燃料理论和勘探结果，人类行将面临不可再

生化石燃料资源的短缺问题。人类该何去何从？寻找新型替代（或称后续）资源，以解决现有资源的短缺问题，维持经济的持续发展，是我国也是世界各国共同面临的重要课题。天然气水合物自20世纪在海底沉积物中被发现以来，就因其分布广、资源量大、能量高而引起了各国的高度重视，并被认为是一种可望成为"21世纪行将枯竭的常规油气能源的后续能源"。

据全球的钻探资料表明，陆地面积的27%，海域面积的90%都有天然气水合物分布着，而且已知的绝大多数天然气水合物为甲烷水合物。在地表以下深约2000米的浅层沉积天然气水合物内，蕴藏着大量甲烷，其储量大约相当于煤炭和常规石油天然气总量的3倍。这种甲烷水合物是甲烷气体的捕获器，在一个大气压下，1立方米的天然气水合物分解后可生成164～180立方米的天然气，它的含碳量是所有化石含碳量的2倍，能量通量（在标准状况下每单位体积岩石中的甲烷体积）是其他非常规气源（如煤层、黑色页岩和深部含水层）能量通量的10倍，是常规天然气能量通量的2～5倍，是一种非常高效的新型能源。同时，由于它分解后的主要产物是水和二氧化碳，因此也被称为"21世纪的绿色能源"。日本科学家的最新研究结果表明，日本的天然气水合物探明储量，可供日本在石油和天然气枯竭后使用140年，这一结果足以引起我们对天然气水合物研究的高度重视。单从能源的角度来看，天然气水合物将扮演一个非常重要的角色。可见，根据第28届世界地质大会资料，天然气水合物的资源量可达28×10^{13}立方米。天然气水合物的储量之丰富，能量之高，确实有望成为21世纪的重要能源。

20世纪80年代以来，俄、美、日、加、德、荷、印等多国在海洋天然气水合物调查与开发方面，给予了高度的重视，从资源储备的战略高度，相继制定了长远的发展规划和实施计划。其中，"大洋钻探计划"（ODP）对天然气水合物的研究贡献巨大。实际上，

ODP与天然气水合物的关系经历了从"冷落回避"到"亲密接触"这样一个过程。在最早的大洋钻探过程中，天然气水合物的存在是钻探中的一个"大麻烦"。1986年，"大洋钻探计划"的学术领导机构"地球深部取样海洋研究机构联合体"（JOIDES）对钻探过程遇到天然气水合物埋藏层的情况，提出了这样的要求：虽然从理论上讲，在没有气体溢出的情况下，天然气水合物稳定带可以钻探，但天然气水合物层可能覆盖圈闭了含游离气的岩层，因此，不建议在下方有天然气水合物稳定点的地层实施钻探。此时，天然气水合物埋藏地是大洋钻探急于避开的点。1992年，"大洋钻探计划"对天然气水合物有两个重要发现：第一，发现了Bottom Simulating Reflector（BSR），翻译为海底模拟反射层，是用地震法勘探天然气水合物时得到的结果，是深海沉积物中天然气水合物出现的间接证据，可能出现在水合物稳定带的底部。当然，此时的ODP探测天然气水合物的目的还是为了避免钻到天然气水合物埋藏位置。之后，用地震探测法寻找BSR成为目前世界上最常用的判断天然气水合物是否存在的重要依据。第二，气体压力受天然气水合物平衡系统的流体静压力的控制，在天然气水合物稳定带之下的游离气数量可能很少。在这两个条件下，JOIDES改变了之前提出的在甲烷水合物稳定带以下应停止钻探的建议，提出在BSR环境之下的钻探应注意安全。在1995年"大洋钻探计划"第164航次中，美国率先在布莱克（Black）海脊布设了三口勘探井，首次有计划地取得了天然气水合物样品。1995—1999年，日本基本完成了对南海海槽天然气水合物的海上地球物理调查，打了3000米的勘探井，掘穿了增生楔的天然气水合物沉积层。1998年5月，美国参议院能源和自然资源委员会一致通过了"海底天然气水合物研究与资源开发计划"。到了2000年，随着越来越多天然气水合物的埋藏点被发现，天然气水合物的重要资源价值被挖掘，"大洋钻探计划"的报告成果中指出，

大洋钻探揭示了水合物系统，获得了水合物、流体、气体和它们对海底环境影响的证据，并将继续提供关键证据。2002年第204航次是"大洋钻探计划"中可燃冰研究非常重要的一次。该航次的研究目标就定位于对"可燃冰"的形成和赋存机制的研究。在该航次中，使用了大量的新技术和设备，主要包括红外线温度扫描仪和岩芯CT扫描，多种保温保压取芯技术和设备，数种井下测温、井下地震和新测井技术（如钻头处电阻率测井仪——RAB和地层微电阻率扫描——FMS）。这些新技术和设备的运用推动了对天然气水合物多学科的研究，形成了一批重要的研究成果，比如运用三维地震调查获得流体迁移的可能通道，确定了整个区域水合物稳定带的底界；采用井下测井技术初步估计各站位"可燃冰"的聚集程度和饱和度；对未切开岩芯利用红外线温度扫描和CT扫描技术分析岩芯温度和岩芯中水合物的分布及其结构情况；现场沉积物孔隙水地球化学分析可初步估计"可燃冰"的分布、聚集、来源和形成速率；生物和岩石地层学分析以及物理特性和温压测试完善了对"可燃冰"的多学科研究（图4-3）。

图4-3 "可燃冰"

科学大洋钻探对推动天然气水合物的研究有重大贡献。就技术而言，"可燃冰"科学钻探涉及保真取样，原位孔隙水采集及地球化学现场测试，取芯过程中岩芯温度、压力和导电率的测定、中子密度、测声、随钻测井、核磁共振等测井及井下地球物理实验技术。2003年，国际大洋钻探计划转入"综合大洋钻探计划"（IODP）的新阶段。"综合大洋钻探计划"的规模和目标更为扩展，其中对查明深部生物圈和天然气水合物也成为IODP的主要目标之一，提出了建立全球大洋范围内的水合物取样网络，为深入了解水合物形成过程、水合物分解对全球生物地球化学循环的影响及其与构造过程的联系提供了非常重要的平台。

再看看我国的情况。我国海域不仅具有丰富的地质内涵，而且蕴含着丰富的石油、天然气资源。从20世纪60年代开始在我国海域进行的以构造演化和矿产资源（油气）评价为主要目的的地质地球物理调查，积累了大量的有关天然气水合物研究的资料。其中包括地质取样资料、海底温度资料、地壳热流资料、地温梯度资料、折射地震资料、多道地震资料、钻井资料等。资料显示，在我国边缘海域中（东海、南海和台湾东部海域）的部分地区，具备天然气水合物稳定存在的水深条件和海底温度条件。近年来，国内有关单位召开了以天然气水合物为主题的研讨会，强调了在我国开展天然气水合物研究的意义，并首先资助南海海域天然气水合物的海上调查工作。目前，我国一些主要的科技项目，如国家自然科学基金项目、ODP项目、"973"项目、"863"项目等，也都纷纷把海底天然气水合物的研究列为重点研究内容。由我国著名科学家汪品先院士作为首席科学家的ODP184航次，在南海开展了钻探作业，发现了天然气水合物的化学异常，南海北部陆缘多处地震剖面上也都识别出了BSR。同时，在专门为天然气水合物的研究而在南海布设的地震测量剖面上，也发现有明显的BSR显示。天然气水合物的勘查与开发利用，将是我国在较长时期内的一项重要工作。

那么天然气水合物是如何勘探的呢？地震测量法寻找BSR是一种

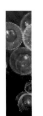
大面积勘探水合物储藏的方法，但是寻找到BSR只能证明该地可能存在天然气水合物矿藏，而不是一定存在。能证明目标地一定存在水合物的有效方法只能是钻探法，钻探法也是唯一能获得天然气水合物样品的方法。但是，钻探法太贵了，一钻下去就是上亿美元的消耗。在这样昂贵的钻探与大规模的地震法勘探之前，科学家必须找到一种能大概率确保目标地存在天然气水合物的方法，才能有这个底气一掷千金。深海保压采样器便是一种能够完成这一前期勘测的办法。浙江大学开发了一系列的天然气水合物保压采样器，采样长度分别为10米、20米、30米。这种天然气水合物保压采样器主要用来采集深海海底可能埋藏天然气水合物目标地上部底质的样品。如果样品中存在大量的烃类气体，那么我们就可以认为该地区很有可能存在天然气水合物。因此，从技术上讲，这种采样器必须保证良好的保压，起码是保气功能。在图4-4中展示了浙江大学设计的该系列天然气水合物采样器由船只布放，在数千米海底采集长达数十米的沉积物样品的场景。这种采样器的具体结构在下文的采样器章节将会具体介绍。

图4-4　天然气水合物保压采样器在南海采集天然气水合物样品的海试图

第二篇

深海技术

　　上篇让大家领略了大洋深处的气象万千、丰富多彩。在广袤的海底，不仅有海底火山、冷泉等扑朔迷离、令人叹为观止的海底奇观，游弋着千奇百怪的深海生物，而且还蕴藏着取之不尽、用之不竭的矿产资源。神秘的海洋深处，更像是一座巨大的神奇宝库，有太多的不为人知，有待于我们去探索、去发现的奥妙。我们也许会心生疑惑：人们是如何发现这深藏在蔚蓝背后的神秘？又是凭借什么技术潜入深海对这些海底奇观进行探测或观测的呢？就让我们简单地了解一下人类探索海洋的漫长旅程……

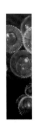

很久以前，人类就有远航大洋的能力。早在距今7000年前的新石器时代，中华民族的祖先就能够以原始的舟筏浮具开始海上航行。到了夏、商、周时期，由于木船与风帆的问世，人们已开始在近海沿岸航行至今日的朝鲜半岛、日本列岛等地。春秋战国时期，我国古代航海事业已然形成，人们已经积累掌握了一些天文定向、地理定位、海洋气象等知识，初步形成了近海远航所需的技术和相关的知识，出现了较大规模的海上运输与海上战争。到秦汉时代，海船逐步大型化并掌握了驶风技术，出现了秦代徐福船队东渡东瀛和西汉海船远航印度洋的壮举。在三国、两晋、南北朝时期，东吴船队巡航台湾和南洋，法显和尚从印度航海归国，中国船队已经可以远航到了波斯湾。到了明朝，郑和七下西洋，正式史料记载上百艘"宝船"组成的宏大舰队，几次远航穿过南海和印度洋，来到非洲，把中国航海事业推向了令世人刮目相看的顶峰。当然，也有不少史实证明郑和船队到过世界除了极地之外的大多地方。在明代绘制的世界地图上，我们不光能够看到欧亚大陆，我们还看到了非洲、美洲，甚至大洋洲。

在世界的近代航海史上，葡萄牙、西班牙靠航海征服世界。1492年，热那亚人哥伦布带领西班牙的舰队横穿大西洋来到美洲，开启了西方历史上的所谓"地理大发现"时代。1498年，葡萄牙人达·伽马首次绕过好望角。1519年，效力西班牙的葡萄牙人麦哲伦作为一名欧洲人首航太平洋。随后在17世纪40年代，来自荷兰泽兰的塔斯曼远航南半球，发现了两块大陆。塔斯曼把靠东的陆地命名为新西兰（New Zealand）——以纪念他的出生地泽兰（Zealand），用他的祖国来命名靠西那块更大的土地，唤作新荷兰（New Holland）。直到很久以后人们才把这块土地命名为澳大利亚。18世纪60年代，英国著名探险家库克船长登上澳大利亚，升起米字旗，代表他的国王宣布这块土地属于英国。1898年，美国人约书亚·史洛坎（Joshua Slocum，1844—1909）完成了人类历史上首次只身孤帆环球航行。

　　利用科考船开展海洋调查（通常主要是借助科学家目测或简单的采样作业与分析工作），可谓是起源最早的海洋探测技术。科考船这一水面运载工具，有力地支撑了早期海洋探测技术的发展。提到科考船，不得不向大家再次介绍本书开头提到的"贝格尔"号，这艘长27.5米，宽7.5米，吃水3.8米深的二桅方帆小型军舰在1831年与伟大的生物学家、进化论的创始人达尔文的共同出航，标志着应用科考船进行海洋观测这一方法的诞生。随着水面船舶运载和续航能力的提高，远洋科学考察调查成为可能。

　　当然，人们的志向不是只在海面上航行。很早以前，人们把目光投向了海面以下，尝试着发明能够潜入海底的器具。17世纪20年代，荷兰人科尼利斯·德雷尔成功地制造出了人类历史上第一艘能够潜入水下，并能在水下行进的"船"。它的船体用木头制成，外面覆盖着涂有油脂的牛皮，船内的羊皮囊可作为压载水舱使用。这艘潜水船以多根木桨来驱动，可载员12人，能够潜入水中3～5米。德雷尔的潜水船被认为是潜艇的雏形。到了19世纪末，各国的发明家纷纷开始研制机械动力潜艇，其中最具代表性的是美国人约翰·霍兰成功研制的第一艘机械动力潜艇。该潜艇在水面航行时采用蒸汽动力推进，在水下航行时采用电力推进，可有效地实施下潜。"霍兰艇"的出现，标志着现代潜艇的诞生。为此，霍兰被后人称为"现代潜艇之父"。军事潜艇在第一次和第二次世界大战中发挥了巨大的作用。

　　与人类的航海技术与潜水器开发技术齐头并进的，是对海洋科学的不懈探索。海洋科学，事实上是一门观测实验科学，也就是说，需要立足于看到海洋中的现象，拿到海洋中的样品（如捕捉到生物，或采集到海底的岩石或沉积物等等），才能开展海洋科学研究。因此，海洋技术这个门类，慢慢形成。在海洋界，人们都十分清楚，海洋技术对于海洋科学的进步与发展，起着至关重要的作用。随着一次次的科技革命带来的技术创新，人类能够到达的深度越来越大，人们认识

深海成为可能。海洋开始褪去神秘的面纱，以真实的面目展现在人们面前。

海洋技术是什么呢？就是研究海洋自然现象及其变化规律，开发利用海洋资源，保护海洋环境以及维护国家海洋安全所使用的各种技术的总称。海底奥秘的发现、海洋科学研究以及海底资源的探测等等，都需要依赖海洋技术，明确地说，是依赖深海探测与观测技术，这是海洋技术的重要组成部分，支撑着海洋现象的揭示与发现、海底资源的勘探等工作。

事实上，海洋探测和海洋观测的内涵是不同的。它们的区别在于，海洋探测是瞬间的、单点测量，譬如在海底寻找某种底栖生物。而海洋观测是一段时期的、连续的测量，譬如在某处海底架上一个技术系统，长期观测生活在这个地区某种生物的生活习性。从测量对象上看，海洋探测的测量对象是不变的，或是变化缓慢的、固定的；而海洋观测的测量对象在一段时间中是发生变化的。再进一步讲，探测和观测的目的也不尽相同：探测多用于寻找某种事物，也就是说海洋探测，可以用于在大海深处探寻未知，寻找海底资源；而观测则是用于研究某一事物的发展，海洋观测就是观察、研究某一海洋现象。

在理解了海洋探测和海洋观测之后，根据它们的特点，海洋探测技术和海洋观测技术的定义可以归纳如下：海洋探测技术是指利用各种物理、化学方法，制成传感器对海洋环境各量的感知和分析；海洋观测技术则是指利用传感器与网络技术，对海洋环境各量在一段时间内的感知、分析。海洋探测和海洋观测的实现需要依靠各种技术系统，需要海洋技术支撑。然而，人们已经不能满足于只在水面船只配备海洋探测装备，将目光转向更深的潜水技术的开发，以期能够抵达数千米深的海底。人们不断地发明各种装备，潜入深海，从而产生了无人的潜水器，可以遥控操纵甚至可以自主操纵。也有载人的潜水器，携带一人或数人到海底从事科学作业，甚至还在海底建立观测网络，可以接驳不同的潜水器及其所携带的各种传感器、采样器，实现复杂的深海探测与观测，为人类的海洋科学研究的进步发挥出了巨大的作用。

那么，什么是深海技术呢？即什么样的深度才能称之为深海呢？在不同领域里，深海的概念是不一样的，有时还随着技术的发展而不断变化。譬如在深水养殖领域，10米、20米人们就称之为"深水养殖"了。在海洋油气工程领域，有一阶段是把300米之深，称为深水油气工程。但随着技术的发展，深水油气工程已经挺进千米了，甚至是3000米、4000米这样的深度。对于各种潜水器、各种作业装备来讲，我们通常把1000米以深称为深海范围。如果没有特殊说明的话，我们所讨论的深海技术，是指应用于1000米以深的海洋技术，甚至应用在深达10 000米海底的技术——是不是很神奇啊？！

这一篇里，我们将分别讲解深海技术的几个重要组成部分——海洋探测技术、水下运载器技术和海洋观测技术，虽然内容比较抽象，但是我们尽量以浅显的语言呈现给大家。

海洋探测中的
"眼"和"手"

如前文中给出的定义，海洋探测技术是指用各种物理、化学或生物等方法，对海洋环境各量的感知、分析。海洋探测中用到的技术就像人类认知世界的工具——"眼"和"手"一样，用"眼"去观察，用"手"去触摸，去感知这个深海世界。在这一章节里，介绍海洋探测技术，我们主要介绍深海取样技术和深海传感器技术。

由于海洋幅员辽阔、浩瀚无边，海底下藏有无尽的资源，有矿产资源，也有形形色色的生物资源。为了探测海底的资源宝藏，人们采用了各种各样的方法进行分析和探测。但是由于海洋最深可超过万米，且水下地形复杂、环境险恶，很多时候，人类和分析、探测仪器往往无法或很难直接在水下进行原位分析和探测，因此必须先在水下将样品采样到海面上，然后再对样品进行分析，这是海洋研究中常见的方法。譬如人们为了研究深海海底的底栖生物，如某种管状蠕虫，或某种贻贝，那就得设法在海底找到它们并把它带到海面，送到实验室里去研究。在国际上，为了揭开地壳地幔的秘密，研究海底地质、板块运动等问题，一些国家的科学家们启动了大洋钻探计划，这是人类史上赫赫有名的、有组织、跨国界的海底钻探取样计划。该计划在深海里到处打钻，把钻样取回到实验室进行研究分析。

倘若条件允许、技术成熟，人类也可以利用各种传感器技术，在深海中直接对海水的温度、盐度、pH值、溶解氧浓度等进行探测。正是因为有了丰富的海洋探测手段，我们才能一步步地深入海洋，逐步揭开深海大洋神秘的面纱，了解海水、地质、沉积物、微生物等的各种特性，将它们一一揭秘，呈现在人们面前。

深海采样技术——海底探测的"双手"

海洋水下采样技术，指的是利用各种工具对水下的水体、沉积物或岩石、生物等对象进行样品采集的技术。由于水下环境复杂多变，面临着高压、腐蚀等复杂情形，水下采样技术涉及海洋、机械、电子、精密制造与加工、材料、自动控制等多学科技术。

水下采样可为科研人员提供各种水体、底质（通常指沉积物或岩石）、生物等宝贵的水下样品，为海洋科学研究、海底资源勘探、深海探测等方面提供有力支撑。

1. 深海采样技术的种类

我们通常依据采样对象的不同，将水下采样技术分为水体采样技术、底质采样技术和生物采样技术三种。第一，水体采样方法目前常见的有以下三种类型：海水采样、热液（冷泉）采样和海底孔隙水采样等。第二，对于沉积物这种底质的采样方法，通常有拖网或拖曳式采泥器、抓斗、箱式采泥器、柱状采样器和自返式重力采样管等等。对于岩石这样的底质进行采样，则通过四种类型：拖网或拖曳式采样器，用于航行中采样；抓斗，用于停船时表层采样；箱式采样器；深海钻机采样，可用较长深度的岩石采样等等。第三，生物采样方法，顾名思义，就是对海里的各种生物进行采集，通常包含浮游生物采样器、底栖生物采样器、微生物采样器和附着生物采样器等等。对于海水

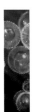

中的微生物采样，就可以使用前面讲到的水体采样器进行采样。

2. 几种典型的采样技术介绍

1）水质采样技术

（1）海水采样技术

海水采样就是把海里的水捞到岸上进行各种分析，早期我们用木桶或铁桶打井里的水，如果也是做分析的话，那么这也算得上是井水采样。因此，在海水采样技术中最早使用的，现在也还在用的表层海水采样就是用塑料桶把表层水打到岸上。可是科学家们不仅仅需要海水的表层水，他们也要10米、100米、1000米……深处的水，这时候该如何取上来呢？卡盖式和球阀式采水器应运而生（图5-1），它们的原理类似。采水器两端的盖子一直处于打开状态，通过绳索放入水中目标深度。由于采水器两端盖子的打开状态，入水后水流一直贯穿瓶体，到目标深度后从水上沿绳索放下使锤令卡盖关闭以封闭住水样，最后将采水器提出水面完成整个采样过程。此时，如果采水器的密封性能足够好，采水器中封闭的水样就是目标深度的水样了。

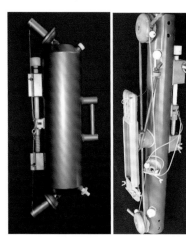

图5-1　Houskin 卡盖式采水器和Houflo
球阀式采水器
（国家海洋技术中心李力平供图）

这类采水器灵活、方便，可满足大多数做浅海调查的采水样要求，因此一直被频繁地使用。直至今天，我们的许多近海科学考察工作，仍在使用这样的采水方法。

在深度几百米甚至上千米的海水剖面调查中，虽然卡盖式和球阀式采水器仍然可以满足要求，但是在海水剖面中要采集的水样深度众多，如果每次采样都依靠吊放、放使锤、收取的方式是非常花费时间和精力的。

同时，随着温度盐度深度测定仪（Conductivity Temperature Depth Profiler，CTD，简称温盐深仪）技术的成熟，温盐深仪已经成为大多数科考船的必备武器。温盐深仪由船上的电动绞车收放，能准确地、实时地测量海水的温度、深度和盐度，而这三个量是分析海水其他任何参数都需要的基本参数。那么，科学家们能否把温盐深仪和采样功能结合在一起呢？在每个温盐深仪测量的深度都取相应的水样，这样既节省了采样的时间，又能获得该深度处海水的温度、深度和盐度数据，简直是一举数得！

于是，温盐深仪采水器诞生了，从采样原理来说它与卡盖式和球阀式采水器相同。如图5-2所示，温盐深仪采水器成为一种海洋调查中最常用的海水采样分析设备。如果所用的采水器是气密性的，那么除了水样分析之外，还可以采用顶空法对采水器中的气体进行转移，实现对水样中气体的分析。

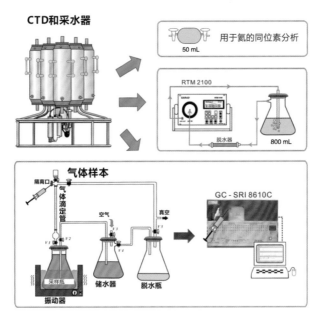

图5-2 海水中溶解气体的采样、处理和分析示意图

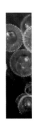
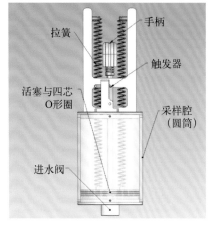

(a) 结构示意图

(b) 安装在DoradoAUV上

图5-3　Gulper采水器

蒙特雷湾海洋研究所（Monterey Bay Aquarium Research Institute，MBARI）研制了在水下自主潜水器（AUV）上使用的大容量海水采样器——Gulper采水器，主要用于对AUV经过水层的采样，特别是针对浮游植物的自动采样。Gulper采水器有两大特点，大容量且采水速度快，Gulper采水器可实现在2秒钟内采集2升水样。大容量是因为分析生物化学数据的需要，速度快则与AUV的工作模式有关。AUV是一种自主式水下潜水器，它的故事我们将在"无人自主潜水器——AUV"一节进行详述。总的来说，AUV可以在水下根据设定路线自主地游动，可以装备众多传感器设备。在研究海水的生物化学过程时，AUV自主地在海水中游动，依靠其装配的传感器寻找到浮游植物极大值的海水层，并完成对该层的水样采集。由于浮游植物极大值的水层非常薄，AUV在该层不可能逗留很长时间，因此采水速度就成了Gulper采水器的重要指标。如图5-3所示，Gulper采水器像是一个大型针筒，在针筒的尖端部分装有一个单向阀，靠强有力的弹簧回复力实现短时间大容量的采水功能。当AUV上的传感器测量到有许多浮游植物的化学信号时（高pH，高溶解氧，高叶绿素等），AUV迅速启动电磁阀打开弹簧开关完成2秒内2升水样的采集。蒙特雷湾海洋研究所拥有的Dorado AUV，每次下海作业时，都会携带一批这样的采水器，以实现对重要水层的采样。

　　然而上述采水器除了Gulper采水器之外都是非气密性的，即只有溶解在样品中的气体会有部分保留下来进行分析，但对于挥发性和半挥发性气体来说，上述采水器是无法保存它们的。我国浙江大学开展压力自适应气密采样系统的研制，提出了通过加入活塞式压力自适应平衡器，使得采水器在回收提升的过程中，能够根据外界压力自动调节采水器内外压力，使得采水器内外压力保持平衡来保证采样器的气密性。所设计的深海气密采水系统如图5-4所示，可与温盐深仪共同使用。

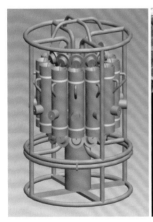 

图5-4　浙江大学研制的深海气密采水器

（2）热液（冷泉）采样技术

　　我们在第一篇中给大家介绍了海底的两种特殊现象——热液和冷泉现象。随着海底热液口和冷泉的发现，对热液和冷泉这类海底特殊水体的采样进行分析的迫切要求，催生了相关采样技术的发展，是现

代海洋科学研究与海底资源勘探工作中的重要内容。两者采样具有相当大的相似性，因此我们在这里只将热液采样技术简单介绍一下。

热液和海水都是液体，可是从采样技术上还是有些明显的差别。气密和保压就是热液采样的重要要求。气密和保压是对样品两种不同层次的要求，气密要求保存样品的气体成分，但压力条件可以变化，通俗地说就是气体成分不要漏掉。而保压则要求保证样品中的气体压力不能改变，当然气体成分也不能跑掉。细心的读者看到这儿可能会有个疑问："保压"要求已经完全满足了"保气"要求，为什么在采集水样时要把这两个要求区分开呢？没错，采样器如果"保压"则一定会"保气"。可是我们先要明确一个概念，在面对海洋中具体研究问题时，在科学技术领域中够用是最好的，性能不够肯定不行，但是性能优于需求也会造成很大的弊端，比如说成本增高、使用维护麻烦等。

在做深海研究时，利用深潜器进入深海时，几乎所有的深潜器都有配重的限制，即它每次下潜所能带的总重量和总体积都是一个定值。这就造成了在深海技术领域，在实现功能的前提下，"轻"和"小"是所有仪器的追求目标，科学家和工程师对深海设备"轻"——轻量化和"小"——小型化的苛求，有时真到了锱铢必较的程度。出过海的科学家们一定都有着这样的感受，如果我携带的仪器又笨又重，即便我把仪器的功能夸得天花乱坠，也很难说动潜水器的技术人员把你的"宝贝仪器"带到深海进行试验。这真不怪他们，因为空间就这么大，各种潜水器能够承担的重量就那么点，带了你很重很大的仪器就要少带很多其他的仪器，代价实在太大了。再如果你的"宝贝仪器"在海里要点脾气了，那后果简直不敢想象！因此，采样器如果只需要实现保气功能，那么它可以是无动力的，可以减掉很多用于保压功能的部件，采样器自然会轻便小巧许多。

针对深海热液的取样，目前国际上已开发了一系列的热液采样设备，这些采样设备通常都依靠载人深潜器（HOV）或水下遥控潜水

器（ROV）进行取样。HOV和ROV下文会进行介绍。"Major"采样
器，如图5-5所示，就是美国"阿尔文"号载人深潜器最早配置的采
集热液的常规采样设备。它的采样原理与注射器类似，是一种机械式
采样器，利用机械手触发采样阀，依靠弹簧拉动活塞来把样品抽取到
采样腔内。为了保证成功率，"Major"采样器在实际采样作业时经
常把两个采样器配置成一对来使用，这样在同一采样点能同时获得两
个样品，这时采样器是被称为"Major Pair"。"Major Pair"非常可
靠，且一次采样的容量也比较大。然而，它的主要缺点是非气密性。
因此，采到的样品中，宝贵的气体都已跑光了，科学家不能够用它来
分析热液中挥发性和半挥发性的气体含量。

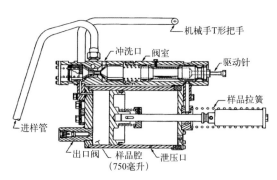

（a）结构原理图

（b）实物照片

图5-5　"Major Pair"热液采样器

由于"Major Pair"采样器不能完好保存样品中的所有气体成分，即不具有气密性。后来，美国华盛顿大学又研制出了一种名为"Lupton"的气密热液采样器。采样前先把采样筒抽成真空，采样时利用机械手上的触发缸打开采样阀，然后向采样筒内注入样品，如图5-6所示。"Lupton"的气密热液采样器克服了"Major"采样器不气密的缺点，且自身的结构简单、尺寸比较小。它的缺点是样品数量少，基本不能分析非气体成分，因此需要与"Major Pair"采样器一起使用。这样一来，它的实际使用体积就不算小巧了。

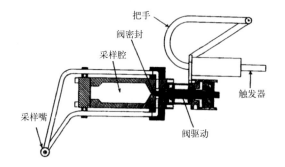

（a）结构原理图

（b）实物照片

图5-6 "Lupton"气密热液采样器

　　美国伍兹霍尔海洋研究所（Woods Hole Oceanographic Institution，WHOI）研制的名为"Jeff"的保压热液采样器，如图5-7所示，实现了单个样品就可以分析热液中的所有化学成分的目标，同时它利用压缩氮气来保持样品的压力，是一种保压型采样器，能有效地用于高温热液口和热液扩散流的取样。"Jeff"保压采样器的唯一问题在于它的采样阀，它的采样阀是商业电控的截止阀，不仅结构复杂而且启动需要消耗较大的电能，因此，该采样器需要配置驱动电机才能进行工作。可想而知，"Jeff"保压采样器的尺寸显然不会小，重量也不轻。

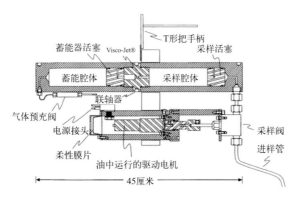

（a）结构原理图

（b）实物照片

图5-7　"Jeff"气密保压热液采样器

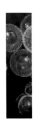
国内在深海热液采样设备的研制方面起步较晚，只有少数科研院所开展过相关研究工作。但我们国内也有比较成功的热液采样器，常常用于国内外的热液采样作业之中。浙江大学是国内最早进行深海热液采样器研究的单位，该校与美国明尼苏达大学的科学家一起，共同研制出了机械触发式保压采样器，如图5-8所示。这种采样器的保压原理与"Jeff"相近，它主要改进了"Jeff"复杂的采样阀部分，将电机驱动的采样阀换成了耐高压的双向密封式机械阀，从而大大减小了采样器的尺寸以及重量。浙江大学的气密采样器从2004年开始至今，多次用于美国人的科考航次，被"阿尔文"号载人深潜器的科学家们命名为"中国气密采样器"（Chinese Gas Tight，CGT）。今天，CGT已经发展到了第三代。

随着科学家对热液冷泉地区的深入了解，科学家们不满足于单个时间点的样品了，他们更希望获得连续时间内、同一地点的样品数据，因此对保压采样器提出了序列化的要求。浙江大学与美国明尼苏达大学一道，在国家"863"计划项目的支持下，研制出了一次能采六个甚至更多热液样品的序列采样器。通过载人深潜器，将它们放置海底后可实现定时自动触发采样阀完成水样采集并保存样品的压力，采完六个或更多的样品，再由载人深潜器回收。在2014年7月美国"阿尔文"号载人深潜器刚更新后的首次科考航次中，成功使用了该序列式热液采样器，取得了6个不同时间序列的样品。通过明尼苏达大学的海洋化学家们对这些样品的分析，发现了海底热液的各种化学成分十分有趣，与海面上的潮汐现象十分相关。由于能够在一次下潜中实现连续多次采样，序列采样器被美国同行誉为是一次革命性的采样器改进。

（a）500毫升容积采样器照片

（b）100毫升容积CGT采样器海试照片

图5-8　浙江大学CGT气密采样器

2）海底底质采样技术

海底底质，通常是指深海海底的沉积物，但有时也不仅仅限于沉积物。我们这里介绍一下目前常见的三种类型底质采样技术：拖网或拖曳式采泥器、抓斗或箱式采泥器以及柱状沉积物采样器。

拖网或拖曳式采泥器主要用于航行中的采样，它的原理与渔网有些类似。读者看到这里可能会大失所望，怎么在海洋调查研究中用这样的设备呢？如果类似渔网那不是说采样也是凭运气，捞着什么是什么吗？读者猜得没错，拖网或拖曳式采泥器确实是凭运气采样的，也确实存在着诸多令人不满的地方。即使在航次中拖到了有用的锰结核或者硫化物矿藏，也不能给出精确地采集位置参数，也不能保证下一回就能采到，而且拖网对海底地貌有着不可预知的破坏，如果海底有长期布设的仪器，那也是要遭殃的。

但是拖网结实可靠，并且价格便宜，对船上支撑装备要求不高，操作也简单，使用得十分频繁，也为海洋科学研究和资源勘探作出了重要贡献，即使到现在也没有完全退出历史舞台。德国HYDRO-BIOS公司生产的拖网如图5−9所示，它的底部是一个长方形的不锈钢框架，后面缀着一个非常结实而实用的网袋。这个框架由一对V形的手臂拉着与拖绳相连。它是一个精简型的底部生物样品和矿物样品采集器。

抓斗和箱式采样器是在停船的时候使用的。德国HYDRO-BIOS公司生产的抓斗式采样器和箱式采样器如图5−10所示。它们的原理类似，都是通过抓斗将海底的泥质沉积物直接抓到海面。

图5−9　德国HYDRO-BIOS公司生产的拖网

抓斗式采样器的功能更简单些，采样器通过缆绳沉入水中，底部的采泥口在抓斗触碰到海底之前一直张着嘴巴，当抓斗砸到海底时绳索就在上端被拉紧导致抓斗的口合拢，就采到了样品。然而抓斗式采样器有个缺点，它抓到样品后在水中上提时，当水流湍急一些或者样品非常松软状况下，在上提的过程中斗里的样品会大量流失。于是，箱式采样器出现了，箱式采样器的头部和抓斗式采样器类似，但它后面有一个方正的箱子用来贮存采到的样品。箱式采样器中抓斗的关闭就不再依靠绳索的拉力了，而是通过使锤激发采样器后的两个弹簧闭合器，使得抓斗的口闭合得非常牢，这样采到的底泥就不会被水流冲走了。这两种底质采样器都比较适用于在底质松软的海域，有时不光是底下的烂泥和着各种微生物被提了上来，偶尔还会采上来一些贻贝、螃蟹等大生物呢。

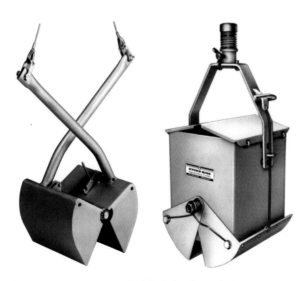

图5-10　德国HYDRO-BIOS公司生产的抓斗式采样器（左）和箱式采样器（右）

　　柱状采样器是一种用于采集海底沉积物柱状样品的工具，为什么要采取长柱状的样品呢？因为科学家需要分析几十年前或上百年前乃

至上千年前的沉积物样品。大家都知道，如果没有意外的地质事件发生，沉积物是随着时间的推移一层一层从底往上堆积起来的。根据底质的不同，沉积物的堆积速率差异很大：在红黏土底质地区，1千年大概能生成1～4毫米；在抱球虫软泥底质地区，1千年大概能生长1～3厘米；如果底质为硅质软泥，1千年大概能长1～10毫米；而在大陆边缘的黏土和粉砂底质，1千年能长到60厘米甚至更快，等等。因此，为了分析几十年、上百年甚至到上千年里沉积物保存下来的信息，柱状采样器必须垂直地插到底质中，在尽可能不扰动底质的分层情况下将底质沉积物取上来。

常用的是重力取样管或振动活塞取样器。图5-11所示为丹麦KC-Denmark公司生产的小型沉积物重力柱状取样器。柱状取样器通常是靠重力插入底质的，因此它非常重，取样器上方的圆柱形块状物体都是给采样器加重的负载。这种负载可根据采样海域底质的软硬程度进行调节，因此设计成可脱卸式。取样柱的口是开着的，为了减小柱子插入底质的摩擦力，柱口会套上一个金属磨成的刀锋口。当柱状样品被采到采样管后，底下的开口会被封闭，采样器回收到水面上后就将一管封存着历史的沉积物样品取上岸了。

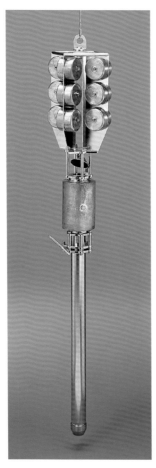

图5-11 丹麦KC-Denmark公司生产的小型沉积物重力柱状取样器

在沉积物采样器中，它的难度主要取决于所采集样品的深度。如果我们所需要样品的深度是1米，商业的重力柱状取样器就可以满足要求。如果我们的样品深度要增加到10米、50米、100米……那么它的设计成本和制造难度甚至会以指数形式增长。为了获得20米以上长度的沉积物样品，活塞式取样设计出现了。

活塞式取样器中最著名的要数Silva和Hollister在1973年设计的大活塞取样器。这种取样器的目标是在水深约5000米深度获得长30～40米的活塞岩芯。它的取样管直径为14厘米，内径11.5厘米，取芯筒长20～40米，重量近500千克，装有一个水中降落伞来控制穿透的速度。由于它的重量使得其只能在配有重型绞车和起重设备的大船上才能作业。大活塞取样管的优点在于对样品的构造扰动较小，所获样品的长度长。在陆架浅水区，大活塞取样器可获得接近20米的岩芯样品。

随着海底资源的逐步发现，科学家不再满足于常规沉积物取样器取到的样品，因为常规沉积物取样器都是不能保压的，样品中的气体成分无法保存下来，沉积物的原始成分与状态难以得到准确反映。对沉积物样品保压的要求在天然气水合物成为研究热点时，变得越发迫切。科学家们对天然气水合物埋藏处的大深度沉积物样品提出了保真的要求。保真即要求取到的样品必须保持埋藏点的压力，同时能维持现场的温度。

目前国内外使用的保真采样器主要包括国际深海钻探计划采用的保压采样筒（Pressure Core Barrel，PCB）、国际大洋钻探计划采用的活塞采样器（Advanced Piston Corer，APC）和保压取芯器（Pressure Core Sampler，PCS）、"天然气水合物高压取芯设备研发计划"（Hydrate Autoclave Coring Equipment，HYACINTH）研发的冲击式采样器（Fugro Pressure Corer，FPC）和旋转式采样器（HYACE Rotary Corer，HRC）、日本研制的保温保压采样器（Pressure Temperature Core Sampler，PTCS）以及我国浙江大学设计的天然气水合物保真采样器。

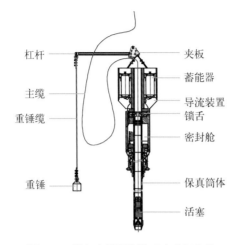

杠杆
主缆
重锤缆
重锤

夹板
蓄能器
导流装置
锁舌
密封舱
保真筒体
活塞

图5-12　浙江大学研制的重力式沉积物
保真采样器

为了勘探中国南海海底的天然气水合物资源，在国家"863"高技术计划的支持下，浙江大学研制了重力式沉积物保真采样器，如图5-12所示。这也是一种柱状采样器，但具有保气的设计要求，主要用于采样保压（当然也保气）的柱状沉积物样品。采样器主要由保真取样筒、吊放架、重锤机构、导流装置以及配件等组成。浙江大学的重力式沉积物保真采样器目前最大的采样长度可达25米，再加上这是一种保压采样方式，这在世界上也是比较罕见的。

图5-13所示为浙江大学研制的大长度沉积物保压采样器在南海作业中的照片。左图为采样器回收前的照片，右图所示为当时在保压样品中获取到了1升多的气体成分，多为天然气水合物重要成分的烃类气体。

图5-13　大长度沉积物保压采样器在进行海洋作业

还有一大类底质采样技术，那就是海底的岩芯样品的采样。要获得岩芯样品，靠前面介绍的几种方法是不行了，一般只能靠钻取了。譬如从船上打钻，到上千米海底钻取岩石样品，就像陆地上油田钻井一样，只不过大部分都是海水，钻头碰到海底之后才开始打钻。也有把钻机吊放到海底，固定好之后直接打钻取样。"大洋钻探计划"实际上就是采集大长度的岩石样品，后文会继续阐述。

当你的面前横放着一段从深海里采取回来的沉积物柱状样品，尽管只有1米左右长度，但科学家们告诉你这里头蕴含着上百年乃至数千年的信息，它能告诉你公元前的一次重要地质灾害情况，或者是一次严重的沙尘暴事件，是不是非常神奇啊？！

3）生物采样技术

根据采集生物的不同，目前常见的生物采样器有几种类型：浮游生物采样器、底栖生物采样器、微生物采样器等。这里需要指出的，深海生物样品的采集常常是与海水以及底质的采集一起进行的，在这种情况下，所使用的采样器也常常是共用的。

浮游生物采样器就是一种小型的、网眼尺寸一定的渔网。通过不同孔径的纱绢网眼将所经海水中的浮游生物过滤后收集在底部的样品收集器内，实现采集一定孔径范围内浮游生物的目的。浅海的浮游生物采样器通常可以由采样人员手工控制下放与回收的时间与深度，而深海的浮游生物采样器则需要通过绳索与采样船安装的绞车相连，依靠绞车完成对特定深度浮游生物的采集。丹麦KC-Denmark公司的WP-3浮游生物网，主要用于海洋环境浮游生物样品的采集，采样网配有南森释放系统，即在底部安装南森闭锁器，它的工作原理与前文提到的水样采集器的自动封闭原理相似，可以通过使锤的敲击，控制样品收集器的关闭，因此，可以进行定深采样（图5-14）。

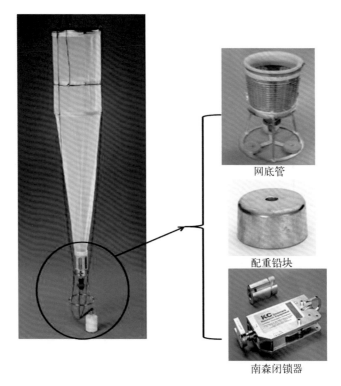

网底管

配重铅块

南森闭锁器

图5-14　WP-3浮游生物网及其底部构造

　　底栖生物的采集都是采用上文中所提到的底质采样器，它们的具体构造我们已经详细描述过。这里我们要介绍一下各种采集方式的优缺点。

　　底拖网采样器为了增加拖网对底部附着生物的采集强度以及防止拖网被钩破，在拖网边缘添加了锯齿状的金属防护，如丹麦KC-Denmark公司的三角形底栖生物拖网，如图5-15所示，这种坚硬的防护在增加对底栖附着生物的收集程度之余，也显示出很大的弊端。因为它的所到之处，会严重地破坏海底的天然生态环境，大大地降低该区域的生物多样性，往往需要若干年的时间才能够恢复。因此，这种生物采集方式通常是在首次对一个未知区域的底栖生物群落进行探测时才采用，一旦对当地情况有所了解，便开展针对性的采样工作。

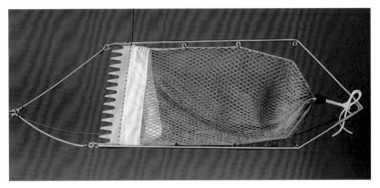

图5-15　三角形底栖生物拖网

采泥器可以同时采集海底的沉积物以及生活在沉积物中的各种底栖生物与微生物，因此它既是底质采样器，也是生物采样器。常见采泥器中的抓斗式的开合控制比较容易，但是很难满足科研人员想要采集特定深度底泥及生物的要求。这时，箱式采样器与柱状采样器便派上了用场。这两种采样器都是通过上端所连接重锤的敲击，深插入底泥中采集样品的。这种方式所采集的样品不但比较完整，受干扰较小，能够体现真实的生物分布状态，而且采样后，可以根据研究需求，区分不同深度的底泥与生物样品。可是，这两种采样器也存在缺点，常常需要质量比较大的重锤与它们配合使用，增加了深海采样搭载设备的承重。因此，常常根据采样地点以及采集样品的后续研究要求来选择合适的采泥器。

那么，如何从底泥样品得到用作生物研究的样品呢？首先要在样品中加入固定剂对底泥中的生物样品进行形态的固定，防止一些软体动物因为脱离了自然生境而导致的形态变化。接着，对于个体比较大的生物，可以直接通过肉眼观察进行分离，而一些个体比较小的生物，则需要依次通过不同孔径的筛网，这样大于筛网孔径的生物样品

便被分离出来，为后续研究所用。

　　深海及海底的生物和微生物无处不在，既是重要的海洋生物资源，又是海洋科学研究特别关注的内容。由于深海微生物都是在极端的生活环境中生存的，想要对它们的原位生态系统进行研究，就要在样品采集过程中做到对微生物原有生活环境数量、种类的保存。因此，深海及海底的生物采样，通常都是由各种潜水器来实现的，如遥控潜水器、载人深潜器等。

3. 大洋钻探计划——获得深海岩芯样品

　　大洋钻探在某种意义上说也是一种底质取样方式，科学家们不再满足于几十米的沉积物样品，他们需要更深的样品。20世纪中叶，科学家们开始考虑如何利用钻井取芯技术来获取海底的岩芯，以研究海洋板块运动、海底矿藏、海洋地质构造等问题，于是便有了大洋钻探的雏形。当然，"综合大洋钻探计划"（IODP）不仅是为了采样，它还有其他的功能。这里，我们给大家介绍采样这一功能。

　　1961年，为了揭开地壳下面地幔的秘密，美国启动"莫霍计划"，计划在海底钻探莫霍界面。什么是莫霍界面呢？就是地壳与地幔之间的物理上的分界面，可想而知，这个计划的难度有多大。该计划派出"卡斯1号"钻探船在东太平洋钻了5口深海钻井。钻杆穿过了3558米深的海水，然后从洋底往下钻，最大井深183米。科学家们还想再往深处打钻，但需要更多的经费，由于当时的技术条件尚不具备且费用高昂，1966年8月美国国会投票否决了对该计划的拨款预算，计划宣告终止。但这是人类有史以来第一次在深海大洋里打钻成功，开启了科学钻探的先河。

　　随后，来自世界各地的科学家们展开了"大洋钻探计划"，其发展经历了3个阶段。

　　1）第一阶段：DSDP计划（1968—1983年）

DSDP的意思是"深海钻探计划",英文为"Deep Sea Drilling Project"。通过对深海海底进行钻探获取岩芯样品,对样品进行分析,从而达到对海底组成的分析观测。

1964年,为了更好地探究海底的秘密,美国几个重要的研究机构开始了共同进行深海钻探的步伐。美国斯克里普斯海洋研究所(Scripps Institution of Oceanography,SIO)等五个单位联合发起成立了JOIDES,并由美国国家科学基金会(NSF)出资,委托斯克里普斯海洋研究所启动"深海钻探计划"(DSDP)。该计划主要依托一艘名为"Glomar Challenger"的科考船作为钻探母船。

1968年8月11日,"Glomar Challenger"号科考船首航墨西哥湾,标志着"深海钻探计划"拉开了帷幕,一项地球科学史上最大规模的国际合作计划就此展开。"Glomar Challenger"号是一艘长约120米,排水量达到10 500吨,设有70个床位的大型钻探船。它配有先进的动力定位系统,不用抛锚便可以固定在一个船位上。在它的服役生涯中,船上的仪器设备不断更新,所以它在技术上始终保持先进的地位。1973年,在JOIDES成立之后的第8个年头,苏联莫斯科PP Shirshov海洋研究所成为JOIDES的第一个非美国成员。之后,法、英、日等国又相继加入JOIDES组织,标志着"深海钻探计划"进入国际合作的新时代。在不到10年的时间,就已发展成有17个国家参加的大规模的国际合作项目。只要支付一定的费用,任何国家或单位都可以参加DSDP。除此之外,只要遵守一定的规则还可直接向总部索取深钻的标本,以开展科学研究。

DSDP计划从1968年8月 11日开始至1983年11月结束,"Glomar Challenger"号共完成了96个航次,钻探站位624个,实际钻井逾千口,航程超过 60万千米,回收岩芯9.5万多米。除冰雪覆盖的北冰洋以外,钻井遍及世界各大洋,成绩斐然。深海钻探取得的大批资料弥补了近代地质学在深海地质方面的空白,验证了海底扩张说和板块构造说的

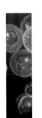
基本论点，提供了中生代（2亿年前）以来古海洋学的第一手资料。根据深海钻探的资料，科学家们首次证实了海底扩张与洋壳生长。钻探资料告诉我们大洋地壳确实比陆壳年轻得多；洋壳的年龄确实以洋中脊为轴心呈线性增加；洋壳的埋藏深度确实从洋中脊顶向两侧逐渐增大；红海海盆在近240万年来以每年0.9厘米的速度扩张；加利福尼亚湾内的轴部盆地是近400万年的海底扩张形成的……

2）第二阶段：ODP计划（1985—2003年）

正因为DSDP取得的硕果，科学家们认为，有必要将深海和大洋的钻探工作继续下去，应该制定一项更长期的国际性大洋钻探计划，并提出了新计划组织框架和优先研究的领域。1985年，深海钻探进入了第二个阶段——"大洋钻探计划"，由更大、更先进的钻探船"JOIDES Resolution"号接替退役的"Glomar Challenger"号，以更大的能量活跃在世界大洋。

"JOIDES Resolution"号的船体较"Glomar Challenger"号加长了22米，加宽了2米，排水量可达16 862吨。它的钻塔高达61米，钻探能力达9150米，钻探最大水深为8235米。除了钻探深度更大等以上这些改进，它比"Glomar Challenger"功率更强，稳定性更好。船的内部配备有完整的岩芯处理装置与各项先进的分析仪器，随船的科学家可以在取得地壳岩芯后，马上做初步的描述与分析。ODP计划从1985年开始到2003年结束。在18年间，"JOIDES Resolution"号钻探船在全球各海域，包括南、北极一带的极区海域进行钻探，为地球科学的研究与发展做出了巨大的贡献。由于ODP是DSDP的延续，所以在航次命名上，ODP也承接着DSDP这一计划。DSDP总共进行了96个航次，编号1～99，ODP的编号则从100开始。

我国于1998年才正式加入ODP计划，是ODP计划中的第一个"参与成员"，与已有的17个参与成员国一起开展大洋钻探计划。由我国汪品先院士等提出的大洋钻探建议项目"东亚季风历史在南海的记录及其全球气候影响"，在1997年全球科学家评审排序中名列第一而获得批准。1999年，汪品先院士担任了ODP第184航次的首席科学家，成为第一位担任ODP首席科学家的中国人。

随后，中国大洋钻探学术委员会成立。学者提出的钻探建议书，按照中国学者设计的井位和思路，在中国学者的主持下，成功在我国南海海域进行大洋钻探。这次钻探在南沙与东沙海域水深超过两千米的六个站位钻孔17个，取芯5500米，采集到自3200万年以来的连续深海沉积记录，为揭示东亚和西太平洋区域的气候演变规律、了解南海历史提供了极好的材料，为海陆结合实现古环境研究中的科学突破创造了空前的有利条件。

到2003年9月，"JOIDES Resolution"号共完成111个航次，在669个站位钻井1797口，取芯累计长达222千米，其中最深的钻孔是504B孔，这个孔曾通过几个航次的持续钻进，总深达2000米。

3）第三阶段：IODP计划（2003年至今）

1994年，日本提出21世纪海洋钻探项目，简称"OD21"，欲与美国争夺大洋研究的领导权。1996年，ODP的领导者们开始着手准备新世纪大洋钻探计划。经过多次ODP和OD21的各种会议，形成了21世纪"综合大洋钻探计划"，即IODP（Integrated Ocean Drilling Project），标志着大洋钻探新时代的到来。

与ODP相比，IODP技术更先进、规模更宏大。它以多条船为基础，去进一步探索以往不能钻探的海区和深度，去解决过去未能回答的科学问题。图5-16为大洋钻探计划中所采用的三种不同平台技术，即无隔水管钻探平台、隔水管钻探平台和特定任务平台。

IODP以多个钻探平台为主，除了拥有类似于"JOIDES Resolution"号这样的非立管钻探船以外，还将包括日本耗费巨资的 "地球"号立管钻探船。该立管钻探船建成后日本在国内全民范围中征集命名，一位小学生提出的"地球"号命名方案获得批准采用。此外，欧洲一些

国家也为IODP 提供一些上述两艘钻探船所无法涉足的、能在海冰区和浅海区进行钻探的钻探平台。由于IODP 的上述特点，它的航次将进入过去ODP 计划所无法进入的地区，如陆架及极地海冰覆盖区；钻探深度则由于立管钻探技术的采用而大大提高，IODP 也因此将在古环境、海底资源（包括天然气水合物）、地震机制、大洋岩石圈、海平面变化以及深部生物圈等领域里发挥重要而独特的作用。

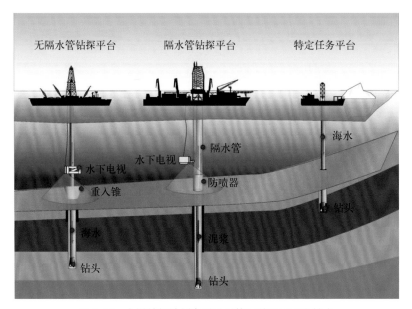

图5-16　大洋钻探计划中所采用的三种不同平台技术

2004年，中国以"参与成员国"的身份继续参与IODP计划，这既为我国地学界开辟了参加国际竞争的途径，也使我国地学界面临新的挑战。

大洋钻探技术对海洋科学发展的意义是显而易见的。在钻进过程中获取的岩芯、岩屑、岩层中的流体（包括液体和气体），通过钻孔这一通道进行各种地球物理、地球化学测井和井中试验获得的数据和样品以及在深海钻孔这一"深部地壳实验室"中，对地壳中的地球物理场和流体、地壳运动等进行长期监测获得的数据，将为地学众多分支学科的科学家们提供大量的、可靠的、以其他方法难以得到的地学信息，使人类对地球的了解以更大的准确性进入更深的层次，以至于有可能对一些与人类的生存息息相关的地学问题，如能源、矿产资源、地质灾害、环境污染和治理等做出更加准确的回答。

今天IODP计划仍在实施之中，只不过IODP的名称作了修改，称为"国际海洋发现计划"（International Ocean Discovery Project）。尽管英文简写没有改变一个字母，但含义与原来的IODP计划大为不同，除了更强调国际化合作之外，整个计划的目标从"钻探"（Drilling）提升到了"发现"（Discovery），赋予了这一计划更深刻的科学内涵。

水下传感器技术——海底探测的眼睛

自从在海底发现了生机勃勃的热液和冷泉以及相关的生物群落后，科学家们才意识到海洋中存在着这些区域，它们的化学、物理和生物过程在时间空间两个坐标轴上是剧烈变化的。为了能够全面地认识这种非均态现象的原因及意义，迫切地需要一种可靠的原位监测装置，以便能连续地观测化学溶解组分、生物活性成分以及物理参数，如流速、温度和浊度等。

原位化学量或物理量的探测技术，就是在这样的科学背景下呼之而出的。所谓"原位"，英文为in-situ，就是强调在水下数千米深处进行在确定位置上的实时在线测量。简单地说，就是保持空间位置不变，进行现场测量。由这种技术获得的数据，就会具有直接、可信、可靠的特点。

经过近百年的发展，水下探测技术已经是种类繁多、各式各样了。

但不论是已有仪器或是新开发的仪器，它们材料的性能、信号处理与数据传输及储存能力，都远远未能达到现场使用的基本要求，更谈不上满足深海科考的精确要求了。可以大致根据探测手段和探测对象的不同，对这些原位探测技术进行分类和描述。

根据探测手段不同，典型的水下探测技术可大致分为两种：物理法探测和化学法探测。物理法探测主要包括水下光学探测技术、水下声学探测技术和电磁法探测技术等。化学法探测主要针对探测目标可进行的化学反应，检测反应中的相关环节以获得目标物的化学浓度。根据探测对象的不同，又可大致分为针对水下物理量、化学量或生物量的探测技术。

在实际应用中，同一种原理的探测方法可以探测不同的对象。譬如对于光学探测方法来讲，当它通过光学方法探测海水中的颗粒物浓度时，即测量海水浊度时，它是一种物理量探测方法；当利用光谱分析的方法探测水中溶解气体的化学成分的情况下，它是一种化学量的探测方法；而当它通过荧光方法检测海水中的叶绿素时，它就是一种生物量的探测方法。

我们再从另外一个角度讨论一下。对于同一种探测对象，往往有若干种探测方法与之对应，每种探测方法都有其优势与劣势，这为在实际测量中对不同环境下的目标物探测提供了更多的选择。例如对于海水酸碱度（pH值）的测量，既有传统的电化学测量方法，也有光学测量方法。电化学方法具备设备简便且易操作的优点，但它普遍存在的漂移问题使得电化学电极在长期观测方面没有优势。

下面，我们就水下物理量、水下化学量和水下生物量的测量，来阐述人们是怎样通过传感器对海洋进行探测或者观测的。

1. 水下物理量测量

水下物理量的测量方法，主要包括水下光学探测技术、水下声学探测技术和电磁波探测技术等几种。下面我们逐一向大家介绍。

1）水下光学探测技术

大家都知道，光线到水里，就会被水体不断吸收，即光的能量会不断衰减，因此它只能照射到有限的距离。然而依靠这传输的有限距离，人们就可开展海洋探测方面的应用。水下光学探测是指通过分析目标反射、透射或自身辐射的光波的特性进而感知目标特征的一种探测方法。光波是要探测对象特征的载体。

我们有这样的经验，透过水体拍摄的照片，看上去总是有些失真。这是为什么呢？这里，让我们先讨论一下如何在水体下拍摄一幅不失真的图像吧。

一个完整的"水下成像系统"是很复杂的，一般来讲它包括成像系统、照明系统、环境测量系统、传输系统、图像处理系统等部分。成像系统用于使水下物体尽可能清晰地成像；照明系统通过对水下的物体进行适当的照明，来满足水下成像时对光的需要；环境测量系统是对水下照度等参数进行探测，作为成像系统的曝光参数和照明系统的发光亮度的设置依据；传输系统包括信号（图片、文字、声音信息）的发送和接收以及系统的供电设备等；图像处理系统具有对图像进行后续的分析、处理的功能。其中最关键的是照明以及成像系统，它们直接影响了成像的质量，因此本文主要就这两方面进行详细介绍。

由于整个系统都处在水环境下，水对成像的影响是最直接也是最严重的，因此了解一下水的光学特性是很有必要的，这是水下光电成像技术最基本的理论基础，也是设计水下成像系统的依据。

水对光线的作用主要包括吸收和散射两种，它们都能造成光能量的衰减。光在水中传输时，光的能量会以指数的形式迅速衰减。对于不同波长的光，海水具有不同的衰减率。大量实验表明，海水对400纳米到600纳米之间的光（也就是可见光的蓝绿光）的吸收很小。海水对光的衰减率与光波长的关系如图5-17所示。

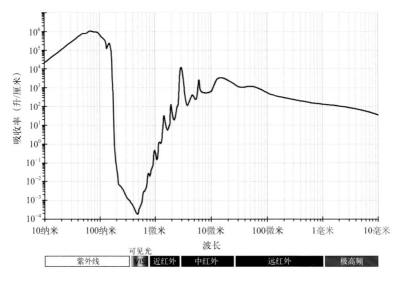

图5-17 水的吸收光谱曲线

从图5-17中可以看出，水的衰减率在不同波长范围是不同的，具有明显的选择性，其中在整个紫外和红外部分都表现出特别强烈的吸收作用，而在可见光谱（380～760纳米）区段，吸收最强烈的是红色和黄色光谱区域。在可见光的范围内，水对蓝-绿区域的光的吸收作用最小，但即使是在该区域，水的吸收也足以使光的强度每米衰减约4%。其他颜色的光被吸收得更多，几米之外几乎就被完全吸收消失了。由于水对光的这种选择吸收特性，被拍摄物体的颜色也随着所处水深的增加而发生一定的变化。一般来讲，在水下2米以内的颜色基本能够正确地反映出来；到了水下6米，红色开始消失；到了20米时，黄色开始消失；而到了30米深度，就只剩蓝色或蓝绿色了。这就是为什么人们感觉原本透明的深水区，看起来却是呈蓝色的原因。综上所述，水对光的吸收造成了部分光能的损失，这使得水下彩色摄影、摄像变得比较困难，因此只能在距离目标很近的地方（1～2米）进行拍摄，才能避免色彩的丢失，因此如果要对水下的远距离物体进行成像的话，一般都只采用黑白图像。

如果仅存在着水对光能量的吸收作用，那么我们可以通过提高光的能量来提高水下成像距离，但是其实这样做是不可行的，因为随着光照强度的增加，光在水中衰减的另一种形式——散射，会变得严重起来，这又会使水下清晰成像变得困难。光散射是指光在水中传播时，受到水中微粒的作用，偏离原来传播的方向。这样，进入镜头的光线发生了角度等的变化，就会对产生的图像造成十分有害的影响，如使图像的对比度下降，图像细节模糊，成像质量变差，所以水下光学成像的光源能量也不能太大。

由于以上提到的种种限制，我们要做的就是在不改变光源强度的条件下，尽可能地提高亮度，进而提高成像质量，一种有效的方法就是加入额外的辅助照明，也即照明系统的作用。比如在白天太阳产生的照明，足以透到水中很深的地方，在一定的范围内就可以视为辅助照明。但是，夜光照明要比日光照明小许多，因而在深水处，几乎看不到光，即使在比较浅的水中，有时照度值也不够。因此由于以上水对光的衰减作用的影响，同时水下光照度也很低，所以绝大多数情况下都要加入辅助照明系统。图5-18分别为白天和夜晚时6米处浅水池的成像结果。从图5-18中可以明显看出，白天水下6米的作用距离成像清晰可辨。但是在夜晚，水下照度明显不足，需要加入辅助照明来提高成像质量。

图5-18　白天（左图）和夜晚（右图）光照条件下的浅水成像效果图

图5-19为加入辅助照明系统后的成像效果图。可以看出，相较于夜晚的自然光照下的情况，成像质量有了显著的提高。

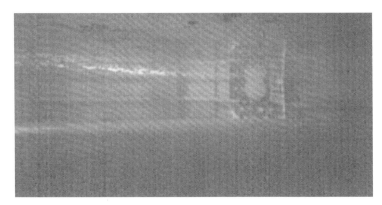

图5-19　加入辅助照明系统的夜间水下成像图像

此外，当光线从一种介质进入另一种介质时会发生折射作用，这就是为什么当我们把铅笔插到水杯里看到"折断"的铅笔的原因。因此从水或者从空气进入镜头(玻璃)时也会发生折射，而且它们折射的效果会有些差别。因此我们平时所用的镜头并不能直接拿来在水下使用。在综合考虑了水的作用以及密封因素之后，人们设计了专门用于水下摄像的镜头，它可以达到正常的高质量地面镜头的水平。

在水下，压强会随着水深的增加而逐渐增大，一般来讲，水深每增加10米，压力就会增加1个大气压。譬如对于"蛟龙"号这样的载人深潜器，下沉到水下7000米就意味着要承受700个大气压的压强，相当于在1平方米的面积上压上7000吨的重量。因此水下的成像系统也要求有一定的密封效果和抗压能力。普通的水下摄像机密封壳体结构外形如图5-20所示，主要由密封窗、镜头、密封壳体、防振固定、CCD摄像机、温湿度传感器和密封插头组成。密封壳体选用不锈钢材料，以保证有足够的强度和耐腐蚀性，形状选为圆柱体。密封窗选用硬度高，耐压性能好的石英玻璃。并将石英玻璃作为成像系统的一部分和光学镜头一起设计。壳体前后部分的密封采用多道O形圈密封方法，以保证水下部分在所要求的工作压力环境下安全工作。

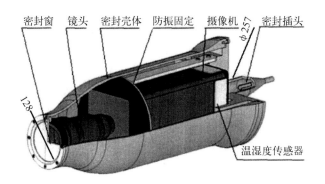

图5-20　水下摄像机的密封壳体结构的外形图

随着科技的进步，目前越来越多的新技术、新发明被用到水下成像的研究和使用中来。目前常用的水下成像技术还有高分辨率水下激光三维成像、偏振激光成像和"蛟龙"号载人深潜器上使用的高分辨率成像声呐等等。总之，海底世界的神秘面纱会随着这些成像技术的发展，逐渐地、越来越清晰地展现在我们面前。

2）水下声学探测技术

在水中进行观察和测量，得天独厚的只有声波。这是由于其他探测手段的作用距离都很短，光在水中的穿透能力很有限，即使在最清澈的海水中，人们也只能看清十几米到几十米内的物体。电磁波在水中衰减太快，而且波长越短，损失越大。然而，声波在水中传播的衰减就小得多。譬如，在深海声道中引爆一个几千克的炸弹，在两万千米外还可以收到信号。事实上，低频的声波还可以穿透海底几千米的地层，并且得到地层中的信息。在水中进行测量和观察，至今还没有发现比声波更有效的手段。根据水下声学特性，声学技术常常用于海洋中的各种探测。

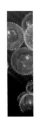

水下声学探测是指通过分析目标反射、透射或自身辐射的声波的特性，进而感知目标特征的一种探测方法。声波是目标特征的载体。常用的水声探测技术仪器主要有声呐、声波多普勒、多波束测深、浅地剖面仪、地震波探测仪等。

（1）声呐

在这里，我们着重谈一下海洋探测中非常重要的一种声学探测装置——声呐。

声呐就是利用声波对水下目标进行探测和定位的装置，是水声学中应用最广泛、最重要的一种装置。它是SONAR一词的音译，而"SONAR"是"Sound Navigation and Ranging"（声音导航测距）的缩写。

声呐分为主动声呐和被动声呐。主动声呐由简单的回声探测仪器演变而来，它主动地发射超声波，然后收测回波进行计算；而被动声呐则由简单的水听器演变而来，它收听目标发出的噪声，判断出目标的位置和某些特性。简单地说，主动声呐是包含了发射回收的双向过程，而被动声呐只是接收对方信息的单一过程。主动声呐适用于探测冰山、暗礁、沉船、海深、鱼群、水雷和关闭了发动机的隐蔽的潜艇；而被动声呐是探测其他各种在海里发声的物体，如某种鱼群，也特别适用于不能发声暴露自己而又要探测敌舰活动的潜艇这样的场合。

换能器是声呐中的重要器件，负责声能与其他形式的能如机械能、电能、磁能等相互转换的装置，充当了"翻译官"的角色。它有两个用途：一是在水下发射声波，称为"发射换能器"，相当于空气中的扬声器；二是在水下接收声波，称为"接收换能器"，相当于空气中的传声器（俗称"麦克风"或"话筒"）。换能器在实际使用时往往同时用于发射和接收声波，专门用于接收的换能器又称为"水听器"。换能器的工作原理是利用某些材料在电场或磁场的作用下发生伸缩的压电效应或磁致伸缩效应。

"冰海沉船"事件促使了回声探测仪的诞生。1912年4月14日，英国豪华邮轮"泰坦尼克"号于赴美首航途中在北大西洋与冰山相撞而沉没。这一有史以来最大的海难事故引起了很大的震动，促使科学家研究船只对冰山的探测定位技术。英国科学家L.F.里查孙在船沉没后的第5天和一个月以后连续申报了两项专利，提出了利用声波在空气中和水中探测障碍物，要使用有指向性的发射换能器，但他没有继续研究下去以实现他的专利。1913年，美国科学家费森登（R. A. Fessenden，1866—1932）申报了水下探测的多项专利并用自己设计的动圈式换能器制造了世界上第一台回声探测仪。1914年4月，他利用这台设备发出500～1000Hz的声波，成功地探测到2海里（即3.7千米）之外的冰山。

1914年，第一次世界大战爆发，德国在海洋中展开潜艇战，几乎所向披靡，对协约国和其他国家的海上运输造成了很大的威胁，横跨大西洋的运输也近乎中断了，致使他们苦不堪言。一位年轻的俄国电机工程师C.希洛夫斯基和法国的著名物理学家保罗·朗之万（Paul Langevin，1872—1946）实现了使用高频声波对潜艇进行回声探测的设想，搜寻到了1500米处潜艇的回波。利用这项探潜技术，实现了对德国潜艇的致命性打击。

现在的声呐有了飞跃的发展，其作用距离增加了几百倍，定向精度可以达到几分之一度。现代核潜艇声呐站的换能器，直径达到几米，重量达10吨，用电相当于一个小型城市的用电量，并配有具有超强能力的计算机。现在除了舰载声呐之外，在港口、重要海峡和主要航道处，都固定地布设有庞大的声呐换能器基阵，对潜艇来说，这是由声呐织成的天罗地网。

此外，反探测技术也发展很快。例如，干扰声呐工作的噪声堵塞技术，降低回波反射的隐身技术以及干扰声呐员判断的假目标技术等

等。这些在现代军事术语中叫作电子对抗。

有趣的是，声呐并非人类的专利，不少动物都有它们自己的"声呐"。蝙蝠就用喉头发射每秒10～20次的超声脉冲而用耳朵接收其回波，借助这种"主动声呐"它可以探查到很细小的昆虫及0.1毫米粗细的金属丝障碍物。而飞蛾等昆虫也具有"被动声呐"，能清晰地听到40米以外的蝙蝠超声，从而得以逃避攻击。然而，道高一尺魔高一丈，有的蝙蝠能使用超出昆虫侦听范围的高频超声或低频超声，从而使捕捉昆虫的命中率仍然很高。看来，动物也和人类一样进行着"声呐战"！海豚和鲸等海洋哺乳动物则拥有"水下声呐"，它们能产生一种十分确定的讯号，来探寻食物并实现同伴之间的相互通信。

终身在极度黑暗的大洋深处生活的动物，是不得不采用声呐手段来搜寻猎物和防避攻击的，它们的声呐的性能是人类现代技术所远不能及的。解开这些动物声呐的奥秘，一直是现代声呐技术的重要研究课题。

（2）地震波测量技术

我们再介绍一下地震波测量技术。地震波是一种由地震震源发出，在海底或地球内部传播的波。事实上，地震波也是一种声波。地震波探测仪是用于探测地震波，监测地壳运动的仪器。通过分析地震波，可以绘制出地球内部的情况、确定地震的震级和震源位置。在海底探查过程中，地震探测法是应用最多、成效最高的地球物理技术。地震勘探有两个重要的部分，即震源和地震波探测仪。

如图5-21所示，地震波探测仪最基本的原理是当地震波作用于地震波探测仪时，悬挂的惯性体保持不动而记录地震波的振动。地震波探测仪主要分为两类：惯性地震波探测仪和应变地震波探测仪。惯性地震波探测仪测量地面相对于一个惯性参考的运动（如一个悬挂质量块），应变地震波探测仪则是测量一块地面相对于另一块地面的运动。由于地面相对于一个惯性参考的运动一般比在一个探测点地面的相对运动大，所以总体而言，惯性地震波探测仪的灵敏度较应变地震波探测仪高。但是，当地震波的频率很低时，保持好惯性参考就很难了，当观测地球的低阶自由振荡、潮汐运动、准静态形变时，应变地震波探测仪效果更好。应变地震波探测仪在概念上更加简单一些，但是在实现上却更难。

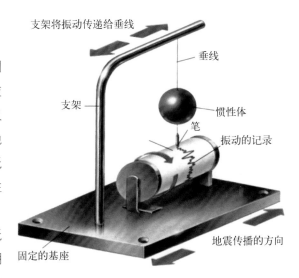

支架将振动传递给垂线

垂线

惯性体

笔

支架

振动的记录

地震传播的方向

固定的基座

图5-21　地震波探测仪的基本原理

　　地震波探测仪的输出与地面运动的振幅和作用时间都有关系。这是因为惯性参考必须通过机械或者电磁回复力使之保持在一个固定位置。当地面运动很慢时，质量块将会随整个观测仪移动，这时观测仪的输出信号就会偏小。因此整个系统就像一个高通滤波器。

　　地震波探测仪的发展经历了光点地震波探测仪、模拟磁带地震波探测仪以及数字地震波探测仪时代。地震波探测仪在抗干扰、抗多次波等方面都取得了巨大的进步。未来，地震波探测仪将与GPS、GIS进一步整合，且建立新型电源供给系统以保证能在野外长时间高效工作，进一步研究分布式结构并向更便于时延地震采集的方向发展。

　　3）水下电磁波探测技术

　　海水是一种低浓度的电解质溶液，除少量的弱酸性盐类外，其中主要的是强酸和强碱性盐类，它们在海水中几乎全部解离为离子状

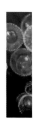

态，这使海水含有大量离子而成为导体。1832年法拉第指出，在地磁场中流动的海水，就像在磁场中运动的金属导体一样，同样会产生感应电动势。为了印证自己的说法，他在泰晤士河进行实验，可惜的是没有得到预期的结果。但他指出，在英吉利海峡必定能测出。直到1851年，C.渥拉斯顿在横跨英吉利海峡的海底电缆上检测到和海水潮汐周期相同的电位变化时，才证实了法拉第的预言。

从此，人们不断对海洋中的电磁现象进行研究。随着电磁波中的超长波用于对潜艇通信和极长波用于对大洋深处核潜艇通信研究的进展，各国相继研究海水的电磁特性和电磁波在海洋中的传播规律。20世纪70年代以来，已经开始将电磁波中的极长波用于探测研究海底岩石圈的地质构造和探矿。海洋中的天然电磁场和海水在地磁场中运动时产生的感应电磁场，都会对水下通信和地质探测造成干扰，这又促使人们对海洋中的天然磁场和感应电磁场进行更细致深入的研究。

电磁波在海水中传播时激起的传导电流，致使电磁波的能量急剧衰减，频率愈高，衰减愈快。海洋就成为完全可穿透的了。这种极低频的电磁波，可用于陆地对大洋深处核潜艇通信和海底地壳物理探矿，是海洋电磁学研究的一项主要内容。

合成孔径雷达（Synthetic Aperture Radar，SAR）便是利用了电磁波的独立性、叠加原理和计算机结合的产物，是集信号集成、数据采集、数字信号处理等于一体的微波遥感成像系统。

微波在水下的传播距离非常短，一般只有厘米量级。SAR并不是利用微波直接穿透海水探测到浅海水下地形的，而是首先通过与SAR工作波段接近的海表面微尺度波共振成像，然后结合SAR成像模型，依据图像反演得到浅海水下地形信息。SAR浅海水下地形成像主要由以下三个物理过程组成（参见图5-22）：①潮流与浅海水下地形的相互作用改变海表层流场；②变化的海表层流场与风致海表面微尺度波相互作用，改变海表面微尺度波的空间分布；③通过雷达波与海表面微尺度波相互作用，得到表征海表面散射强度的雷达后向散射截面，即SAR图像。由SAR图像反推得到浅海地形的过程也就是反演过程。

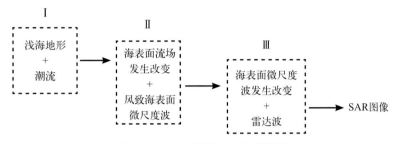

图5-22　SAR成像的三个物理过程

　　SAR图像反演也是获取海洋内波的波长、方向、振幅及混合层深度等参数的重要方法。内波在产生、传播和演变的过程中，会在海洋表面引起表层流场的变化，形成辐聚或辐散。被内波改变的表面流场再与海表面的风致微尺度波相互作用，进而改变海表微尺度波的分布。最后，在SAR图像上将会形成明暗相间的条纹。在中等风速下(2～9米/秒)，SAR可以探测到海洋的内波。许多SAR图像已经被用于研究我国南海北部地区的内波，取得了大量的研究成果。

　　4）观测利器——ADCP

　　在这里，我们介绍一种用于在水下测量流体在不同水层的流速和流向的设备——声波多普勒海流计（Acoustic Doppler Current Profilers，ADCP），亦即声学多普勒流速剖面仪。它在海洋观测中应用得非常多，用来观测海水的流速和流动方向，是现代海洋科考船必备的观测设备。图5-23是美国亚迪仪器公司（RDI）生产的海流剖面仪的外形，该公司生产的这一款仪器，是世界上最常见的ADCP之一。

　　ADCP的原理是这样的，用声波换能器作传感器，发射声脉冲波，声脉冲波通过水体中不均匀分布的泥沙颗粒、浮游生物等反散射，再由换能器接收信号，经测定多普勒频移而测算出流速。ADCP

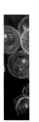
具有能够直接测量出断面的流速剖面、不扰动流场、测验历时短、测速范围大等特点。

典型的ADCP结构如图5-24所示，这是一种较为经典的ADCP的Janus结构。这种结构有两对换能器，四个换能器绕剖面仪轴线对称分布，两对换能器的指向构成的平面互相垂直。

ADCP现在被广泛地应用于海洋、河口和河流的流体测量工作中。ADCP可以定位"海底龙卷风"，或者放置在冰山下监测冰山的融化过程。有些港口管理部门利用ADCP确定海流和潮汐的情况，以优化这些繁忙港口的航运。

ADCP在海洋上的应用主要体现在如下几个方面：①深海海流高精度测量；②海深测量；③潜艇或水下航行体相对于海底的运动速度测量及水下定位；④潜艇或水下航行体周围海水流场剖面测量。通过前两个应用，ADCP可以帮助我们对海洋有更深一步的了解，为海洋资源的利用提供数据指导。后两个应用则可以为海

图5-23　RDI公司海流剖面仪

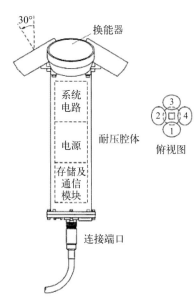

图5-24　ADCP的Janus结构

洋设备的设计开发提供依据。

2. 水下化学量的探测

海水中除了温度和深度参数属于物理量之外，其他的参数大多属于化学量，比如海水的盐度、酸碱度（pH值）、营养盐的浓度和碳酸盐系统的各个参数……都属于化学量的检测范畴。如同上文所述，检测海水中的化学量并不一定非得要采用化学法进行探测。事实上，对研究海洋的科学家而言，物理法探测是比化学法更可靠的方式。因此，能用物理法探测的参数多半不会用化学法来做。可惜的是，虽然经历了数十年甚至近百年的发展历史，面对着纷繁复杂的化学参数，真正能实现在深海在线检测的非常少，能实现物理法探测到的化学参数则更是少之又少。

然而不可否认，近数十年来传感器技术还是得到了飞速的发展，海水中最重要的几个化学参数基本实现了在线观测。我们以探测海水的pH值为例，来仔细介绍一下它的探测技术。

为什么探测溶液环境中的pH值那么重要？很多人会联系到最近非常热门的"海水酸化"现象。大家知道，海水中美丽的珊瑚礁体系，与海洋酸化的关系就非常密切。如果海洋发生酸化，那就是珊瑚礁的灭顶之灾。那么，人们是怎么知道海水酸化的呢，又怎么知道海水酸化的程度呢？那就需要监测海水的酸碱度，即pH值。但观测pH值的意义远大于此，在稳定的温度、压力下，溶液中的pH值和氧化还原值决定了溶液中所含物质的状态，科学家可以通过测量到的溶液pH值和氧化还原值计算出溶液中其他多种物质的存在状态。比如说我们常说的海洋碳循环系统，海水的pH值在8.2左右，此时海水中主要的无机碳的存在形式就是碳酸氢根离子，而海水中的pH值如果降低到6.36以下，无机碳的主要存在形式就会变成碳酸，大量的二氧化碳将会从海水中跑到空气中。因此，在认识一个全新的溶液体系时，获得其准确的pH值就显得尤为重要。比如说要研究海底热液系统，首先要了解那里的pH值。

pH值作为溶液酸碱程度的衡量标准，有多种不同的测量方法。在理论上，pH值可以在氢气的压强为1个大气压的环境中，通过测量铂黑电极的电势变化而推算出溶液的pH值。然而，这种方法十分不便，很少在实际中应用。随着科学家Cremer首次发现了玻璃膜电极对氢离子的选择性现象，玻璃pH电极在1930年左右已经进入了实用化阶段，并成为常温常压溶液中测量pH最为普遍的一种方法。

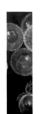

在海洋环境中应用时，玻璃电极基本不受水的浊度、颜色、氧化剂及海水中胶体物质的影响，所以玻璃电极法被广泛地应用于海水pH值的测量。然而，当进入到深海时，玻璃电极就遇到了重大阻碍——抗压性。玻璃电极一般呈圆柱状，顶端有一块对氢离子活度敏感的玻璃薄膜，玻璃电极内部是中空的，里面灌着电解液，最里面是一个电位恒定的银/氯化银或者甘汞电极用来导出电信号。因此，这样非全固态结构的普通玻璃电极是承受不住上百个大气压的，更无法用来在线检测深海海水的pH值。那么如何来检测高压状态下的pH值呢？出路只有两个：或者保留玻璃电极的原理，想办法把不耐压的玻璃换成耐压的材质；或者改变pH电极的测量原理，把pH电极改成全固态的形式。科学界大显身手，在这两个方向都做了大量研发工作，也都取得了突破。

法国海洋开发研究院（IFREMER）的Nadine Le Bris团队将pH玻璃电极和参比电极的外面再套上了一层柔性管，这样柔性管内外都充满了液体，当外界压力增强时，柔性管略微形变挤压到内部的填充液，就可以做到内外压平衡。这种基于玻璃电极原理的pH电极1999年首次在东太平洋隆起北纬9度和北纬13度两处的热液生物群落区，搭载在法国"鹦鹉螺"号载人深潜器上，测量到了管状蠕虫管内的pH值梯度，如图5-25所示。

图5-25 改装过的玻璃pH电极伸入死亡的管状蠕虫内部测量pH值

　　在海洋环境中应用，除了压力是避不开的硬杠子之外，对电极开发而言最难的还是温度这只拦路虎。而且，真正被海洋界认可的可用的pH电极极少，原因很简单也很有趣。你没法证明自己测到的pH值是正确的。这乍听上去有点拗口，但事实如此。在深海这种复杂的环境下，特别是靠近热液，有了温度、压力的巨大改变以及各种化学反应的发生，情况就更复杂了。假设某位科学家研发一种新型pH电极到这个复杂的环境测试，获得了一堆数据，他能说这个值就是对的，就是该环境条件下溶液的pH值吗？答案是不能的。科学是严谨的，没有依据没有标准，科学家不会也不能凭空说自己的数据是对的。那么，谁能证明这些数据是对的？如何证明这些数据是对的？这就是在海洋做研究经常碰到的头疼问题。用一种新技术去测量一个未知量，那么，结果是谁证明谁呢？

　　有人说，那简单啊，不是有采样器吗？我们把待测的溶液采到岸上，那还不是想怎么测就怎么测？这个想法是合理的，在出现传感器

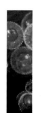

之前科学家就是这么做的，即使是今天面对数量庞大的、无法用在线测量工具探测的海洋参数时，科学家们也还在这么做。但它存在着巨大的缺陷。采样测量的最大缺陷在于，在采集溶液搬到岸上的这个过程中改变了溶液所处的条件，特别是温度、压力条件，这就极大地改变了溶液的化学特性，pH值就是典型的例子。热液在使用采样器采集后，拿到船上常温、常压的条件下测量，pH值一直是在3左右甚至更低，按照这个pH值来看，热液是非常酸的。可是，美国明尼苏达大学的丁抗博士等人首次用他们自己研发的陶瓷高温pH传感器，在东太平洋隆起北纬21度地区热液口，温度300摄氏度以上的热液中测到的pH值则在4.8左右。大家不要看4.8和3才差了1.6，pH是氢离子的负对数，因此，4.8和3之间对应于溶液中氢离子的浓度差接近100倍了。这个差别是巨大的！可见用采样器取样回到常温常压条件下测到的数据，来检验现场测量数据是不可行的。

因此，法国的一个科学家团队（Nadine Le Bris等）不改变玻璃pH电极的原理，只通过改动它的结构使得电极能用来测深海环境下的pH值是一种不错的选择。它测量到的数据是为科学界所接受的，因为，玻璃电极是一种被证明了的测量pH的有效方法。虽然如此，玻璃电极用在深海原位测量仍有其天然的劣势——玻璃的脆性。即使玻璃电极的耐压性问题已经被解决，但它的脆性使得电极的使用成本大幅度增加。这个使用成本还不是电极本身的价格问题。当载人深潜器或者ROV带着电极下潜到深海，电极是由潜水器的机械手进行操作使用的，机械手要捏着电极插入像管状蠕虫那么小的孔径里，这对机械手的精准控制能力以及潜航员的稳定操作能力是多大的挑战啊！可是机械手毕竟没有灵活到像人手直接操作那种程度，海底又是一个凹凸不平的复杂环境，玻璃电极很有可能在使用过程中脆裂，如果脆裂发生在测量之前，在海底是没有可能再拿出一支电极替换上的。那么，整个下潜中电极部分的测量工作就无法完成。如果我们仅仅以科考船一天的出海费用计算，这样一次无功而返的探测所造成的经济损失就是一个惊人的数字，更不用说再加上潜水器的能源消耗等费用了。

与玻璃电极相比，全固态电极在这方面就具备了优势。在高压环境下，150摄氏度以下0摄氏度以上这个温度领域内，电化学电极中铱/氧化铱被证明是一种性能较好的pH电极。同时，从实验室的测量数据分析，铱/氧化铱能在0～150摄氏度的范围内对溶液pH值有响应。但与陶瓷传感器相比，铱/氧化铱电极的主要问题是信号漂移问题。看到这里大家不禁要问了，如果电极自身的信号会随着时间而发生改变，又如何来保证电极测量的正确性呢？我们还能相信电极的测量值吗？有趣的是，信号漂移问题几乎是电化学电极的通病，连玻璃电极也概莫能外。在常温常压下，科学家们是通过用标准溶液对电极进行校准的方式来获得可靠数据的。对于铱/氧化铱电极来说，虽然它克服了玻璃电极的脆性，同时也可以测量到150摄氏度内的pH，但是如何保证电极测量数据的准确性，并进一步满足科学家对长期定点监测的需求是对深海探测电极的极大挑战。为应对这种挑战，科学家们分别从不同的角度进行了改进。第一，增加电极的稳定性。如果电极能在实验室的海水环境中1个星期不漂移，那么，我们至少可以相信电极在3天内的检测数据。这条思路其实就是玻璃电极数据为科学家们认可的原因。第二，使标定工作在海底自发进行。如果我们能在海底每次测量前校准电极，那么在电极寿命终结前所测到的数据都应该是可靠的。在这个思路下，浙江大学和美国明尼苏达大学一起，在中国国家自然科学基金委的资助下，研发了一种"智慧传感器"（Smart Sensor）。智慧传感器可以在海底自发进行标定，从而它的使用时间可以很长。这个智慧传感器已经多次在海底进行了使用，有一次还连接到了美国蒙特雷湾海洋研究所（MBARI）的海底观测网络上，进行了较长一段时间的使用，取得了很好的效果。图5-26是智慧传感器在2014年7月

通过美国著名的"阿尔文"号载人深潜器布放使用时，在载人潜水器的观测窗口拍摄到的照片。

图5-26　智慧传感器在水下作业时的照片

前文所提到的成功证明海底热液的pH值为4.8左右的陶瓷高温传感器是针对深海热液探测研发的，也是一款全固态电极。陶瓷（YSZ）是Yttria Stablized Zirconia的缩写，意思是掺杂了钇的氧化锆，它是一种陶瓷制品。陶瓷的稳定性使得它能够用于测量高温（150摄氏度以上）、高压、高盐度环境下的pH值。首次研发出YSZ材料并展示其优越性能，大概是在20世纪70年代，之后就有科学家陆续利用这种材料来制备检测高温溶液状态pH值的电极。一直到1996年，明尼苏达大学的丁抗博士在美国《科学》杂志上发表了在实验室试验的YSZ陶瓷pH电极在400摄氏度高温和400个大气压下的响应性能，并第一次应用陶瓷电极测量到2500米深的东太平洋海底热液喷口的热液pH值在4.8左右。之后，由于陶瓷高温pH传感器的优越性能，它便成了"阿尔文"号载人深潜器的常规设备。YSZ传感器的样子长长瘦瘦的，像一把枪，被戏称为"ghost burst"（译成中文为"打鬼的枪"，如图5-27所示），也有战无不胜的意思。这也从另一个层面反映了大家对该电极的认可。然而，虽然"ghost

196

burst"传感器的性能卓越，它有一个弱点就是温度局限性。作为陶瓷电极，"ghost burst"无法在低温环境下使用，它只能测量150摄氏度以上溶液中的pH值。因此，它不能取代玻璃电极测量常温、高压下的溶液pH值。

图5-27　从潜水器窗口看到的ghost burst在海底黑烟囱口探测pH

　　在此，我们还要费些笔墨来重点谈谈证明高压高温条件下数据正确性的问题。大家已经知道科学家们是通过标准溶液对电极进行校准来保证数据的可靠性，但到了100摄氏度以上区间，就不存在标准溶液了，这更增加了验证数据的难度。以YSZ电极为例，YSZ在海底实际的高温高压环境中测到的曲线，与美国加利福尼亚大学伯克利分校（University of California，Berkeley）的一位从事高压高温环境中pH值的理论计算的教授，在理论上构筑的曲线相吻合。这样两种独立方法测到的结果，互相证明了对方数据的正确性。

　　除了电化学传感器外，光纤pH传感器利用化学指示剂在不同的pH值环境下会产生不同颜色的特点，收集发射和吸收光谱特性完成对pH值的测量。它的优势在于稳定性，但主要用在常温常压状态下，也是海水中常用的pH测量方法。

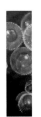

3. 水下生物量的测量

海洋的生物量测量，是海洋传感器发展的重要方向。这里我们介绍一种基于光学方向的水下生物量测量技术——水下荧光探测技术。

荧光，又作"萤光"，是指一种光致发光的冷发光现象。也就是说，必须在光照的条件下，物质原子经过某种波长的光照射，吸收光能，而使得原子中的电子受到激发，电子由基态（平衡状态下的能态）跃迁至激发态（即更高的能态），被激发的电子又立即退激发，回到基态，或者回到介于激发态与基态之间的中间态，电子的能量也随着辐射释放出。在此过程中被释放的辐射就是荧光（图5-28至图5-31）。

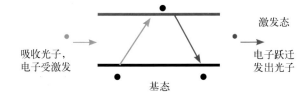

图5-28　荧光产生过程简要示意图

荧光的产生所需时间非常短，一般用十亿分之一秒（10^{-9}秒，纳秒）作为度量单位。物质发出的荧光波长一般比入射光的波长更长。人的眼睛能看到的可见光按波长从长到短排列，依次为红、橙、黄、绿、青、蓝、紫。所以入射光源一般采用短波长的入射光，如X射线、紫外光或者绿光，这样可以得到人眼可见的荧光。

不是所有的物质都能发出荧光，在一定范围内，荧光强度与激发光的强度成正比，荧光强度与荧光物质的浓度呈线性关系。但激发光过强会使荧光物质受到损伤，也影响测量精度。

在广博、多彩的生物世界里，我们经常可以看到有很多动物可以自体生物发光，如萤火虫、海萤、水母等，它们发光大多是靠自身携带的荧光素和荧光素酶合作发光。而有一种维多利亚管水母，在受惊吓的时候能发出绿色的荧光，它发光的原理却不是常规的荧光素/荧光素酶原理，而是典型的荧光。原来，在这种水母的体内有一种叫水母素的物质，在与钙离子结合时会发出蓝光，而这道蓝光未经人所见就已被一种蛋白质吸收，改发绿色的荧光。这种捕获蓝光并发出绿光的蛋白质，就是绿色荧光蛋白（Green Fluorescence Protein，GFP）。生物学家们用绿色荧光蛋白来标记几乎任何生物

图5-29　生活中最常见的发出荧光的例子就是荧光灯

分子或细胞，然后在蓝光照射下进行显微镜观察。原本黑暗或透明的视场马上变得星光点点——那是被标记了的活动目标。对生物活体样本的实时观察，在绿色荧光蛋白被发现和应用以前，是根本不可想象的。基于绿色荧光蛋白对生物学研究的杰出贡献，它的发现和改造者获得了2008年度的诺贝尔化学奖。

图5-30　绿荧光水母——通过体内绿色荧光蛋白，捕获蓝光而发绿光

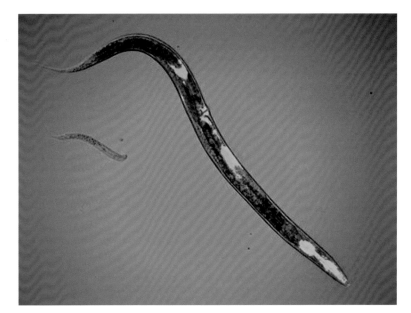

图5-31　科学家在线形虫体内植入绿色荧光蛋白质

　　荧光效应被广泛地用于叶绿素浓度测量、生物粒子标记等场合。叶绿素是表征海洋中生命丰度的一个重要指标，在海洋测量中是一个十分重要的量。下面简单介绍一下如何利用荧光效应来测量叶绿素浓度。藻类在特定波长的激发光照射下，会产生荧光，荧光的强度与叶绿素浓度存在着对应关系，而且不同藻类的激发荧光光谱也不一样。例如绿藻对于激发波长在350～500纳米范围内的激发光能产生较强的荧光，而蓝藻对于激发波长在550～650纳米范围内的激发光能产生较强的荧光，在激发波长约为600纳米时，发射的荧光在684纳米处的强度达到最大值。如果使用不同波长的激发光源照射水体，并对探测得到的荧光进行信号处理，则能对水环境中的藻类加以区分，并定量计算其浓度。得到的浓度结果，就是我们所需要的叶绿素值。

无人遥控潜水器
——ROV

辽阔的海洋深邃幽深、凶险暗涌。而潜水员下潜的深度有限，很多水域仅凭人类自身有限的能力，是远远不能到达的。于是人们发明了潜水器来协助自己探索未知的海洋。

潜水器中主要包括无人遥控潜水器（ROV）、无人自主潜水器（AUV）以及载人深潜器（HOV）等。它们各有所长，在科学家们深海考察过程中互为补充。我们将在以下几个小节中具体介绍这几类潜水器的主要用途以及技术发展过程。

无人遥控潜水器，即ROV（Remotely Operated Vehicle），通俗来讲，又称之为"水下遥控机器人"。提起机器人，人们想到的可能是《机器人总动员》里面形态各异、却又具备人的特点的那些类人机器人。但是，水下遥控机器人虽然号称机器人，但目前为止远没有进化到那么高级。它们更像是具备一定作业能力的潜艇，在军事应用中，通常被人们用来寻找丢失在海底的武器或军舰，引爆或拆除水下的炸弹。

ROV是如何工作的

1. ROV的构成

ROV是通过一根电缆和水面母船进行连接，通过这条像脐带一样的生命缆获得能源和控制命令，并实现通信及数据交互等功能。ROV犹如木偶戏中那个小木偶，它的控制权掌握在母船上的操作员手中，随着操作员的指令，在海底完成各种动作。操作员英文叫作"Pilot"。

从结构上划分，ROV由两部分组成，即水面控制系统和水下作业系统。水面控制系统包括主控计算机、操控系统、跟踪定位系统、显示系统、与水下的通信接口、动力源、脐带电缆及收放系统等。主控计算机是整个系统的核心，担负处理反馈信号、发送控制信号等重要任务。脐带电缆的主要功能是上通下达，为水下潜水器提供动力，下传指令，同时传回潜水器的状态数据和探测到的各类参数数据，是电力和信号传输的重要通道。为保证ROV的安全操控，脐带缆必须具备足够的强度，是由特种材料制备而成的，并由同轴电缆或光、电复合电缆构成。一旦潜水器出现故障，脐带缆的强度要足以将潜航体收回母船。ROV的收放系统主要由绞车构成。绞车要承受的重量在水上和水下有很大的区别。在水下时，绞车要承受的重量只包括中继器和脐带缆，潜水器本身在水中是中性浮力的。当然在提出水面后，绞车担负的重量就主要是潜水器和中继器了，那时，大部分脐带缆已经被卷了起来。

ROV的水下部分主要包括水密耐压壳体、动力推进系统、机械手、探测与传感部分、通信与导航部分以及电子控制部分等等，其外形结构主要有流线型和框架式两种，为方便组装和测试，一般都采用了模块化结构。

2. ROV的工作特点

与其他潜水器相比，ROV的主要特点在于它拥有一根脐带缆。然而，脐带缆的优势和劣势同样明显。有了脐带缆，ROV从母船上获取能源，因此一般动力比较充足，作业时间不受能源的限制，因此，ROV可搭载较多的探测、取样和作业设备。有了脐带缆可实现实时有线传输，数据的传递和交换快捷而方便，数据的传输量大。此外，ROV的运行主要由水面功能强大的计算机、工作站和操作员完成。人的介入使得许多复杂的控制问题变得简单，作业效率更高，总体决策能力也更高，应对环境的异常情况能力也更强。人的介入实现了ROV运动状态的实时控制，可实时观察潜水器探测的目标信息和声呐视频图像。由于操作人员和科学家只在母船上操作，工作环境相对安全得多。此外，ROV没有电池舱，体积和重量均小于同级别的AUV，技术要求和价格成本也相对较低。虽然脐带缆带来了诸多优势，但它限制了ROV的行动范围和灵活度，同时，在复杂的水下环境中脐带缆是造成缠绕事故的潜在威胁。

3. ROV的分类

根据使用目的的不同，ROV一般可分为观察级和作业级两类。

观察级ROV，其主要目的是用于科学观测。其核心部件是水下推进器和水下摄像系统，有时还会辅以导航、深度传感器等常规传感装置。这一类ROV的本体尺寸和重量较小，负荷较低，成本较低，往往不具备复杂的操作系统，不安装机械手设备。

作业级ROV主要应用于水下打捞、水下施工等。它的尺寸较大，除了具有观察级ROV的一切功能之外，还带有水下机械手、液压切割器等作业工具，故结构复杂，造价高。由于其系统装备较观察型完备，故其具有更加全面和丰富的功能。

ROV的前世今生

1. 早期技术催生了ROV的诞生

1）"PR-32 Poodle"——ROV的雏形

神秘的海底世界一直吸引着人类去一探究竟，1953年，世界上第一台ROV"PR-32 Poodle"诞生了，是由法国工程师迪米特里·雷比可夫（Dimitri Rebikoff，1921—1997）（图6-1）制造的。其实，"PR-32 Poodle"算不得是真正意义上的ROV。它的初衷很简单，其实是一个可以送到水下工作的照相机。就是把照相机密封起来送到海底，用于考古中沉船定位和拍摄海底残骸，与现在的ROV有很大的不同，因此，把"PR-32 Poodle"叫作ROV的雏形更为贴切些。同一时期，美国海军制造了美国的第一台ROV"XN-3"。

图6-1 迪米特里·雷比可夫，出生于巴黎，以发明和制造水下摄像机和监控系统而闻名于世。他一生专利60多项，最耀眼的贡献是发明了ROV的雏形——"PR-32 Poodle"、AUV的雏形——"Sea Spook"和便携式电子闪光灯

2）明星"CURV-1"——真正意义上的第一台ROV

"PR-32 Poodle"和"XN-3"的诞生并没有在社会上引起太大的轰动，直到1960年ROV"CURV-1"的出现（图6-2）。"CURV-1"是美国海军制造，由"XN-3"演化而来的。"CURV-1"长5米，重1400千克，身上装有4个浮筒，还装备有摄像机、探照灯以及打捞物品和修理沉船用的大功率机械手。事实上，"CURV-1"才算得上是真正意义上的第一台ROV。1966年3月，美国"B-52"轰炸机在西班牙的帕洛玛雷斯上空坠毁后，5颗遗失的氢弹成了美国的心头病，他们先后找回了4颗，还有1颗在陆地上遍寻不着，

美军只好将目光投向了茫茫大海。要知道那时正处于"冷战"时期，美国为首的北约组织很担心这颗氢弹落入苏联人手中。在载人潜水器"阿尔文"号和水下遥控潜水器"CURV-1"的精诚合作下，终于从西班牙地中海海域762米深的海底捡回那颗随时都会有爆炸危险的氢弹。"CURV-1"ROV在此战役中功不可没，它操作的精准性和可靠性大大超出了人们的预计。从那以后，ROV开始进入世人的视野。

图6-2　CURV-1照片

2. ROV产业的形成与发展

由于军事及海洋工程的需要，同时随着电子、计算机、材料等高新技术的发展，在20世纪70年代和80年代，ROV的研发获得了迅猛发展，ROV产业开始形成。

1）第一台商业化的ROV"RCV-125"问世

20世纪70年代，美国Hydro Products公司为美国海军量身打造了一台叫作"Advanced Maneuverable Underwater Viewing System"（AMUVS）的ROV（图6-3），用于执行海底的绝密军事任务。之后，Hydro Products公司决定仿照AMUVS，打造另外一台ROV，用

于探索海洋资源。就这样，"RCV-125"作为世界上第一台商业化的ROV在1975年问世了。它是一种观察型ROV，外形又像一只球，故又被称作"眼球"。之后出现的"RCV-150"型ROV是在"RCV-125"的基础上设计出来的，它有四个推进器，最大下潜深度914米，主要用于水下管道连接，还可为水下钻井提供帮助（图6-4）。

2）ROV产业的迅猛发展

1974年以后，随着海洋油气业的迅速发展，ROV进入了飞速发展时期。到1981年，ROV发展到了400余艘，其中90%以上是直接或间接为海洋石油开采业服务的。此时，水下机器人在民用方面有了很大的发展。1988年，水下遥控潜水器猛增到958艘，比1981年又增加了一倍有余。水下遥控潜水器成为人类认识海洋、开发海洋以及延伸自己感知能力的主要工具之一。

经过半个多世纪的发展，ROV已经形成一个新的产业。全世界ROV的型号在270种以上，超过400家厂商提供各种ROV整机、ROV零部件以及ROV服务。小型ROV的质量仅几千克，大型的超过20吨，最深的ROV其作业深度可达10 000米以上。在ROV技术研究方面，美国、加拿大、英国、法国、德国、意大利、俄罗斯、日本等国处于领先地位。

如今ROV的功能多种多样，不同类型的ROV用于执行不同的

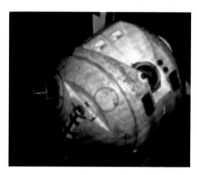

图6-3 "AMUVS"，1974年交付给美国海军之前的近景照

图6-4 "RCV-150"型ROV，事实上它是美国军用ROV"AMUVS"的商业化翻版

任务，已经被广泛地应用于军事、海岸警卫、海事、海关、核电、水电、海洋石油、渔业、海上救助、管线探测和海洋科学研究等各个领域。表6-1展示了国际上一些重要海洋研究机构所拥有的ROV情况。

表6-1 世界主要海洋研究机构拥有的ROV及其基本配置情况

机构名称（生产厂家）	ROV名称及型号	最大下潜深度（米）	机械手	主要作业工具
日本JAMSTEC (EMS)	Kaiko	11 000	2个七功能机械手，均为主从式	5个摄像机，1个照相机，海水温度盐分测定器等
法国Ifremer	Victor 6000	6000	1个主从式七功能机械手Maestro，1个开关式五功能机械手Sherpa	3个摄像机，5个照相机；可移动采样篮；全钛取样管，岩芯钻取器，海水取样器，动物群体采样器等
美国WHOI	Jason 2/ Medea	6000	2个七功能机械手：Schilling Orion, Kraft Predator II	9个摄像机，3个照相机，可选配多种作业工具包，升降式取样器等
加拿大海洋科学研究所（ISE）	ROPOS	5000	1个七功能机械手；1个五功能机械手	3个摄像机；可分隔旋转采样盘，BioBox生物容器，可变速抽取式液体采样器等
美国MBARI	Tiburon	4000	2个力反馈型七功能机械手，Schilling Conan, Kraft Paptor	2个摄像机，可根据任务搭载多种作业工具包，如锯钻工具及采样工具等
日本JAMSTEC (EMS)	Dolphin 3K	3300	1个主从式七功能机械手，1个开关式五功能机械手	3个摄像机，1个照相机；海底地面温度计等
日本JAMSTEC (EMS)	Hyper Dolphin	3000	2个七功能机械手，均为主从式	3个摄像机，采样工具篮等
美国MBARI (ISE)	Ventana	1850	2个七功能机械手：Schilling Titan3和ISE Magnum	3个摄像机，8个照相机，锯钻工具等

3）各国ROV的翘楚

（1）英国——"天蝎45"（Scorpio 45）潜水器

英国的"天蝎45"水下遥控潜水器是英国人的骄傲。它的个头适中，长2.75米，宽1.8米，高1.8米，重1400千克，自身负重可达100千克（在空气中的重量，即不计海水浮力）（图6-5）。"天蝎45"最大的下潜深度为914米，前后最大航速为4节，侧向移动速度为2节。它配有3台高清晰度变焦遥控水下摄影机，在云台的支持下可以上下、左右旋转运动，清晰地捕捉并记录下海底的鱼、虾、珊瑚等生物的影像、行为，将海底世界清晰地、多方位地呈现在科学家面前。"天蝎45"的两只机械臂，可以举起113千克的重物。配备的两套"连续发送调频声呐"（CTFM），能通过声波发射器在定位和导航中帮助选择标定的区域，探测水下物体。它配备的6盏250W的照明灯，可以在幽暗的深海照亮前方的物体。"天蝎45"还配有27千赫兹的声波发射/接收器等，具有诸多复杂的设备及功能，在进行水下作业时一般需要5～8名技术人员在水面舰船上控制。

"天蝎45"具有深海救援的功能，为此在它的机械臂上配有电缆切割设备，可以将7厘米厚的电缆割断。2005年8月7日，在抢救俄罗斯海军AS-28型小型潜艇的行动中，它凭借着彪悍的电缆切割设备，仅花了4小时就将缠绕在AS-28上的9.9厘米厚的渔网迅速切断，成功解救出了被困在海底达3日之久的7名艇员，一时名震全球。"天蝎45"不仅能执行救援任务，也能执行海底测绘、布设反潜监听装置或排除敌水雷等任务。如果需要，"天蝎45"在12小时之内便可由飞机运往世界任何地方。

图6-5 英国的"天蝎45"ROV

（2）美国的ROV

早在20世纪50年代，美国海军就开始了ROV的研究。前面已经讲到，几乎与第一台ROV雏形"Poodle"同一时期，美国海军研制出了"XN-3"。后来，真正意义上的第一台ROV"CURV-1"也是由美国制造的。可以说，美国是世界上最早开始研究水下遥控机器人的国家之一。虽然从数量上来看，美国拥有的ROV数量已经逐渐被日本和欧洲各国超越，但在ROV技术的研发和应用领域，美国一直处于世界领先水平。目前，美国已经开发了多种型号的ROV系统，用于在不同的海底深度完成不同的作业任务。

① "MAX Rover" ROV。

"MAX Rover"是世界上最先进的全电力驱动工作级ROV，由国际深海系统公司（Deep Sea Systems International，DSSI）研制而成。"MAX Rover"长2.2米，宽0.9米，高1.2米（图6-6）。它分为3个型号，分别可下潜到1000米、2000米和3000米。"MAX Rover"自重为795千克，可负载90千克的重物。在海底的前进速度为3节，可以在2.5节的水流中高效工作。主要用于管道检查、军用救援、钻探支持以及海洋测量、救援和考古等工作。

图6-6　美国DSSI公司的"MAX Rover"ROV

②"Jason"ROV。

"Jason"ROV是美国设计的第一艘应用于海洋科学调查任务的深海ROV，由伍兹霍尔海洋研究所（WHOI）研制而成。"Jason"是为完成精确测量和采样工作而设计的，所以必须具备良好的操纵性。"Jason"ROV是一个双体ROV系统，由"Jason"和"Medea"两部分共同组成，两部分的设计深度均为6500米（图6-7）。它的脐带缆长达10千米，电力和控制命令首先从母船下达到"Medea"部分再传到"Jason"部分。"Jason"和"Medea"部分在空气中的重量分别为4128千克和1360千克，它们在海水中都是中性浮力的。"Medea"在系统中充当了"Jason"的缓冲器，或者是"中间舱"，缓冲了"Jason"相对母船的移动，同时为"Jason"照明并在上方时刻监控"Jason"在海底的一举一动。"Jason"部分则是主要的操作部分，除了配备了声呐、照明、水下照相和摄像系统以外，"Jason"每次下潜都会携带多种采样设备，由"Jason"上装配的两条机械臂完成对岩石、沉积物、海水和热液样品及各种生物样品的采集。机械臂应用相关采样器完成样品采集后，可以选择把样品放在随身携带的采样篮里，或者放在电梯式采样器移动平台上，第一时间触发启动装置将样品送回海面。应当说电梯式采样器移动平台是一个非常人性化的设计。通常情况下，"Jason"ROV在海里的工作时间是两天以内，但是它曾经有过在水下连续工作7天的纪录。在这种超长的连续海下作业中，有了这个电梯式移动平台，如果"Jason"在海底采到了什么特别的东西，比如说从没见过的生物，或者不能保存的样品，或者特别重而"Jason"运不动的，科学家们就可以立即启动这个装置把它送到面前。不过，在每个下潜中电梯移动平台只能触发一次，那么，看来什么时候按动这个开关对"Jason"的操作员来说也是件挺费脑子的事吧！说到"Jason"的操作员，请大家来猜测一下，当"Jason"在水中的时候，需要几位操作员来运作它呢？答案是3位。一位岸上驾驶员，负责驾驶"Jason"；一位工程师，负责"Jason"上所有电力系统、机械系统和水力系统的保障工作；最后一位是导航员，负责规划"Jason"和"Medea"两个部分在海域中的相对位置。另外，由于"Jason"的单次下潜一般是超过1天的，所以需要3组3位操作员进行替换操作，这样一来，"Jason"操作员的数量就增加到9人了。最后，我们还需要有第10名操作员，负责对"Jason"收集的数据进行整理、储存和分类。

"Jason"ROV在20世纪80年代开始投入使用之后，已经在太平洋、大西洋和印度洋的多个热液地区完成了上百次的下潜。第一代"Jason"（即Jason I）于2001年退役。在它光辉的职业生涯中，一共下潜了253次，工作了4683个小时。这是一组了不起的数字！"Jason I"ROV最辉煌的业绩，莫过于在20世纪80年代中期与"阿尔文"号载人深潜器一道发现沉睡海底多年的"泰坦尼克"号失事邮轮。

第二代"Jason II"从2002年服役以来已经是战功累累了。在2004年和2006年探索马里亚纳海沟航次中，"Jason II"在1450米的海底发现了喷发着的火山（NW Rota-1）、喷发着液态二氧化碳的冷泉口（NW Eifuku）和至今为止发现的最浅的深海黑烟囱口（East Diamante）以及12种新的热液生物的共生物种。在2007年、2009年和2010年，调查了墨西哥湾中冷泉及其生态系统、深海珊瑚礁系统和油气渗透现象等，并在2009年劳盆地拍摄到了人类已知的最深的深海火山喷发的实景。"Jason II"的各项性能都优于第一代"Jason"，但它沿用了第一代的双体结构，"Jason"依然与"Medea"是形影不离，同进同退。

图6-7 "Jason"和"Medea"——"Jason"ROV的双体系潜水器系统

③ "Tiburon" ROV。

"Tiburon" ROV由蒙特雷湾海洋研究所（MBARI）于1996年设计并建造。蒙特雷湾海洋研究所是由著名的HP公司的两个创始人之一Packard于1987年出资创立的，与伍兹霍尔海洋研究所（WHOI）一样，是全美重要的、也是全世界十分知名的海洋研究所之一。两个所都以海洋研究闻名，有趣的是也都坐落在面朝大海的位置。伍兹霍尔海洋研究所处在美国东部的马萨诸塞州，面朝大西洋，而蒙特雷湾海洋研究所则在美国西部的加利福尼亚州，面朝太平洋。伍兹霍尔海洋研究所的科学研究水平是世界一流的，它的海洋技术能力更是闻名世界。而蒙特雷湾海洋研究所的海洋技术能力也不弱，由于蒙特雷湾海洋研究所是由IT行业的领袖建立的，它特别强调发展海洋技术，强调海洋科学与海洋技术的结合，在人员配备方面科学家与技术人员的比例也是一半对一半。经过长期的积累，伍兹霍尔海洋研究所有它的深海潜水器体系，从"Jason"ROV到"Sentry"AUV再到"阿尔文"载人深潜器，而年轻的蒙特雷湾海洋研究所也建立起了它自己的深海潜水器体系，除了"Tiburon"ROV，还有著名的深海"Tethys"AUV和深海横向钻机等等。

"Tiburon"ROV的主要工作地点就在蒙特雷海湾。由于蒙特雷海底峡谷的深度不超过4000米，因此"Tiburon"设计深度为4000米，

可以到达蒙特雷湾海底峡谷的任何深度（图6-8）。"Tiburon"ROV
于 1996年完成，1997年进行第一次下潜到2008年退役，一共工作了
12年，下潜400多次。"Tiburon"ROV的最大特点是它的低扰动性和
隐蔽性。由于观测海洋生物是它最重要的任务之一，因此低扰动性
和隐蔽性是保证实现这个任务最重要的特性。为了实现低扰动性，
"Tiburon" ROV在推进和操作系统中使用电动力取代了原来的液压
动力，这样一来"Tiburon" ROV在移动时发出的噪声就被大大降低
了，除此之外，"Tiburon" ROV还设计了"可变的浮力系统"，这
样潜水器就可以不使用任何推进系统实现上下浮动（图6-8）。

图6-8 "Tiburon"ROV

"Tiburon"ROV退役后，取代它的是一个更为强大的ROV"Doc
Ricketts"。2009年2月24日，"Doc Ricketts" ROV成功完成第一次下
水试验之后一直活跃在历史舞台上。

（3）日本——"海沟"号（KAIKO）ROV

日文KAIKO的意思是海沟，日本的"KAIKO"ROV，我们通常习惯称之为"海沟"号。它完工于1994年，这个耗资1500万美元的家伙相貌平平，却是当时世界上下潜深度最大的ROV。1995年3月，"海沟"号ROV下潜到马里亚纳海沟的最深处（10 911.4米），创造了世界纪录。尽管之前的ROV下潜到6000米的深度就是极大的壮举，但是日本人仍然制造了将近两倍于这个深度的"海沟"号ROV，这是个巨大的飞跃。

由日本海洋科学技术研究中心（JAMSTEC）研制开发的"海沟"号ROV有两个潜水器系统的投放装置，一个通过12 000 米的主光纤电缆与母船相连接，另一个通过250米的二级电缆与潜水器相连接。潜水器可以在距投放装置半径200米的范围内自由运动。当潜水器工作时，它的投放装置在海床以上100米的高度正常盘旋。"海沟"号ROV装配有两根机械手臂和4台摄像机，可帮助科研人员进行各种深海科学研究工作（图6-9）。

"海沟"号ROV有三种任务模式。第一种模式是通过拖曳系统调查6500米的海床，其投放装置携带一个侧扫声呐和一个海底地层剖面测量仪，具备处理海床地势和研究海底地层的能力。自由航行的潜水器可使用它的电视摄像机对海床进行精确测量。第二种模式就是将海床研究延伸到整个海洋深度。这时发射器不被母船牵引，而是悬挂在母船下面，此时潜水器就可以对海床进行精确测量。第三种模式就是为"深海6500"号（SHINKAI 6500）载人深潜器等其他潜水器提供救援支持。"海沟"号ROV不仅曾经帮助精确定位了坠入太平洋的日本火箭，还帮助发现了被美国核潜艇撞沉的日本"爱媛"号渔业实习船的残骸。1995年3月，"海沟"号还成功挑战世界大洋最深处——"挑战者深渊"，成为第一个到达该地的无人潜水器。也是继1960年"的里雅斯特"号载人深潜器之后、第二个到达该地的潜水器。

然而，国际海洋技术史上最大的不幸发生了。2003年5月29日，"海沟"号ROV在日本南部海域4660米深的海底进行地震研究工作时，船上科研人员发现即将有台风来袭，决定提前结束研究工作，收回"海沟"号ROV。可就在此时，人们发现重达5.6吨的"海沟"号ROV却已经"挣脱"了与母船相连接的电缆，失踪了！日本海洋科学技术研究中心十分着急，花费了大量的人力、物力，展开了长达一个月的搜寻工作，可"海沟"号ROV仍石沉大海，杳无音讯。日本海洋科技中心无奈于6月30日公开宣布了"海沟"号ROV失踪的消息。

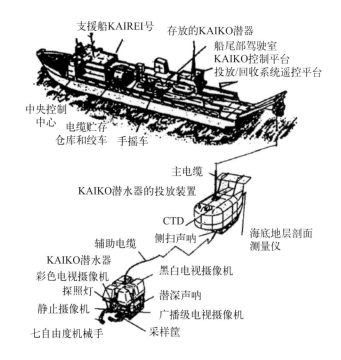

图6-9 "海沟"号ROV系统示意图及运行方式示意图

作为当今世界上下潜最深的无人潜水器，"海沟"号ROV的失踪不仅给日本的深海研究工作造成巨大损失，也让各国的深海研究科学家们

痛惜不已。按照原设计，当出现这一故障时，"海沟"号ROV应该可以自动浮出海面，或者发出跟踪信号，以便人们能够尽快找到它。可不知何故，尽管搜寻人员很快赶到了"海沟"号ROV所在的海底，却难觅其"芳踪"。可能它已经被海流冲走，或者沉入了更深的海底。

（4）中国——"海狮"号和"海马"号ROV

①"海狮"号ROV。

我国目前可用于水深超过4000米的深水作业型ROV还不多，主要有广州海洋地质调查局从国外引进的4000米级"海狮"号ROV（图6-10）。"海狮"号ROV装备有七功能和五功能机械手各1个，约96千瓦的功率，6台摄像机和1套数字照相机，HIPAP100水下定位系统，目前装备在"海洋六号"科学考察船上。研究人员可借助"海狮"号清晰观测海底，并操纵机器人的多功能机械手进行水下作业。"海狮"号能够在水下灵活地转向、升降、进退和进行侧向移动，可在黑暗复杂的深海环境下获取海底照片和视频，可进行精确定位和轨迹跟踪，实现海底目标物的搜寻、检查及利用特殊工具进行维护等，还可携带其他辅助作

图6-10 "海狮"号ROV

业工具深入海底收集数据，作业功能非常丰富。

　　"海狮"号ROV可以利用机械手直接抓取海底标志物，或者使用机械手抓取特殊的取样工具进行取样，如碳酸盐结壳、水合物烟囱、贝壳、生物、岩石以及沉积物样品等。图6-11为"海狮"号ROV进行取样作业。图6-12为"海狮"号ROV在南海某区域进行调查作业时在其中2个测站取获的样品，样品包括冷泉烟囱、标志生物及沉积物等。

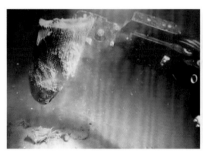

图6-11　ROV定点取样作业

左图为使用特殊的取样工具进行取样作业，右图为使用机械手直接取样

图6-12　ROV取获的沉积物及生物样品

　　"海狮"号ROV还可提供扩展的通信及供电接口，能够实现给各种传感器的供电、通信及数据采集，作业时可以实现对相关参量进行实时采集。图6-13为在南海某海区进行调查时，"海狮"号ROV上安装的热流探针、采水瓶及调查作业图片。

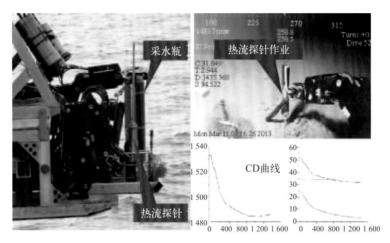

图6-13　热流和CTD调查作业

②闪耀新星——"海马"号ROV。

"海马"号ROV的诞生，绝不是偶然。我国的深海技术与装备离国际先进水平的距离甚远，身处海洋经济日益重要的21世纪，我们必须加紧步伐，迈向深海。正是在这样的时代背景下，2008年，我国在国家"863"计划的支持下，开启了4500米级水下遥控潜水器"海马"号的研发项目，汇集了国内上海交通大学、浙江大学、青岛海洋化工研究院等国内业界优势研发力量，由广州地质调查局牵头，历时六年、倾力打造。它是我国海洋技术领域继载人深潜器"蛟龙"号之后的又一项标志性创新成果，是我国深海装备研发能力走向世界前沿的又一个里程碑（图6-14、图6-15）。

为什么要选择4500米这一深度呢？这与我国深海特别是我国南海的地域特点密切相关。4500米，是中国南海中央海盆的深度。同时，这一深度，可以覆盖我国南海98%以上的海域，还可以覆盖国际海底富钴结壳资源富集区和绝大部分的热液硫化物富集区。研制这一深度级别的深海运载和作业设备，能够满足我国绝大部分深海探测和作业的相关需求。事实上，为了提高我国的深海综合探查和作业能力，我

218

国于2008年启动了一系列4500米深度的深海装备研发，即"4500米级深海作业系统"，包括现已研制成功的"海马"号无人遥控潜水器（ROV）以及目前正在研发的4500米级载人深潜器和4500米无人自主潜水器（AUV）。

图6-14 "海马"号照片（上海交通大学连琏教授供图）

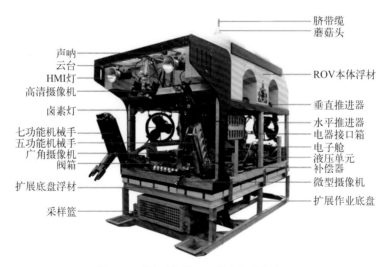

图6-15 "海马"号ROV的各组成部分

　　自这个项目启动之时，就注定了"海马"号ROV是如此与众不同。因为国家针对"海马"号ROV，提出了直接服务于深海资源探查应用的目标，特别是要求该ROV具备重载作业的能力，同时希望"海马"号ROV能够工程化和实用化。

　　以往，对于项目的验收通常以样机或原理样机的完工为目标，而这一次，"海马"号则必须经过一系列的深海大考才算验收合格。因此，依托我国"海洋六号"科考船，研发团队在2014年2月和3月安排了两次海上考核试验航段和一个海上试验收航段，圆满完成了"海马"号ROV所有76个海试考核项目的海上试验和验证，先后完成了17次海上试验下潜任务，3次到达南海中央海盆最深处——4502米水深的海底进行作业试验。2014年4月18日，"海洋六号"搭载着"海马"号ROV，第三次到达位于南海中央海盆4502米水深某处（坐标位置：东经114度36分23秒，北纬13度13分01秒）完成作业试验，顺利通过了国家"863"计划海洋技术领域办公室组织的海上试验验收。"海马"号ROV是2014年研制成功的，那年是中国的"马"年，这是"海马"号ROV名称的由来。

　　"海马"号ROV的成功，像"蛟龙"号载人深潜器一样，是集体智慧的结晶，突破了某些核心技术受控国外、国内技术产业配套能力弱等不利因素，研发团队坚持潜心攻关、勇于探索、敢于创新的团队精神，经过6年的不懈努力，掌握了大深度水下遥控潜水器的多项核心技术，使"海马"号ROV整套装备的国产化率达到90%，为我国无人遥控潜水器的国产化和产业化奠定了坚实基础。国产化率达到90%，这是多么不容易啊！这意味着通过"海马"号ROV的研发，带动了国内一批相关海洋支撑技术的进步。许多的深海技术，还可转化到陆地或其他领域应用，推动了我国的技术发展。

ROV技术的明天

由于ROV具有安全、经济、高效和作业深度大等优点，因此在世界上得到越来越广泛的应用。越来越大的市场需求决定了研制性能更高、经济性更好的ROV设备已成必然趋势。现阶段ROV的发展趋势体现在以下几个方面：

①高性能。随着计算机技术及水下控制、导航定位、通信传感技术的迅速发展，ROV将具有更高的作业能力、更佳的运动性能、更优的人机界面。

②高可靠性。ROV技术经过多年的研究，各项技术逐步走向成熟。ROV技术的发展将致力于提高观察能力和顶流作业能力，加大数据处理容量，提高操作控制水平和操纵性能，完善人机交互界面，使其更加实用可靠。

③自动化。先进技术的发展，特别是高效电池技术的应用使ROV在特定工作区域以电池作能源，自动化程度逐步提高。

④更大作业深度。随着海洋油气等资源的开发日益走向深海，世界各国对深海资源的争夺也越来越激烈，必然要求ROV向更大作业深度发展。因此各科技大国都在加大力度研制潜深超过6000米的深水ROV。

⑤专业化程度越来越高。任何一种ROV都不可能完成所有的任务，它们都将只针对某个特殊的需求，配置专用设备，完成特定的任务。因此ROV的发展趋势是种类越来越多，分工越来越细，专业化程度越来越高。

ROV的命脉——关键技术支撑

ROV是怎样炼成的？也许有读者会关心一下。下面的内容可能有些艰涩难懂，但恰恰这些都是设计研制ROV的核心技术，需要解决。

1. 运动控制技术

顺利完成既定任务的保障和前提是ROV良好的运动控制能力。由于ROV运动惯性比较大、液压控制系统系数不确定、机械手作业会影响ROV本身的运动力学特性、负载重量的变化会引起其重心和浮心的改变等诸多因素的影响，使得ROV难以控制。因此，对ROV的运动控制要求很高。随着ROV应用范围的不断扩大，对其自主性、运动控制的精度和稳定性要求都越来越高，如何进一步提高它的运动控制能力是ROV研发面临的重要课题。

2. 导航定位技术

成功执行任务的基本要素是精确的定位和导航。大家知道在水中如何进行导航和定位的吗？水面之下，GPS是失效了。因此，由于ROV的动力学特性和水介质特殊性因素影响，精确导航ROV的远距离、大范围运动是艰难的任务。目前可应用的水下导航技术主要有惯性导航、声学导航、航位推算等等。这些导航方法的精度和可靠性都无法满足水下机器人的发展需要。因此研发高可靠性、高集成度、低成本的，能实现全球定位综合导航系统是ROV导航的发展方向。

3. 视觉传感技术

人们依靠眼睛来感知世界、获得视觉信息；而ROV则依靠各种传感器获取水下目标和环境信息，最直观的信息来自视觉传感器，它可给出直观的图像。视觉传感器一般分为水下摄像机、高分辨率成像声呐、剖面声呐三类，现有的视觉探测系统可在水质较好或轻度浑浊的水下环境中使用。发展在重度浑浊水下环境探测需要的视觉传感系统是一个世界性课题，也是现在亟待解决的技术难题。

4. 仿真技术

由于ROV在复杂的水下环境中工作，对其测试比较困难，因此在ROV的方案设计阶段，需要进行仿真技术研究，包括平台运动仿真和控制硬、软件的仿真，用来评估ROV的性能，可以加快研制速度，降低成本。

ROV的经典集锦

1. Open ROV：全民ROV，实现你的海洋梦

在琳琅满目、形形色色的水下探测机器中，大多数潜水器都是由政府、军方或者公司所有，我们仅可从电视、网络上略窥其貌而已。对我们而言，它们是那样地神秘而不可企及的，它们造价不菲，是一般老百姓不可触及的东西。然而，有两个年轻的美国人，他们怀揣着对海底世界探索的欲望，虽然两手空空却不愿放弃梦想。经过坚持不懈的努力，Eric Stackpole和David Lang创建了成本低于1000美元的Open ROV（Open在这里是指开放式的意思）（图6-16），使ROV飞入寻常百姓家。

图6-16　Open ROV只有30厘米长，20厘米宽，15厘米高，仅有鞋盒大小

　　和很多年轻人一样，Eric Stackpole热衷于一夜暴富的淘金梦。当他听说他家附近海底的山洞里藏着巨额财富，兴奋异常，幻想着挖出一笔，从此可以过上自由幸福的生活。他和海洋爱好者David Lang一拍即合，当即决定一起寻宝。可是如何去寻呢？他们陷入沉思。仅靠他们自己潜水下去吗？这显然是不可行的，水太深，范围太广，他们体力支持不了太久，而且危险重重。那么只能依靠潜水器！

　　用什么潜水器呢？如果是载人深潜器，那么大型的东西，价格昂贵，自己制造显然是不现实的。去租吗？兴师动众，租金也不菲。从性价比上来说，远程操作的潜水器能够大大节省人类亲自下潜至深海的成本，并且直接避免了生命危险，可以说是两全其美。显然ROV对他们来讲更为实际一些。配上高性能的摄像机，效果一点也不差。但是花钱去买，对他们两个一文不名的年轻人来说依然太贵！那怎么办呢？他们决定用最省钱最节约的方式——自己造一台ROV。尽管此前，Eric Stackpole一直在NASA工作，使用过ROV，David Lang对此也略知一二，但是他们依然对很多关键技术一知半解，而且没有制造材料，没有专门的制造工具，很多零部件如果为了制造这一台ROV而设计和制造，实在是太浪费。看来仅凭他们两人，是无法造出ROV了（图6-17）。

图6-17　Open ROV的零部件

但是没有关系，他们有梦想，也有想法。在2010年，他们创建了Open ROV论坛，希望可以集思广益，听听专家们、其他人给他们的建议和忠告。

最初的半年里，并没有多少人理会他们，多数时间他们是在论坛上自弹自唱，彼此交谈。渐渐地，对此感兴趣的人越来越多，大家纷纷提出自己的看法，在这众多的参与者中，也不乏特别专业的人士给他们提出种种中肯的建议。Open ROV从无到有，从一次次试验、失败、修改、再试验的循环模式下，逐渐有了雏形。他们经常在自己居住的小城库比提诺市里 Stackpole 车库附近的蓄水池里测试 Open ROV，就是在这个车库里，由Eric Stackpole设计、David Lang研发的 Open ROV 终于在2012年正式面世了（图6-18）。

图6-18　Open ROV正在进行水池试验

Open ROV 是一款开源设备，即它的控制源代码程序是公开的。它由 Linux 系统控制，动力为8块C电池组。Open ROV 的主体机身为蓝色，材料为丙烯酸板；内置有三个推进器，其中两个为水平推进器，一个为垂直推进器；高清网络摄像头和 LED 灯满足了水下摄像和拍摄的要求，8 块船用C电池组有效保证了续航时间可达1～1.5小时，航速可以达到每小时3.5千米。它的应用范围包括水下探测、搜救也包括教育展示。虽然，Open ROV理论上可以下潜到100米，但在当前的测试阶段仅进行过20米深的海试。

Open ROV制造完成之后，两个年轻人当然不会忘记他们最初的目标——海底寻宝。于是，他们进行了第一次探险：在Trinity Alps 的洞穴中寻找沉在水中的宝藏。遗憾的是，他们并没有比其他的寻宝者走运，一无所获。但是，他们并没有太多的失望，因为在寻宝的过程中，他们发现了比宝藏本身更珍贵的东西——Open ROV，这是一笔智慧的财富。第二次探险则是在 NASA 进行极端环境试验任务的宝瓶礁石基地中完成的。在这次探险中，并没有很大的发现，但是仍要保持那种积极探索的好奇心（图6-19）。

下一步要挑战的目标是什么呢？是北冰洋的鲸鲨还是获取北极生物标本？还是支撑 John Steinbeck 在科特斯海的科学考察？1940年，

图6-19　Eric Stackpole正在给前来参观的学生们讲解Open ROV的技术和构成

John Steinbeck与其好友Edward Ricketts同行乘坐"西部飞鸟"号渔船到太平洋东岸的墨西哥加利福尼亚湾进行实地生态考察，这是一次远达近6500千米的行程。作为海洋生态学家的John Steinbeck观察到生命是动态的、全面的。Lang野心勃勃地希望利用自己研发的技术,来复制 John Steinbeck 在科特斯海的旅程。

Open ROV的首发售价为775美元。诚然,Open ROV要想在海下应用方面发展成熟,还有很长的一段路要走。但是,这种尝试足够鼓舞人心。这意味着也许在不久的将来,普通的消费者可以自行操作ROV进行海底探险,也可坐在家中就可以看到詹姆斯·卡梅隆乘坐"挑战者"号下潜到万米以下的马里亚纳海沟所见的深海奇异景象。

2."海沟"号ROV挑战世界最深处——马里亚纳海沟

1986年,日本海洋科技研究中心(JAMSTEC)开始研制"海沟"号ROV,于1990年完成设计并开始制造,1994年完工。"海沟"号ROV长3米,重5.6吨,耗资1500万美元。据说,当年日本建造"海沟"号ROV的目的就是为了考察世界上最深的海沟马里亚纳海沟的最深处——挑战者深渊。在之前的数十年间,有无数人前赴后继来挑战,却仅有1960年美国海军上尉唐·沃尔什和雅克·皮卡德驾驶着"的里雅斯特"号载人深潜器挑战成功。

所以,在"海沟"号ROV完工之后(图6-20),就开始了不断地尝试潜入"挑战者深渊"。由于测算位置的失误等原因,先后几次挑战都以失败告终。但是日本科学家坚信,他们一定可以成功,因为"海沟"号ROV足以应对万米海水以下的压力,它所配备的缆绳足足有12 000米长,在技术上"海沟"号完全可以胜任这项工作。没有成功只是因为测算方面出现了一点小差错而已。

1995年3月24日,和往常一样,他们又挑选了一个晴空万里、适合作业的好天气。这次"横须贺"号工作母船携带着"海沟"号ROV,经过3个小时的航行,来到北纬11度22分24秒、东经142度35分33秒的海面。12 000米长的缆绳缓缓放下去,"海沟"号ROV越来越靠近海底了。船上的人密切地关注着母船操作室内的17个监视器,

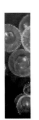

分析着"海沟"号ROV发回的图像资料。"海沟"号ROV平静而顺利地"行进"了三个半小时。尽管心里有所准备，可船上的人依然坐不住，欢呼起来。因为就是在这个平淡无奇的日子，"海沟"号将要刷新世界纪录，成为继1960年"的里雅斯特"号之后第二个到达海渊的潜水器，更是第一个到达此地的无人潜水器，从此，"海沟"号ROV的这个日子将会永载史册。

这一次"海沟"号ROV触底了，这时测深表显示的水深值是10 903.3米，经过修正后的实际水深为10 911.4米。修正水深是根据水压测定的值，通过含盐量、水温资料修正后的深度。而这一测量深度，也被世人认可是最为精确的测量记录。

触底之后，"海沟"号ROV还进行了试样采集及拍摄等考察活动，人们从它传回的图像中看到：茶色的海底泥土上，有一些白色的像海参一样的生物在蠕动，旁边还游动着数条小鱼。它还发现了沉积物。在它从1万米深海海底采回的泥浆中，科研人员发现了180种微生物的存在。如果没有"海沟"号ROV，人们根本无法从1000个大气压的万米海底中发现这些新的生物。

然而，后来在一次深海作业中，"海沟"号ROV不慎遗失在大海深处，再也没有回来。人类至今仍未发现它的踪迹，也许它正躲在海底某个寂静的角落，与海底的生灵们欢快地嬉戏……也许有一天，它将带着无数海底的秘密，再次回到人类的身边，我们对此充满期待！

图6-20　万米深海"海沟"号ROV

无人自主潜水器
——AUV

无人自主式潜水器AUV，英文为"Autonomous Underwater Vehicle"，通俗来讲，又称为"自主式水下机器人"。它不像ROV通过一根长长的电缆连接着母船，时刻接受操作员的指令。AUV具备一定的智能性，它与母船之间没有电缆连接，在水下具有高度的自主性（图7-1）。这里自主性指的是可自动驾驶、自动定位、自动避障、自我诊断和故障处理、自行携带测量装置及能源。它的自主性主要依赖于它自带"头脑"，在那里装载着人类预设的人工智能程序。自主性使AUV摆脱了系缆的束缚，与其他技术相比，AUV进行水下作业更为方便，活动的范围也就更广阔。

AUV是一种理想的测量仪器平台，由于噪声小，在进行海洋探测时对被观测对象的干扰较小，可以贴近被观测的对象，因而可以获取采用常规手段不能获取的高质量数据和图像。许多研究表明，AUV是一种非常适合于进行海底搜索、调查、识别和打捞作业的既经济又安全的工具。与载人深潜器相比，AUV不需要载人，这就使得它的安全性更高（无人）、结构更简单、重量更轻、尺寸更小、造价也低等优点；与ROV相比，它没有脐带缆的限制，因此具有活动范围大、潜水深度深、不怕电缆缠绕、可进入海底更复杂构造

图7-1　市售GAVIA型用于科学研究的AUV

中、不需要庞大的水面支持、占用甲板面积小和成本低等优点。正是这种种优点使得它日益受到人类的青睐，在海洋探测等各种作业中越来越凸显出其重要性。

当然，无缆带来的问题是电能永远不足，也不能实时传回数据，还常常被遗失在茫茫大海之中。

追溯历史：探寻AUV的来龙去脉

1. AUV的先驱：白头鱼雷

从下面的故事可以发现，其实AUV是来自鱼雷的升级改版，只不过它从武器摇身变成了一种潜水器。

"白头鱼雷"的前身是"撑杆雷"（Coastsaver）。19世纪中期，奥地利海军退役上校乔瓦尼·鲁比斯（Giovanni Luppis，1813—1875）发明了一种"撑杆雷"。它长约6米，材料为不锈钢，用一根长杆固定在小艇的艇艏，在尾端处装满了炸药。在海战中小艇冲向敌舰时，用撑杆雷撞击敌舰可使其爆炸。"撑杆雷"无须驾驶，可在远处被一种类似手枪的装置控制点燃，并靠绳索在陆上牵引移动。1864年，经人介绍，鲁比斯和出生于英国博尔顿的天才工程师罗伯特·怀特黑德（Robert Whitehead，1823—1905）相识了，并就"撑杆雷"

展开了热烈的讨论。怀特黑德觉得相比水上进攻，在人们肉眼看不到的水下发起进攻显然会更有效。怀特黑德（图7-2）建议把发动机装在"撑杆雷"上，利用高压容器中的压缩空气推动发动机活塞工作，带动螺旋桨使雷体在水中艇行攻击敌舰。但由于艇速低、艇程短、控制不灵，改进后的"撑杆雷"并未投入使用。1866年，怀特黑德运用他的智慧、学识，制造了历史上第一枚鱼雷——"白头鱼雷"（Whitehead Torpedo）（图7-3），它

图7-2 "白头鱼雷"的设计者罗伯特·怀特黑德

是根据怀特黑德的名字"Whitehead"而命名为"白头"，因其外形似鱼，而称之为"鱼雷"。该鱼雷最大直径35.5厘米，长3.35米，重146千克，可携带8千克炸药，在640米的距离处以7节的速度准确击中目标。它是用压缩空气发动机带动单螺旋桨推进，通过液压阀操纵鱼雷尾部的水平舵板控制鱼雷的艇行深度，可自动导航，但尚无控制鱼雷艇向的装置。"白头鱼雷"可以看作是AUV的先驱。

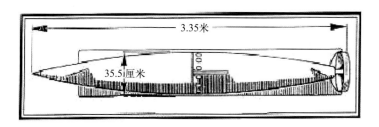

图7-3 "白头鱼雷"造型图

2. AUV的发展日程表

真正意义上的AUV的研制始于20世纪50年代，民用方面早先主要集中于海上石油与天然气的开发等，军用方面主要用于打捞实验丢失的海底武器（如鱼雷等）。

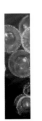

　　1957年，美国华盛顿大学名为SPURV（Self-Propelled Underwater Research Vehicle）的AUV和1960年法国工程师Dimitri Rebikoff的Sea Spook AUV的研制成功，标志着AUV开始在世界舞台上崭露头角。

　　20世纪60年代开始，虽然科学界和军方对水下自主潜水器的兴趣浓厚，但是AUV的自主性主要依赖于电子与计算机技术的支撑，而当时这些领域的技术储备不足，且在短期内难以取得突破性进展。因此，AUV处在一个高造价、低效率的尴尬阶段。而此时，ROV进入了高速发展阶段，各项瓶颈技术都得到了解决，吸引了更多的注意力，使得AUV的研究在低水平上徘徊了多年。直到20世纪70年代中期，由于微电子技术、计算机技术、人工智能技术、导航技术的飞速发展，再加上海洋工程和军事活动的需要，AUV再次引起了各发达国家产业界和军方的兴趣，AUV的研究重现生机。20世纪80年代是各国纷纷开始研究AUV样机的年代。进入20世纪90年代，AUV技术开始走向成熟。进入2000年后，AUV开始进入商业化生产阶段。AUV成为未来水下机器人发展的一个重要方向，是目前世界各国研究工作的热点（图7-4）。

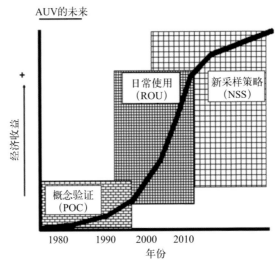

图7-4　AUV从样机到商业化应用的发展历程呈S形，进入2000年以后，AUV开始迅速转化为产品，并获得了丰厚的经济回报

3. 百家争鸣：各国AUV的发展现状

1）美国

美国是研制AUV的主要国家，比较著名的AUV型号有"自游者Ⅰ"和"自游者Ⅱ""ABE"和"SAUVⅡ"等。

在美国地质探测学会的资金支持下，"自游者"（Free Swimmer，FS）AUV的实验样机于1980年问世。美国先后开发了两种型号——"自游者Ⅰ"和"自游者Ⅱ"（图7-5）。它们都是鱼雷形状，可以通过核潜艇上内径为533毫米的鱼雷发射管进出，并可自动回收。"自游者Ⅰ"是由新罕布什尔州大学和海军/海军陆战队自动武器研究机构"圣地亚哥宇宙海军战斗系统研究中心"合作开发出来的，主要为军用，也可通过电磁制导搜寻海底铺设的电缆管道、海底电缆等。"自游者Ⅱ"的亮点在于可通过声学航海系统和光纤电缆实现与船坞通信，这个特点使得"自游者Ⅱ"在海中执行探测任务时，可以在海里航行较长的时间。它通过航海系统和光纤电缆线的接线柱与基地取得联系，并将搜索到的数据传输给基地，同时接受新的指令，执行下一个任务。即使今天，这也是一个非常实用的功能，在那个年代，这无疑是非常先进的。

图7-5　"自游者Ⅰ"AUV（左图）和"自游者Ⅱ"AUV（右图），"自游者"的Ⅰ、Ⅱ型都被设计成鱼雷的形状，可通过核潜艇上的鱼雷发射管进出，可自动回收

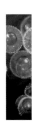

　　美国的圣地亚哥宇宙海军战斗系统研究中心经过12年不懈的努力，研制了"无人搜索系统"（Advanced Unmanned Search System，AUSS）AUV。"AUSS"AUV全长5.2米，直径0.8米，重量1230千克，比一般的鱼雷要短一点、粗一些，是用于深海搜索的鱼雷形AUV。它采用20千瓦时的银锌电池供电，推进装置为2个垂直推进器和2个纵向推进器，能在水中以6节的速度持续航行10小时。AUV的计算机、电子元器件和电池组都被放置在一个或数个耐压舱中，因此，耐压舱的强度决定了AUV的工作深度。"AUSS"的耐压舱采用的是碳纤维复合材料，可以扛住水下6000米的水压。"AUSS"属于观测型AUV，没有作业能力。它配备了侧视雷达、水下数字照相机和水下照明装备，采集的数据可通过它配备的水声通信设备，从水深6000米的水下直接向水面传送侧视声呐数据和CCD电视信号。最重要的是，"AUSS"上搭载了具有人工智能的高性能计算处理装置，可以指挥AUV自动潜入深海，利用声呐发现目标，并通过水下照相机进行拍照。由于"AUSS"AUV的高自主性能，它对目标的搜索时间只需常规拖曳式搜索系统的1/10。在1992年圣地亚哥海域3660米的海底进行的"AUSS"海上试验中，"AUSS"的出色表现让世界记住了它。在1小时内，"AUSS"的搜索范围达到了近1万平方海里，拍摄并传回了450多张照片。在这次海试中，"AUSS"在1200米的海底发现了第二次世界大战中坠海的轰炸机和朝鲜战争时期失踪的战斗机。海试后，"AUSS"在1994年被转交给海军海难救助公司和潜水部门，频繁地工作在无人搜索第一线（图7-6）。

　　"ABE"（Autonomous Benthic Explorer）AUV是由美国伍兹霍尔海洋研究所研制而成的第一款AUV，在AUV发展史上占有重要一席。世界著名的《连线》杂志（WIRED）在2006年的一期中评选了史上50佳机器人，其中"ABE"就赫然在列，杂志对"ABE"和同样在列的"火星探测车"（Mars Rover）给予了同等高度的评价，称"火星的冒险属于火星探测车（Mars Rover），海洋的探测就要交给这台具有自主意识的海底探测艇（ABE）"。

图7-6 美国海军研制的"AUSS"AUV

《连线》杂志中提到的"ABE"无人自主潜水器是由伍兹霍尔海洋研究所在1995年建造而成，是美国海洋科学界拥有的第一艘AUV。它的设计深度为4500米，在同年首次下水，并成功实现了对2200米之深的著名胡安·德富卡洋中脊的地形观察，发现了活动热液口的信息，它的观测参数包括地磁信号、导电率、温度和视频图像。

"ABE"AUV长2.2米，最大速度为2节，其动力可采用铅酸电池、碱性电池或锂电池。根据电池类型的不同，续航力在13～193小时之间。"ABE"AUV在水中具有3个自由度，它的最大亮点是机动性出类拔萃，可实现在水中悬停，即使在惊涛骇浪中仍然可以准确地保持自己的位置，并能以极低的速度进行定位、地形勘测并实现自动回坞。

"ABE"AUV的第一次成功应用就在美国科学界获得了极高的评价，被誉为深海探测的革命，这也是《连线》杂志遴选它为50佳机器人的重要原因。可惜的是，在2006年对智利南部的海域进行调查时，"ABE"AUV丢失了，在它第222次执行任务过程中悄无声息地结束

了它为时15年的工作。其实，此时的"ABE"已经退休了，但由于它的接替者"Sentry"AUV已经安排了其他任务，"ABE"AUV又被调用出来参加对智利南部的调查。智利南部海域有地球上唯一一处洋中脊被俯冲或者被推挤到大陆板块以下的深海海沟中的地貌，这引起了科学家们的巨大兴趣。据现场"ABE"AUV团队的科学家和工程师们回忆："ABE"AUV第222次下潜开始和往常一样顺利，它平稳地到达了预设的位置，之后便和母船失去了联系。设计者们推测"ABE"AUV的一个用于保持浮力的玻璃球舱发生了内爆，这对AUV来说是灾难性的。3000米水压下一个球体内爆的威力将引起其他球舱的连续爆炸，最后摧毁它的控制系统使得"ABE"AUV同时失去了返航以及与母船联系的能力。"ABE"AUV的设计师们衷心地希望，"ABE"AUV或许会在智利海域的俯冲带和它的工作目标——洋中脊一起进入地球内部，在某处获得重生（图7-7）。

图7-7 伍兹霍尔海洋研究所的"ABE"AUV的矫健身影

接替"ABE"AUV的是"Sentry"AUV（图7-8），同样是由美国伍兹霍尔海洋研究所研制成功的。与"ABE"AUV相比，

"Sentry"AUV的设计深度增加到了6000米。"Sentry"AUV最吸引人眼球的是它奇特的外形，不同于一般AUV鱼雷般的外形，"Sentry"AUV长得像一块会飞的肥皂，它具有更快的速度，更广的活动范围以及更可靠的操作性。"Sentry"AUV配备了最先进的传感器系统，甚至可以将名为"特提斯"（Tethy）的在线质谱仪带到深海中。"Sentry"AUV非常圆满地完成了它的处女秀，获得了更清晰的地形地貌数据，得到了科学家们的一致认可。

图7-8　伍兹霍尔海洋研究所制造的"Sentry"AUV接替"ABE"AUV

与美国伍兹霍尔海洋研究所齐名的蒙特雷湾海洋研究所也拥有它们自己的AUV："Dorado"和"Tethy"。这里我们重点来讲讲"Tethy"AUV：这是一种新型的AUV，主要为支撑海洋生物化学过程的研究而制备，它最大的特点在于它的长距离航行特性。"Tethy"AUV的行程可以超过1000千米，从某种意义上说，"Tethy"AUV如此远的行程甚至可以取代水下滑翔机（我们在下文会对水下滑翔机进行详细介绍）。"Tethy"AUV长230厘米，直

图7-9 美国蒙特雷湾海洋研究所的"Tethy"AUV（上图）在美国加利福尼亚州的蒙特雷湾对藻华事件的一次成功的观测及其观测轨迹（下图）

径为30.5厘米，重120千克。如果以2节的速度，"Tethy"可以走1000千米；如果速度降到1节同时带上最基础的轻便传感器，它的行程可以达数千千米。图7-9中的下图是"Tethy"AUV在美国加利福尼亚州的蒙特雷湾里进行水下观测的路线图。在这次应用中，"Tethy"AUV完成了对蒙特雷湾中藻华事件的一次观测。藻华是由海水富营养化或营养失衡造成的海藻疯长的情况，可能造成海域内出现赤潮、缺氧等不良后果。除了采样传感器对沿城的海洋生化量进行测量之外，"Tethy"AUV首次实现了对海藻含量最高点海域水样自动采集。这是世界上AUV首次成功进行的采水样作业。采回的水样在实验室里作了进一步的分析，获得更进一步的观测数据。

2）日本、加拿大和澳大利亚

日本、加拿大和澳大利亚，同样拥有属于自己的AUV。

2002年，日本由三井造船公司和东京大学联合成功开发了"R2D4"AUV。"R2D4"AUV的最大下潜深度为4000米，重1600千克，采用锂蓄电池可支持"R2D4"AUV以3节的巡航速度续航时间12

深海探秘 Behind the Deep Blue

个小时，并于2003年6月
下水试验成功。

加拿大在无人潜水
器领域的研究工作已开
展了20多年，也拥有自
己的AUV。ISE公司研制
的AUV安装了LinkQuest
公司的作用距离达5000
米的高精度超短基线定
位系统，主要被美国海

图7-10 澳大利亚国防科技研究院研制的"瓦亚巴"号AUV

洋与大气管理局（NOAA）用于深海生物研究、极地和深海海洋石油
调查勘探、墨西哥湾海底天然气的泄漏探测等。

澳大利亚国防科学技术研究院根据皇家海军的要求研制的"瓦亚
巴"号AUV（图7-10），长、宽、高分别为3米、2.5米、1.6米，最
大潜深为250米。主要承担水下研究、部署、通信、水雷探测、支援
两栖作战、快速环境评估和水下危险品处理等任务。

3）我国的AUV——"潜龙一号"

我国水下自主潜水器的研究单位，主要有中国科学院沈阳自动
化研究所和哈尔滨工程大学等。自20世纪90年代开始，中国科学院
沈阳自动化研究所与俄罗斯开展合作，先后开发了"CR-01"AUV和
"CR-02"AUV（图7-11）。"CR-01"AUV和"CR-02"AUV分别
于1995年和2000年正式面世，但由于种种原因，最终并没有投入正式
应用。"CR"是中国和俄罗斯英文国名的首字母。

2011年11月，受中国大洋协会委托，中国科学院沈阳自动化所联
合中国科学院声学研究所、哈尔滨工程大学正式启动6000米AUV项
目，开始研制具有我国自主知识产权的、可以下潜到6000米的AUV。
6000米AUV项目是我国国际海域资源调查与开发"十二五"（2011—

2015年）重点规划项目之一。这个项目的主要任务是开展太平洋底多金属结核调查，兼顾大洋其他多种深海资源的勘探和开发需求。作为一种大型调查设备，6000米AUV可广泛应用于各种深海调查和深海工程项目，可进行海底地形地貌、地质结构、海底流场、海洋环境参数等精细调查，为海洋科学研究及资源开发提供必要的科学数据。

深海探秘

Behind the Deep Blue

图7-11 "CR-01" AUV和"CR-02" AUV

历经一年的时间，2012年12月，这艘形似鲸、披着橙色外衣的"潜龙一号"AUV完成了验收，正式与大家见面了。它是一个长4.8米、宽0.8米的回转体大家伙，可以在水下6000米处以2节的巡航速度连续工作24小时（图7-12）。

图7-12 "潜龙一号" AUV照片

"潜龙一号"AUV可以实现三维坐标下5个自由度的连续运动控制，具有自动定向、定深、定高、垂向移动、横向运动、位置和路径闭环控制功能，也具有水面遥控航行的功能。根据不同的任务，"潜龙一号"AUV可以通过路径规划等程序的设定，自行选取不同的运动模式。在较复杂的海底地形下，它能够自主避障。在系统发生故障的情况下，"潜龙一号"AUV还具有应急处理功能，可自动抛载，并做到无动力下潜与上浮。"潜龙一号"AUV还装备了强大的探测工具，可游刃有余地完成海底微地形、地貌精细探测、底质判断和海底水文参数测量等使命任务。"潜龙一号"AUV的导航功能强大，具有水下自主导航和组合导航功能。在水下时，"潜龙一号"AUV会实时记录下航行的参数、系统状态和探测数据。当它浮出水面时，可以通过发射无线信号与铱星进行通信，确定自身位置，和母船进行联络。铱星是由美国铱星公司在20世纪末发射的用于全球移动通信的人造卫星。由于最初设计发射77颗卫星，像化学元素铱（Ir）原子核外的77个电子围绕其运转一样，所以这个全球性卫星移动通信系统被称为铱星。尽管后来发射的卫星总数被减少到66颗，但习惯上仍称为铱星移动通信系统。

2013年的3月和5月，"潜龙一号"AUV先后通过了湖上试验和南海海上试验，南海海试的最大下潜深度为4159米，获得了海底地形地貌等第一手探测数据，设备布放与回收成功率达100%。2013年10月6日，"潜龙一号"AUV顺利完成了首次应用性任务。它下潜至5080米的深度，在距海底50米的高度沿预定的路线顺利完成作业任务。这意味着，"潜龙一号"AUV经受住了大海惊涛骇浪的考验，并将接受更多的任务，必将在我国的海洋事业中留下浓墨重彩的一笔。

攻坚克难——AUV的技术难点攻关

一路走来，尽管AUV在外形、尺寸、续航能力以及工作深度上差异比较大，但它们所面临的技术问题大体相同，主要包括能源技术、水下承压及密封技术、导航技术和控制技术。

能源是制约AUV发展的关键技术之一，AUV的续航力、航行速度和负载能力均受制于能源。目前多数AUV的能源都来自所携带的电池组。常规的推进系统的电池组，如铝/氧化银和铝/过氧化氢电池，能为AUV提供约2天的能量；新型的燃料电池和热推进系统可以为AUV提供数天乃至数周作业时间所需的能源，逐渐成为AUV能源供应的主力。

无论如何，能源是限制AUV工作的最重要因素，除了研发更先进的电池之外，为了研制出具备超长续航能力的AUV，美、俄两国科学家决定联合开发太阳能AUV，其计划的最终目的是开发一艘续航力超过一年、以太阳能为动力的AUV。根据这个目标，美俄科学家研制了"SAUVⅡ"AUV。"SAUVⅡ"AUV最大下潜深度仅为500米，可通过卫星或射频通信技术，与陆上的控制系统进行互动。它最大的亮点在于它的充电系统，通过浮出水面接受"阳光浴"，"SAUVⅡ"AUV（图7-13）利用太阳能充电，待蓄满能量后返回海底继续作业。

在水下承压和密封技术方面，材料起到了至关重要的作用。在材料选择中，材料的耐压强度、重量和成本都是考虑的重要因素。材料强度的重要性是一目了然的，材料的强度决定了AUV的工作深度，而采用相对较轻的耐压舱材料则可以提高AUV的续航能力。目前采用的耐压舱的材料多为铝合金材料。但是随着钛合金材料制造工艺的改进和成本的降低，钛合金以其良好的机械性能、抗腐蚀性能、轻巧以及无磁性的优势越来越多地应用在深海探测上。

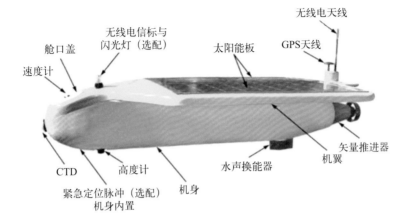

图7-13　"SAUV Ⅱ" AUV结构图及实物照片

　　在导航技术方面，由于受到设计尺寸、重量及保证续航等条件要素的约束，AUV要实现精确导航是十分困难的。但AUV担负着隐蔽作业并在恶劣环境下作业的责任，又使得AUV实现精确导航非常重要。这两者对AUV的导航提出了更高的要求，AUV的导航系统也是科学界花重金研究的重点方向之一。从原理上说，AUV的水下定位主要是依

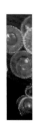
靠惯性导航系统。所谓惯性导航，是指不依赖于外部信息、也不向外部辐射能量的自主式导航系统。它的基本原理是利用惯性元件，如加速度计与速率陀螺，测量运载体本身的加速度，用积分方法推算出自身的位置。惯性导航在短时期内可以控制得非常精确，但如果不能定期校正，惯性导航的原理会使得它无法解决因长时间累积而引起的计算误差。因此，随着声呐技术的进步，加速度计部件逐渐被多普勒测速仪替代，现在的高频声呐技术可以直接测量出AUV相对于海底的三维速度而无须再积分，这样可以大大地增加定位的准确性。

控制系统是AUV智能化的核心，其硬件包括导航仪、传感器、推进器、CPU及多个电源等。在软件方面，主要是指为有效管理硬件间的传感器/数据流，需选择合理的软件体系结构。与普通水下运载器相似，目前AUV控制系统采用的软件体系结构并不统一，有几十种之多，这些结构各有优劣。在软件体系结构的选择上需要综合考虑能控性、稳定性、响应速度、通信、数据管理和模块化等因素。

除上述几个方面外，AUV的关键技术还涉及传感器技术、图像处理、视频图像的水声传输、位置偏差的修正等。新型的换能器技术和计算机技术将为目标探测、避障和目标识别提供高分辨率的图像。更先进的AUV多任务智能管理器/控制器，将推进AUV智能化管理的进程。

基于AUV的观测

AUV对海洋环境的监测等作业主要是靠其携带的水下摄像机以及传感器实现的。水下摄像机按照其安放位置可分为前视摄像机和下视摄像机。前视摄像机主要实现对海洋生物资源的探查、水下图像处理、目标识别定位以及对AUV的导航、避障等提供信息，下视摄像机则主要是对海底生物资源、矿产资源、海底地形等的勘测，并通过对海底地形、深度探测，结合已有的图样信息来辅助确定AUV自身所处位置。

AUV的传感器也大概可以分为两类：一类是航行必备的传感器，包括导航定位类传感器和运动状态类传感器，如捷联惯性导航系统（SINS）、多普勒计程仪（DVL）、压力传感器（测深度）、超短基线定位声呐等等；另外一类是观测探测类的传感器，水下电视、前视声呐、侧扫声呐及其他物理化学传感器。这些摄像机和传感器就像把人类的眼睛带到了海底，在海底实现对海洋环境和资源信息的探测，并通过通信系统将这些信息发送到地面。传感器的种类繁多，并不是所有的AUV上都会搭载所有已开发的设备，探测所用设备的选取主要是取决于AUV的用途。比如水质探测用的AUV通常会装配一些测量物质浓度的传感器设备，用来探测水下地形的AUV通常都要挂载前视声呐和侧扫声呐，水下电视、水下摄像机等等。

展望未来：AUV何去何从

AUV是各类水下潜水器研究中的一大热点。无论是从近些年来的学术会议还是期刊论文的发表上都可以看出这种趋势。而对AUV的研究范围也完整覆盖了从经济型到复杂型，从民用型到军用型，几乎覆盖了AUV的各种类型。总结AUV的发展趋势，可以用三个方面来概括——更深、更远和功能更强大。

更深——向深海发展

海水深度在6000米以上的海域被称为深渊水域。如果AUV的下潜深度可以超过6000米，那么便具有了对全球97%的海域实施探测的能力。因此，向着更深下潜深度的方向发展必然是AUV的重点发展方向之一。美国伍兹霍尔海洋研究所研发的6000米级"ABE"AUV已稳定地完成了200多次的下潜任务，取得多项重要成果。英国AUTOSUB系

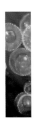

列的"AUTOSUB 6000"AUV也能实现6000米的作业深度。我国在深海AUV的研发上起步较晚，但也取得了丰硕成果，2012年研发成功的"潜龙一号"AUV的设计深度也有6000米，并已成功在5000米深度进行过水下作业了。

更远——向远程发展

远程AUV可以在单次航行中获得更大的数据信息量，但同时，这也对能源技术、远程导航技术和实时通信技术提出了更大的挑战。目前许多研究机构都在开展上述关键技术的研发工作，希望获得突破性的进展，来保证远程AUV计划的实施。走得更远的核心是AUV需要具备更多的能量以及AUV器件的节能运行做到极致。获得能量的方法不仅仅局限于自带电池。上文介绍的通过太阳能发电而获取能量是一种思路，还有科学家正在打波浪能的主意。

功能更强大——向作业型及高度智能化方向发展

现阶段的AUV多为观察和测量的调查型AUV，没有作业能力，而且智能水平还有待提高。典型的作业型水下潜水器是指潜水器能够自主地理解环境并实时地生成合乎逻辑的可行行为，操纵机械手或工具去完成较复杂的使命，成为"水下工人"。所以，作业型与智能化两者是相辅相成的，若想AUV具备作业能力就必须提高AUV的智能性。未来，进一步提高AUV的智能性使得AUV成为具有水下作业能力的智能化作业型潜水器，是一个非常有挑战性的也非常吸引人的发展方向。这方面的研究才刚刚开始，而且，人工智能的高歌猛进对AUV的发展无疑是带来了福音。

冰下魅影——"AUTOSUB 2"AUV的失踪之谜

说起"AUTOSUB 2"AUV的诞生之地英国南安普敦市，大家一定不会陌生。1912年4月14日，"泰坦尼克"号正是在此地开始了它的处女航和死亡之旅的。这座连接着英国与世界的海港城市，也借着1997年那部家喻户晓的《泰坦尼克号》而变得更加广为人知。100多年前的那场海难，遇难的船员中有500多人是来自这个南部小城，几乎家家都有人员伤亡，当时整座城市每条街道都被生离死别的痛苦笼罩，充满着悲伤。直至今日，你若来到这里，仍然可以在这座城市轻易地觅到百年前那场海难给这座城市留下的痕迹，似乎在默默无声地警醒着人们珍惜活着的光阴。

尽管百年前的海难给南安普敦人带来了刻骨铭心的悲伤，但这并未阻止南安普敦人探索海洋的脚步。他们反而以更加积极努力的态度加入对海洋的探索与征服中。南安普敦海洋研究中心是英国唯一的国家海洋研究中心，更是世界上五大海洋研究机构之一。为了能够拍摄一部有关生活于南极永久性冰层之下物种多样性的影片，英国南安普敦海洋研究中心的科学家们研发了"AUTOSUB 2"AUV（图7-14），对永久性冰层之下的神秘世界进行探测。"AUTOSUB 2"AUV的外形酷似鱼雷，其尾部有1个推进器和2个控制面（水平尾舵和垂直尾舵），中部为7个圆柱形压力筒（3个装锰碱电池组，4个放置计算机和其他电子设备），沿潜水器的长度方向布置。由于南极菲姆布里森（Fimbulisen）的冰架地形复杂，障碍物较多，因此冰下航行对AUV的导航避障等都有较高要求。为了更好地完成探测任务，英国南安普敦大学"AUTOSUB 2"AUV的设计者给其安装了一套先进的人工智能导航系统与前视声呐以规避障碍物。在水下航行时，"AUTOSUB 2"AUV依靠光纤陀螺与下视多普勒流量计（150千赫兹）导航定位，精度可达到航程的0.2%。此外，它还配备了上视多普勒声呐仪（300千赫兹），可以在冰下航行时探测覆盖于其上面的冰层。

2003年，"AUTOSUB 2"AUV被送入南极冰层下面，上演处女航，并成功地完成了这次任务。2004年"AUTOSUB 2"AUV的第二

次任务同样取得成功。之后，又在南极永久冰层和格陵兰岛附近的海域成功地进行了多次冰下探测，其控制和导航系统经受住了严峻的考验，从规避冰山（下侧通过）和海地山坡（旁侧通过）到与母船会合点的临时变更，控制和导航系统都表现出了其卓越的机器性能。这让南安普敦大学的研究人员信心倍增，预备实施更加雄心勃勃的探测计划：对永久性冰层之下的神秘世界进行探测。

图7-14 "AUTOSUB 2" AUV

2005年对南安普敦海洋研究中心来说是悲哀的，"AUTOSUB 2" AUV在执行它最后一次远航时发生了意外。虽然在入水刚开始，"AUTOSUB 2" AUV一切正常，但在下水5小时后，这艘造价150万英镑的黄色AUV向指挥中心发回了求救信号。一切迹象表明，"AUTOSUB 2" AUV在海底迷失了方向，被困在了永久性冰层下面。保障船上的研究人员目瞪口呆，却爱莫能助。"AUTOSUB 2" 项目机器人技术工程师米尔斯·佩勃迪回忆说："我记得，过了好一阵子我们才相信它真的消失了。派另一艘AUV下去寻找也许是不错的主意，但这种救援任务太危险了。"

科考船5天后返回，向"AUTOSUB 2"AUV作了最后的告别。"AUTOSUB 2"AUV此时虽动弹不得，但仍不断向基地发回求救信号，直至它的5500个D型电池的能量全部耗尽。若想搞清楚"AUTOSUB 2"AUV到底在海底出现了什么样的事故，则必须将其托出冰面，但它已经深陷于冰层之下，这种任务根据现在的技术水平已经不可能实现了。有报告分析称，"AUTOSUB 2"AUV在水下的硬件故障可能切断了电力供应，引发人工智能导航系统作出了提前浮出水面的决定，而此时AUV还身处永久性冰层下面，无法越过厚厚的冰面，导致系统无法完成指定动作返回。也许这是科学界痛失"AUTOSUB 2"AUV的真相，但也有可能是别的什么原因，我们无法找回"AUTOSUB 2"AUV进行检测，一切也仅是猜测而已。

载人深潜器
——HOV

在人类历史的长河中，人们以车代步，在陆上四通八达；借由各种船具，在海上乘风破浪。在跋山涉水之余，人们仍时时不忘"可上九天揽月，可下五洋捉鳖"的梦想。是的，现在的人们可以乘坐飞机，在空中翱翔；借助载人飞船，遨游于太空、登陆月球；若我们想亲自去深海走一遭，去目睹海底的秘密，载人深潜器则是我们实现梦想之旅的唯一工具。

虽然，在之前介绍的ROV、AUV也能搭载相关仪器设备，把海底的信息传给我们，可是只有载人深潜器（Human Occupied Vehicle，HOV）除了搭载传感器等电子设备之外，还可以实现把科学家、工程人员带到深海，实现让人类亲眼看到深海的奇观，亲身感受深海的不可思议。这是它区别于其他海洋探测工具的最大优势。即使因为这个优势，HOV相比ROV和AUV来说会有更高的安全风险、更昂贵的制造、设计和维护费用等等，但这一切都是值得的。我们通常把能潜入海底超过1000米的深海载人潜水器称之为载人深潜器。HOV可以快速、精确地到达深海各处，能适应海下各种复杂环境，进行高效的勘探、科学考察和开发作业。

其实军事潜艇就是一种载人潜水器。这里我们主要讲述潜入深海的

HOV，它与军事潜艇天差地别。

追溯载人深潜器的发展历程

事实上，载人深潜器是最早出现的潜水器。它的发展分为两个阶段：第一个阶段，潜水器的研发着重于向海洋的深度挑战；第二个阶段是完成大量、多样的深海作业任务。

1. 海中巨鲸：第一代载人深潜器

在第一个阶段中，人们为了满足探索深海的欲望，利用深水球和浮力舱相结合的方式逐步进入深海，这就是人类最早诞生的深潜器。潜水器的雏形是1554年意大利人塔尔奇利亚设计的一个木质球型潜水器，但塔尔奇利亚的设计并没有付诸实践。第一个有使用价值的潜水器是由著名的英国天文学家哈雷在1717年设计出来的。那时候只能称为载人潜水器，还称不上深潜器。一般来说，能潜到1000米以上，才可被称作深潜器。

1948年，瑞士的皮卡德制造了"弗恩斯三号"载人深潜器，并首次下潜到1370米深度。虽然这次下潜以载人舱严重进水告终，但这次创举开创了人类深潜的新纪元。最初的深潜器非常简单，通常体积庞大，外形看起来像深海中一只只巨大的"鲸"，憨厚而笨重；具有一个很大的浮力舱，建造和使用均不是很方便，水面、水下的运动和操纵性能也很差，不具备航行和作业能力。它们可以被看作是第一代载人深潜器。其中的杰出代表是美国的"的里雅斯特"号。

"的里雅斯特"号HOV征服"挑战者深渊"

"的里雅斯特"号HOV的设计灵感源自设计者奥古斯特·皮卡德所擅长的采用高空气球进行高层大气旅行的实践。他将充气的浮筒取代了气球的气囊，通过控制浮筒内的汽油量来控制浮力，并在浮筒

下面悬挂一个10吨重的钢球,保证能够下潜到一定深度。这种深潜器(Bathyscaphe)曾在大西洋和地中海下潜深达4000米(图8-1)。然而,这一深度似乎还是不能令人满意,1960年1月23日,在一个寒冬料

图8-1 "的里雅斯特"号被悬挂在一个热带港口

图8-2 沃尔什和皮卡德在"的里雅斯特"号上

峭的日子里,美国海军上尉唐·沃尔什和奥古斯特·皮卡德的儿子雅克·皮卡德经过充足的准备和反复的测试,乘坐"的里雅斯特"号HOV(图8-2),信心满满地准备创造一个奇迹,征服位于马里亚纳海沟的世界大洋最深处——"挑战者深渊"。

这是一个此前从未有人类涉足的地方,位于地球上最深的马里亚纳海沟的南端,以世界最低点而闻名于世。1957年对"挑战者深渊"的测量为11 022米,这个深度比世界最高点珠穆朗玛峰的高度(8848米)还要多2200米

左右。为了顺利地找到深渊，沃尔什和皮卡德先沿着海沟投下大量的黄色炸药，根据声波在海水中的传播时间和速度，来测算深度，寻找海沟的位置。探测开始的两天后，他们终于在关岛（The Territory of Guam）西南354千米的海面测到了最深点，他们兴奋极了，因为这意味着他们离征服"挑战者深渊"的梦想又近了一步。几乎一刻也没有耽搁，沃尔什和皮卡德马上开始准备下潜。在深海中，他们打开探照灯，光明有史以来第一次照亮了漆黑的"挑战者深渊"。刚开始海底似乎一片沉寂，但当皮卡德通过"的里雅斯特"号的舷窗发现一条长30厘米、宽15厘米的鱼后，这种沉寂便被打破了。鱼儿悠闲地游来游去，它那扁扁的身躯像一只鞋底，微突的眼睛像两只电灯泡，非常神奇；还有可爱的小红虾在凹凸不平的海底探头探脑，潜水器的出现根本没有打扰它们各自或悠闲或忙乱的生活节奏。然而，潜水器里的两个人却是异常激动，这些小鱼虾的出现结束了海洋学家长久争论的话题：深海到底有没有鱼生存？答案不言而喻！

　　沃尔什和皮卡德的这次下潜最终达到了10 916米的深度，成为第一批闯入"挑战者深渊"的人类，同时也创造了当时人类进入深海大洋的最深纪录。

　　然而，像"的里雅斯特"号这种类型的大深度载人深潜器，由于需要配备很大的浮力舱，又要在海上装载大量的汽油，所以建造和使用很不方便，而且它没有自航能力，活动范围也非常有限。上述种种不便，使得人们将视线转向更为灵活的自航式潜水器。从技术上来讲，囿于当时的技术发展水平，无先进性可言，没有驱动功能，也无作业功能。所克服的技术，则局限于结构强度与密封设计方面。当然，这一工作，为后面的载人深潜器发展，奠定了基础。

2. 自由灵动的鲨鱼：第二代载人深潜器

　　如果说我们将带浮力舱的深潜器视作第一代载人深潜器的话，

那么从20世纪50年代末到60年代中期得到迅猛发展的自航式潜水器就可以看作是第二代载人深潜器，由此载人深潜器的发展进入了第二个阶段。

自航能力是第二代潜水器的重要特征。就是说，它可以像"鲨鱼"一样在水里自由自在地航行和运动，充满灵气。它自带能源，通过自身携带的电池提供能量；它不需要其他水面舰艇或潜水器的帮助，主要依靠耐压体或部分固体材料提供浮力，既可以自由地上浮，也能够自由地下潜，还可以左右前后地进行水平运动。这样的技术特点使得第二代载人深潜器在水面和水下都有非常灵活的机动能力，目前最大下潜深度可达到6000～7000米，运载和操作都比较方便。而它的缺点是，由于自带能源，每隔一段时间就需要浮出水面，回到母船更换电池或给电池充电，因此水下深潜的作业时间有限，通常最多只能维持十几个小时。

1）潜碟

"潜碟"（Diving Saucer）的设计者为雅克－伊夫·库斯托（Jacques-Yves Cousteau，1910—1997）和路易·马卢（Louis Malle，1932—1995）。图8-3所示的是世界上第一艘具有自航能力的载人潜水器——法国人研制的"潜碟"。因为它的外形酷似科幻小说里的飞碟而得名，后改名为"SP350 Denise"。它是一艘直径约2米，高1.43米，重量不到4吨的近似圆形的小型潜水器，拥有一个钢制耐压舱，舱体内可容纳两个人。它配有3个电灯，可以在漆黑的夜里和幽暗的海水深处，从不同的角度散发出明亮的光芒，为潜艇作业提供照明。在它的前部，安装有一个电动机械手，倘若科学家对海里的某个神秘的物体好奇，便可以用它将海里的物体捡起凑近潜水器，让坐在潜水器里的科学家透过舷窗一探究竟。它可以移动起来，依靠一个简单却实用的推进系统，可以在各种方向甚至垂直方向上转动，如同鱿鱼一样灵活。"潜碟"是在1959年下水的，可以在350米水深处连续工作4～5小时。由于它的球形结构载人舱和作业功能，作为世上最古老的潜水器家族的一员，"潜碟"的诞生在载人潜水器中具有里程碑式的意义，标志着第二代载人深潜器正式发展的开始。由于"潜碟"最大深度不到1000米，我们没有用"深潜器"来称呼它。

图8-3　法国人研制的"潜碟"

2）"长尾鲨"号失事催促载人深潜器的快速发展

1963年，海洋上发生了一件震惊世界的大事。这年的4月10日早上，美国东部科德角附近的海面风平浪静，阳光灿烂，正是适合海上作业的好天气。美国"长尾鲨"号核潜艇正在此处大陆架做下潜300米的潜水试验。9时左右，"长尾鲨"突然与它的潜艇救援船"云雀"号失去联系，神秘地沉入2300米深的海底，并夺走了艇上129名船员的生命。这艘被誉为"万无一失"的战舰，却造成潜艇史上一次最大的悲剧。这是世界上第一艘失事的核潜艇，美国军方不惜血本，请来了"超潜蛙人"——"的里雅斯特"号（Trieste）载人深潜器，企图把它打捞起来，结果只捞起了几块碎片。对于失事的原因，人们百思不得其解，在很长一段时间里成为"神秘而灵异"的事件，真相不得而知（图8-4）。

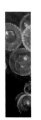

图8-4　1961年4月水面航行状态的"长尾鲨"号

　　这次核潜艇的失事，使人们把注意力集中到了海洋技术，人们开始认识到对于海洋的了解仅仅是皮毛，需要投入更多的精力去研究它。由于载人深潜器能够将科学家和工程技术人员带到海底，近距离地观察海底世界和实地作业，它的发展受到各个国家的高度重视。因此，从20世纪60年代中期开始，载人深潜器的研究宛若被赋予了第二次生命，技术发展非常迅速。载人深潜器的发展主要得益于如下几项技术突破：制造水下潜水器所用的材料的突破，主要是解决在海水中耐压、耐腐蚀等问题；深潜器的水下定位与通信技术的提高；高性能的水下推进技术、水下电能供给技术、水下运动控制技术、载人舱内的生命保障系统、水下作业技术以及深潜器的吊放和回收支撑技术的提高。正是这些技术的全面突破，才使得载人深潜器的进一步发展成为可能。

　　至今，人类利用第二代载人深潜器征服海洋已经走过了50多年的历程，下潜深度从几十米到7000米，除了我国的"蛟龙"号之外，世界上仅有美国、日本、法国和俄罗斯研制成功，当前国际海洋界有5艘6000米级载人深潜器，它们分别是美国的新"阿尔文"号、日本的"深海6500"号、法国的"鹦鹉螺"号、俄罗斯的"和平一号"及"和平二号"，它们的最大深潜深度均超过6000米。这些载人深潜器的作业范围遍及大陆坡、2000～4000米深的海山、火山口、洋脊以及6000米以深的洋底，充分发挥了科学家在现场的主观能动性和创造力，在海洋地质、海洋生物、海洋化学和海洋地球物理等诸多领域获得了大量的重要发现。下面我们将进一步为大家做详细的介绍。

图8-5 "阿尔文"号发明人阿莱恩·凡纳

3）美国载人深潜器

（1）"阿尔文"号载人深潜器

美国是最早发展载人深潜器的国家，最引人瞩目的是富有传奇色彩的"阿尔文"号载人深潜器。"阿尔文"号载人深潜器是由美国海军提供资金建造，它的名字"阿尔文"号，是以该载人深潜器的发明人阿莱恩·凡纳（Allyn Vine，1914—1994）的名字命名，将他的名和姓中各取几个字母构成"阿尔文"（Alvin），以表彰凡纳对提出这样一艘潜艇的理念所起的关键作用。凡纳是一名机械师（图8-5）。1962年，这位机械师为载人深潜器的结构构思了如图8-6所示的那样一幅草图，这个结构一直为载人深潜器设计者们沿用至今。即使是50多年后诞生的中国"蛟龙"号载人深潜器也不例外。

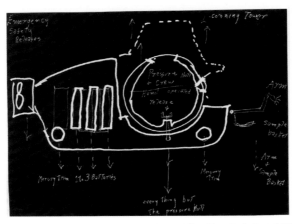

图8-6 1962年凡纳为"阿尔文"号载人深潜器第一代亲笔绘制的草图

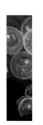
　　"阿尔文"号载人深潜器服务于美国的伍兹霍尔海洋研究所，承担科学考察等方面的工作。"阿尔文"号载人深潜器建造完成于1964年，最初的主要部件是一个钢制的载人圆形壳体，一次可容纳3人工作，最深可潜到1868米处，一次可工作6～10小时，是世界上最早的载人深潜器之一。

　　"阿尔文"号载人深潜器一进入海洋界便声名鹊起，之后更是战功卓越。曾于1966年支撑完成了当时认为是不可思议的工作——西班牙海域的氢弹打捞工作。之后，又在20世纪70年代寻找到世界上第一个海底热液喷口，开启了深海热液现象研究的新纪元。在1972—1973年，"阿尔文"号换上了新的钛金属载人壳体，一下子将它的下潜深度提高到了3658米，几乎增加了一倍。20世纪80年代，"阿尔文"号载人深潜器成功地参与了对著名的"泰坦尼克"号沉船的搜寻，也因此登上了美国《时代周刊》（*Times*）的封面，在美国几乎是家喻户晓了。又一次的改装完善，使"阿尔文"号的下潜深度达到4500米，并平均每年下潜100～150次，可在海底连续工作72小时。至今"阿尔文"号已经下潜5000多次，是世界上下潜次数最多的载人深潜器，可以到达全球63％的海底区域，在对深海的科学探索中发挥着不可估量的作用（图8-7）。

图8-7　"阿尔文"号HOV

　　2014年，"阿尔文"号载人深潜器又完成了它的一次新的改装，启用了崭新的一个载人钛球，载人球的内部尺寸也有所增大，使用者可以得到更大的空间。最重要的是，它的深度达到了6500米。在2014年7月新"阿尔文"号载人深潜器的首航中，浙江大学有两位研究人员搭载了这台新深潜器，与明尼苏达大学的研究人员一道，完成了"智慧传感器"和热液序列采样器的试验研究工作。

　　2002年2月3日，我国浙江大学陈鹰教授乘坐"阿尔文"号到2500米之深的海底进行考察，成为我国第一位乘坐载人深潜器到达千米之深的海底进行科学考察的科学家。2003年，陈鹰教授根据这段经历写成并出版《深海科考探险日记》一书（图8-8），就让我们从书中来细细品味有关"阿尔文"号载人深潜器的故事……

　　潜水器的主要部分是一个钛金属球体，直径2米左右，是一个载人载物的耐压球体，英文中称为"personal sphere"。舱体里看起来就像一个拥挤的实验室，四周上上下下堆满了计算机和形形色色的仪器，有些凌乱，好像临时存在那儿似的，没有与潜水器一体化。我被告知分配在右舷（starboard）。于是，我在右边坐下，靠右舷边有一个30厘米大小直径的观察窗。这艇上共有三个观察窗，中间一个，左右两旁各一个。中间的观察窗略大一些，40~50厘米直径，是供驾驶员

图8-8　浙江大学陈鹰教授的《深海科考探险日记》一书

使用的。坐在右舷的科学家在潜水器行驶时需要负责一件事，就是帮助驾驶员留心右边的状况，防止潜水器撞上任何东西。提姆是一个极富幽默感的家伙，为了强调右舷这项工作的重要性，他特意告诉我们前一次探险中发生的一个故事。他说，那次就有一位科学家被眼前的景色迷晕乎了，忘了照看边上的情况，结果害得"阿尔文"撞上了旁

边的岩石，外表凹了一块，至今还没有修复。

从图8-9所示的图上，我们可以看到金属耐压球体处在潜水器的前半部。球体顶部有一个密封舱门，供人进出使用。球体前端装着一只1米见方的金属框子，用于存放科考设备及采集样品，科学家们需要用的各种艇外装备如采样器等，都被有条不紊地安置着。我们的化学传感器放在艇的左侧，由"阿尔文"的船员们精心固定妥当，要做到既不能让海水冲走，又能够让机械手轻松取出进行工作的要求。金属框的两边，也就是潜水器的外部前端左右两处各有一台液压多自由度的机械手。上方装备了一排照明灯，并有二台数字式摄像机。同时，在左边的机械手手臂上也装了一台数字式摄像机，用于作业观察。潜水器后部是液压站系统、压水舱等。潜水器共有六个推进器，三个装在尾部、两侧一边一个，另外一个横着装在中部，可以使潜水器朝着任意方向行进。此

图8-9 "阿尔文"号载人深潜器的内部。前端是驾驶员观察窗

外，还有声呐、配重块等其他设施。潜水器的内部，装有摄像机的监视器，操纵台，与地面联系的水声电话（Hydrophone），机械手的操纵杆（Joystick）等，还有许多在紧急情况下使用的设备，如灭火器、救生衣、氧气瓶等（图8-10、图8-11）。

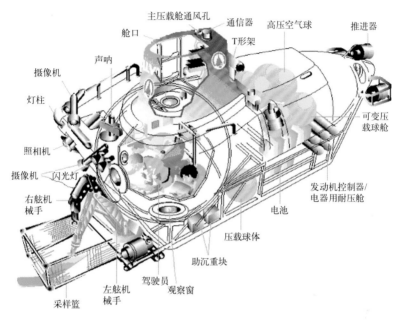

主压载舱通风孔　通信器　高压空气球　推进器
舱口　T形架
声呐
摄像机
灯柱
可变压载球舱
照相机
摄像机　闪光灯
发动机控制器/电器用耐压舱
右舷机械手
电池
压载球体
助沉重块
左舷机械手　驾驶员　观察窗
采样篮

图8-10 "阿尔文"号载人深潜器内部构造图

"阿尔文"号载人深潜器如何保证潜航员人身安全?

潜水器的耐压性能是相当好的，载员的安全是有保障的。在这样深的海底工作，潜水器承受如此大的压力，危险必然存在，这如同到太空中去旅行一遭。但帕特艇长希望大家充分信任"阿尔文"载人深潜器和艇上优秀的驾驶员们。从历史上看，尽管"阿尔文"出现过这样或那样的问题，但从未出现过危害到人身安全的事故。最危险的经历有过这样两次：一次是在"阿尔文"下潜时发现了泄漏，潜水器中的成员成功地在水下几十米处弃艇逃生；另一次是"阿尔文"潜水器

因故无法从海底返回海面，乘坐人员在被困整整三天后成功救回。当时，"阿尔文"中贮放的压缩食品，可真是发挥效用了。那次是第一次用上了压缩饼干，也是最后的一次。

在海底火山热液口的科学考察中，"阿尔文"是否能够承受近400摄氏度的高温？

答案是不行的。"阿尔文"是没有必要承受高温的。因为在海底火山的热液口，温度的下降梯度十分之大。也就是说，距离热液口不远处，温度就可以降到海水的通常温度，也就是4摄氏度左右。

——摘自《深海科考探险日记》（浙江大学出版社出版）

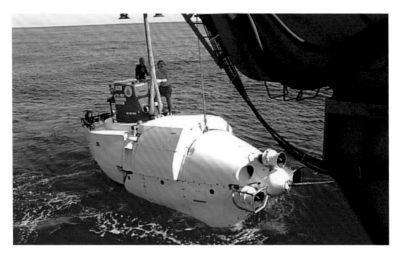

图8-11 "阿尔文"号载人深潜器

（2）"深海挑战者"号HOV

应该提一下的是，曾打造出《泰坦尼克号》《深渊》《阿凡达》等影片的好莱坞著名导演詹姆斯·卡梅隆出资建造了"深海挑战者"号载人深潜器。这是一艘由澳大利亚工程师们制造的载人深潜器，高7.3米，重12吨，承压钢板有6.4厘米厚。驾驶舱内只有1.1米宽，仅可容纳一人，还要始终保持膝盖弯曲，一动不动（图8-12）。深潜器配备有导航系统，潜航员可以精确地到达他希望到达的地方。为了进一步窥探海底的秘密，该潜水器安装有4架高清摄像机，大小只相当于此前深海高清摄像机的1/10，却可以实现全程3D摄像，还配有液压手臂等专业设备收集岩石、土壤和小型海底生物，以供地面的科研人员研究。2012年3月26日，一个风和日丽的日子，卡梅隆只身驾驶潜水器抵达马里亚纳海沟10 898米处，成为全球继1962年唐·沃尔什和雅克·皮卡德之后第二批到达这一深度的探险者。卡梅隆也是第一位只身一人驾驶深潜器潜入"挑战者深渊"的人，创造了人类挑战深海极限的又一辉煌。随后，卡梅隆高调地将"深海挑战者"号载人深潜器捐赠给了美国伍兹霍尔海洋研究所，吸引了世人众多的眼球（图8-13）。尽管卡梅隆此次下潜的作秀意义大于科学意义，"深海挑战者"号深潜器的科考能力也比较有限，但对于载人深潜技术的发展来讲，"深海挑战者"号载人深潜器也可占有一席之地，它对吸引公众对海洋技术发展的关注，起到了他人无法企及的重要作用。

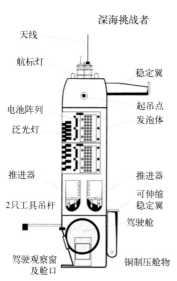

图8-12　"深海挑战者"号载人深潜器

图8-13　2013年6月14日，卡梅隆将"深海挑战者"号载人深潜器
赠予伍兹霍尔海洋研究所（浙江大学王杭州博士供图）

4）日本"深海6500"号载人深潜器

"深海6500"号载人深潜器是由日本海洋科学技术中心（JAMSTEC）制造的载人深潜器，于1989年1月19日在神户市的三菱重工神户造船所举行了下水仪式。"深海6500"号HOV（见图8-14）正式建成于1990年，下潜深度为6500米，水下作业时间8小时，曾下潜到6527米深的海底，创造了当时载人深潜器的深潜纪录。至今，它已经下潜了1000多次，对6500米深的海洋斜坡和大断层进行了调查，并对地震、海啸等进行了研究。

图8-14　"深海6500"号载人深潜器

5）法国载人深潜器

（1）"阿基米德"号HOV

法国也是发展载人深潜器较早的国家，其"阿基米德"号（Archimedes）是典型的第一代载人深潜器。1962年，"阿基米德"号下潜到9543米深的千岛海沟（Kurile Trench）。它悬停在海沟上方，用探照灯把海底照得通亮，看见舷窗外的海水在涌动，数条3～4厘米长的小鱼，在旁若无人、自由自在地游荡，茂密的藻类和一些叫不上名字的海洋动物，在灯光照耀下，更加显得神秘。"阿基米德"号的探险，再次证明了前文提到的"的里雅斯特"号载人深潜器在"挑战者深渊"发现鱼虾这一现象绝不是偶然的巧遇，海沟深处绝不是人们通常认为的那样寒冷，那样死一般的寂静。然而，"阿基米德"号载人深潜器与"的里雅斯特"号载人深潜器一样，既无动力推进又无作业功能，不能满足科学家的要求。

（2）"鹦鹉螺"号HOV

1985年，法国研制成功"鹦鹉螺"号载人深潜器。西方人似乎特别钟爱"鹦鹉螺"号这个名字，英、美、法、西均有数艘以此命名的船舰或潜艇，这个命名显然是来自法国作家儒勒·凡尔纳《海底两万里》一书。作者笔下那艘神奇的"鹦鹉螺"号载人潜水器，在今天成为现实，西方人当然有理由骄傲并以此命名。"鹦鹉螺"号HOV的最大下潜深度可达6000米，至今已累计下潜了1500多次，完成过深海多金属结核区域探寻，深海海底生态等调查以及沉船、有害废料等搜索任务。

6）俄罗斯的载人深潜器

俄罗斯是目前世界上拥有载人深潜器最多的国家，比较著名的是1987年建成的"和平一号"和"和平二号"两艘6000米级载人深潜器，均带有12套检测深海环境参数和海底地貌的设备。它们的最大特点就是能源比较充足，可以在水下工作17～20小时，著名的电影《泰

坦尼克号》里面很多镜头就是"和平一号"和"和平二号"深潜器拍摄到的。值得一提的是，"和平一号"HOV和"和平二号"HOV犹如一对姐妹花，总是一起接受下潜任务，首尾呼应、形影不离。

载人深潜器的贡献

载人深潜器实现了人类对海底的实际观察，在人类探索海洋、认识自然之路上意义非凡。载人深潜器可以运载人进入深海，在海山、洋脊、盆地和热液喷口等复杂海底，进行海洋地质、海洋地球物理、海洋地球化学、海洋地球环境和海洋生物等的科学考察活动。科学家们可以利用载人深潜器上搭载的各种设备实现对海底资源的勘查，对小区地形地貌的精细测量，定点获取海底样品，包括水样、沉积物样和生物样；通过摄像、拍照对海底资源的覆盖率、丰度等进行评价；执行水下设备定点布放、海底电缆和管道的检测，完成其他深海探寻及打捞等各种复杂作业。

同时，载人深潜技术的发展未来可能会大幅降低油气勘探成本。目前用于勘探海底石油的勘探平台，每台造价高达50亿元以上。它在海上航行和工作期间，每天就要花费50万美元。而载人深潜器可以在平台勘探之前，做个先行者，进行浅探取样、分析，从而增加石油勘探成功率并大大降低成本。总之，未来载人深潜器的开发是人类全面探索海洋的必然需求。

载人深潜器的经典故事

1. "打捞丢失的氢弹"

1966年的春天，在西班牙东海岸地中海的海滩上，风和日丽，气候宜人，游人闲散地漫步在明媚的春光中。驻欧美军正在这里举行空军常规训练。突然，天空中"轰"的一声，一颗巨大的火球从天而降。一架KC-125空中加油机在给B-52轰炸机空中加油时，因摩擦生电引燃了机上的燃料，两架飞机同时起火，飞行员紧急跳伞，飞机坠毁在海边附近。然而更加令人担心的是，坠毁的B-52轰炸机上还携带着5颗氢弹，它们的威力相当于100万吨TNT炸药！

无论氢弹爆炸或是被窃，其后果都不堪设想。美国五角大楼连夜召开紧急会议，指示驻欧海军部队立即出动，务必要找回丢失的氢弹。海军派出了部队、各种舰艇及蛙人进行搜索，费了九牛二虎之力，终于先在一个村子附近的海边找到了3颗，而后又在一片海滩中找到了第四颗，但就是找不到第五颗。

一时之间，谣传四起，人心惶惶。在万般无奈之下，海军只好求助于刚刚制成的"阿尔文"号载人深潜器。于是，寻找并打捞氢弹，就成了"阿尔文"号HOV的第一项工作。它缓缓地沉入漆黑的海底，头部的探照灯照亮了前方几十米处的海水。由于潜水器和探照灯都是靠电池供电的，所以它的工作时间受到了限制，需要经常升出水面来更换电池。就这样，经过十几天紧张的搜索，"阿尔文"号HOV不负众望，终于在850米深的海底找到了最后一颗氢弹。可是，氢弹连着的降落伞的伞绳与海底的水草紧紧地缠绕在一起，"阿尔文"号HOV无法把它解开，如果硬拉又怕引发爆炸。于是，"阿尔文"号HOV只得把氢弹周围的情况拍摄下来，带回这些资料以供打捞指挥中心研究对策。

指挥中心接到报告后仔细进行了分析，最后决定，调来一台遥控水下机器人。这台机器人就是在ROV章节中介绍过的世界上第一台ROV——"CURV-1"。根据"阿尔文"号HOV提供的情报，"CURV-1"ROV很快找到了失落的氢弹，并在水面母舰的遥控下准确地找到了氢弹的位置，然后用它的机械手牢牢地抓住氢弹，稳稳地拉着它离开了海底，升到了海面。氢弹终于被找回来了，危险解除了！"CURV-1" ROV和"阿尔文"号HOV也因此一战成名！

2. 搜寻"泰坦尼克"号残骸

提到"泰坦尼克"号的残骸打捞，不能不提到一个人——著名的海洋探险家罗伯特·巴拉德。早在少年时代，他就阅读了描写"泰坦尼克"号处女航的《难忘之夜》。从此，几十年前的那场灾难时时浮现在他的脑海，使他几乎夜不能寐。1912年4月14日，到底是什么原因导致这艘"梦幻之船"遭遇冰山并沉没？他开始了不断的尝试，发誓一定要找到这艘"永不沉没的船"的残骸，揭开谜底以告慰沉冤海底的1522个生命。1977年秋季，巴拉德对这条曾风光一时的巨轮进行了第一次探寻，但因他的工作船发生事故便中止了。随后的8年时光，巴拉德对"泰坦尼克"号的探寻又因资金募集困难、开局失误等因素而导致计划不断流产，令人沮丧。

然而天无绝人之路，1985年夏季，在北大西洋巴拉德开始了6个星期的搜寻"泰坦尼克"号残骸的行动。这一次，巴拉德可以说是万事俱备，志在必得。他乘坐了装有声呐系统的"阿尔文"号载人深潜器。"阿尔文"号HOV上带有一台长约0.71米的水下遥控潜水器"Jason"（在前面的ROV一节里也提到过它）。它装有一台高分辨率的摄像机和强大的照明系统，可以清晰地拍摄到图像。这可以说是当时最先进和奢华的装备了，当时一般潜艇上通常只配备声呐系统来完成水下探测，但声呐系统只能辨别形状，不能分辨出沉船残骸与海底生物的区别，而拍照系统却可以实现这一目的。

有了技术和设备，在战术上巴拉德也没有掉以轻心。他明白，虽然"泰坦尼克"号体积很大，但是对于辽阔的海洋而言，还是太小了。相形之下，"泰坦尼克"号的残骸碎片所分布的区域就大多了。基于科学上的残片理论，如果能找到残片，并绘制出残片的地图，就能根据残片的形态及分布的位置大致推断出残骸主体的位置。因此，他把寻找残片作为打捞工作的突破点。

9月1日，"阿尔文"号HOV照例开始搜寻。用了两个多小时下潜到海底，巴拉德搜寻团队的三人眼睛始终都盯在监视器的荧光屏上。突然，就像黑暗中的幽灵似的，一只巨大的锅炉出现在他们的眼前，凭直觉，巴拉德认为这个位于海底3700米深处的锅炉残片一定是"泰坦尼克"上的，这真是激动人心的发现！巴拉德相信"泰坦尼克"号一定在不远的某处沉睡着。第二天一大早，巴拉德乘胜追击，他乘坐着"阿尔文"号HOV再次下潜。"阿尔文"HOV上7盏巨大的照明灯把海底照得通亮，水母和鲨鱼不时从"阿尔文"号HOV的舷窗旁嬉戏而过，巴拉德丝毫不感兴趣，眼睛始终盯着监视屏。

图8-15 "阿尔文"号载人深潜器探测到"泰坦尼克"号

　　终于，一个巨大的船头在远处黑暗中出现了，孤独沉寂在大洋深处的"泰坦尼克"号74年来第一次展现在人们面前。曾经无比豪华与气派的巨轮，此刻静静地躺在海底，船身上覆盖了一层厚厚的"锈粒"（图8-15）。无数大人、小孩的鞋子散落在各处，触目惊心，似乎在提醒着人们74年前那场惨绝人寰的灾难。在过去人们散步的船上走廊中，鱼儿、海星及海蜇在漫游。"Jason"ROV从楼梯间折断的天窗中钻进沉船内部，拍下了一张张珍贵的照片。"泰坦尼克"号上的许多东西如吊灯及玻璃镶板仍然沉静地待在原来的位置上。"Jason"ROV又循序探查了船头、船身、瞭望塔及驾驶台……以后的12天中，巴拉德团队又下潜到沉船残骸处11次，并在距船头约1.6千米处发现了船尾的残骸。巴拉德搜寻"泰坦尼克"号的心愿终于得以实现。

　　"泰坦尼克"号船体上分布着四支巨大的烟囱，关于它的沉船形式，一直以来，众说纷纭。主要包含了三种理论：一是全船同时沉没；二是船身近第二及第三支烟囱中间拆开，然后各自垂直沉没；三是船身近第三及第四支烟囱中间拆开，然后前船身部分拖着船尾，船尾垂直下沉。而这次巴拉德发现的是包含前两支烟囱的船头部分，以及第四支烟囱之后的船尾部分，似乎初步印证了第三种理论。最后顺便提一下，罗伯特·巴拉德后来成为美国罗得岛大学海洋工程系教授，并创立了当时世界上独一无二的"海洋考古"学科。

　　在巴拉德找到"泰坦尼克"号残骸之后，仍然有无数的人前赴后继，去发掘这埋藏于深海的秘密。1994年，法国的"鹦鹉螺"号载人深潜器携带着名为"罗宾"的ROV对沉船残骸进行了再一次的造访。在这次搜索中，"罗宾"ROV发现，"泰坦尼克"号的右舷并没有裂缝，裂缝是在船底，轮机舱也没有发生爆炸。

　　1998年，冶金专家提姆·费克将那些由残骸中取得的船身样本进行检验后表示，制造船只的钢铁本身并没有问题，即使在低温环境下依然牢固。最致命的因素是那些用以接合船身的铆钉。从残骸取出的几根铆钉，经检验后发现有高含量的矿渣。原来，由于"泰坦尼克"号的造型设计独特，船头部分空间狭小，无法用重型机器来安装钢铁铆钉，因此需要手工来安装锻铁铆钉。但是锻铁的坚固程度远不及钢铁铆钉，于是加入矿渣来强化，而过量的矿渣会使铆钉变得十分脆弱。当"泰坦尼克"号撞上冰山后，这些矿渣含量超标的铆钉不能承受强力的撞击，它们遭受破坏之后，船身接合位就出现裂缝，使海水涌入船舱。

......

正是一次次的海底科考，逐步揭示着"泰坦尼克"号的沉船之谜，相信在不远的未来，真相会大白于天下，告慰沉睡在海底的灵魂。

挺进深海的中国力量——"蛟龙"号

提起中国的深海技术，可能再也没有什么比"蛟龙"号更为响亮了，它更像是中国的深海名片，昭示着中国载人深潜技术的迅猛发展。"蛟龙"号载人深潜器的外形像鲨鱼，有着白色圆圆的"身体"、橙色的"头顶"，身后装有一个X形稳定翼，在X的四个方向各有1个导管推力器。它长8.2米、宽3米、高3.4米，内部的载人舱呈球形，可同时运载3名潜航员，在母船"向阳红09"上，大家都亲切地管它叫"小胖"。

作为我国第一台载人深潜器，"蛟龙"号HOV一出世，便艳惊四座。在技术上，丝毫不逊于他国，更是实现了三大技术突破：首先，它可以自动航行。倘若开车时，驾驶员的脚总放在油门上，难免产生疲劳感；而"蛟龙"号的驾驶员，则无须一直处于这样一种机械的状态。"蛟龙"号HOV可以实现自动航行功能，驾驶员设定好方向后，便可以放心进行观察和科研。其次，它可以实现悬停定位。它不需要像大部分国外深潜器那样必须坐在海底才能作业，而是可以排除海

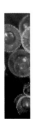
底洋流等的干扰在深海中"定
住"位置（请注意，这是三维
空间中的概念），与目标保持
固定的距离，方便机械手进行
操作。在已公开的消息中，尚
未有国外载人深潜器具备类似
功能。其三，它采用了具有世
界先进水平的声呐通信系统。
在陆地上我们通信主要靠电磁
波，但这一利器到了水中却没
了用武之地，电磁波深入海水
几米后便消失无踪。而采用声
呐通信系统这一高速水声通信
技术，"蛟龙"号HOV即使潜
入深海数千米，仍然可以与母
船保持密切的联系，而且能够
实现高速的信息传输。

　　"蛟龙"号载人深潜器2009
年正式下水，先后进行了1000米
级、3000米级、5000米级的海试
工作，随着一次次增加海试深
度，离2002年立项之初定的7000
米的目标越来越近了。2012年6
月的一天，"蛟龙"号载人深潜
器在马里亚纳海沟成功地进行了
7000米级的海试，到达7062米深
的海底（图8-16、图8-17），

图8-16　7000米级的海试，"蛟龙"号载人深潜器在下水作业中
（"蛟龙"号载人深潜器科研团队供图）

图8-17 典型载人深潜器的内部结构图（新浪科技供图）

使中国一跃成为继美、日、法、俄之后第五个掌握6000米以上级深潜技术的国家，并刷新了之前由日本"深海6500"HOV创造的同类作业型载人深潜器的最大下潜记录。

"蛟龙"号HOV的成功，靠的是团队作战，其汇集了我国100多家单位、1000多人的智慧。历经10年，无数个不眠之夜、多少次沟通协调，从设计、研发到集成，很多人奉献了自己最美的青春，才换来了"蛟龙"号的诞生（图8-18至图8-21）。

图8-18 载人深潜器5000米级海试团队举行驶离祖国告别仪式
（"蛟龙"号载人深潜器科研团队供图）

图8-19 "蛟龙"号深海载人潜水器于2010年7月在中国南海执行一次成功下潜后，在海底插上中国国旗（"蛟龙"号载人深潜器科研团队供图）

　　有这样一批年轻人，他们机智、勇敢、敏捷，将自身的生死置之度外，驾驶"蛟龙"号HOV一同潜入海底。实际上每一次下潜对他们来说都是一次冒险之旅，海底黑暗、阴冷、水压巨大。假若下潜深度为7000米，那么一平方米的地方需要承受7000吨水压，即使是硬币也会被压成薄片。人类足迹刚刚涉入的海底，一切都是未知的。谁也不能料到会有什么意外发生，而他们却义无反顾，冒着生命危险，一次一次下潜，换来了国家的荣耀，他们便是我国第一批"潜航员"。他们一路披荆斩棘，经过严格的选拔，历经残酷的训练，蜕变成长。

他们的辛苦丝毫不逊于宇航员，却并不像他们那样万众瞩目，然而他们无怨无悔，为中国挺进深海的宏伟蓝图贡献自己的一份力量。说到"潜航员"这个职位的名称，起初是被称为驾驶员的。浙江大学陈鹰教授建议用"潜航员"来称呼这批技术高超的载人深潜器操纵者，被"蛟龙"号载人深潜器科研团队认可并沿用至今。

图8-20 潜航员出航胜利归来（"蛟龙"号载人深潜器科研团队供图）

图8-21 中国第一批潜航员签名信封
（浙江大学陈鹰教授供图）

到目前为止，"蛟龙"号载人深潜器已经作为一个常规科考工具，频繁用于我国在南海、太平洋、印度洋等地的科学考察。同时，我国又研制开发了4500米级的"深海勇士"号载人深潜器、全深海的"奋斗者"号载人深潜器，并投入运行，为中国的海洋事业发展作出了重要贡献。

水下滑翔机
——AUG

　　1895年4月的一天，地处北纬42.5度、西经71.0度的波士顿仍天气微寒，51岁的约书亚·史洛坎船长在码头忙忙碌碌，不停地擦拭着额头上的汗水，为航行做准备（图9-1）。此时的他正兴冲冲地勾勒着他的海上蓝图。他最钟爱的单桅帆船"Spray"静静地躺在码头上，用一种溺爱而安详的眼神看着主人时而兴奋时而沉思的模样，仿佛猜透了主人的心事（图9-2）。24日，一个晴空万里的好日子，史洛坎船长驾驶着这艘长约12米，仅有12.71吨位的单桅帆船出发了。一人一船，相依为命，在海上历时三年两个月又两天，横渡三大洋，绕行地球一周，最终于1898年6月27日在罗得岛的纽波特登陆，完成了一次融勇气、技术和毅力为一体的海上"唐吉诃德"式旅行，可谓是单人无动力环球航海第一人。根据自

图9-1　约书亚·史洛坎船长

己的经历，史洛坎撰写了《孤帆独航绕地球》（*Sailing Alone Around the World*）一书，让酷爱冒险的书迷们爱不释手。而史洛坎孤帆独航的这一壮举，更是让世人将他奉为航海家、海上探险者的守护神。

　　尽管史洛坎的一生充满了传奇，他也绝对想不到自己的名字甚至他的爱船"Spray"会与一种新式玩意儿"水下滑翔机"（Autonomous Underwater Glider，AUG）连在一起。提出"水下滑翔机"概念的亨利·斯托梅尔（Henry Stommel，1920—1992），是在史洛坎驾驶"Spray"单桅帆船消失在百慕大三角区十多年后的1920年才出生的，而水下滑翔机是斯托梅尔于20世纪90年代才提出的。

图9-2　静静地躺在码头的"Spray"单桅帆船

　　水下滑翔机是为了满足海洋环境监测与测量的需要，将浮标（buoy）技术与水下运载器技术相结合而研制的一种新型水下航行器。它通过改变自身的比重和重心的相对位置，借助水平固定翼的流体动力来产生水平方向位移，实现滑翔器在垂直剖面内做锯齿状轨迹运动。与传统的水下潜水器相比，水下滑翔机具有作业时间长、航行距离大、作业费用低和对母船的依靠性小等优点。实际上，水下滑翔

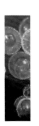

机是自主式水下潜水器AUV的一种。随着技术的进步，它逐渐成为潜入深海的重要工具之一。

水下滑翔机的发展史

纵观水下滑翔机的发展史，一路走来，大体可以分为四个阶段。第一个阶段，为滑翔机的"横空出世"阶段（1989—1994年）。在这个阶段，水下滑翔机的概念被提出，原型样机被研制出来。第二个阶段，是滑翔机"初展头角"阶段（1995—2002年）。此时，一些著名的小型水下滑翔机被开发出来。第三个阶段，是"多维绽放"阶段（2002年至今），水下滑翔机进入了百花盛开、争芳斗艳的阶段。除了小型滑翔机继续实用化以外，人们亦在探索大型的、混合动力的等各式各样滑翔机的可能性。第四个阶段，是多艘水下滑翔机"协同联动"的阶段（2003年至今）。此时，它们更像是抛开己见、为探索海底的神秘世界凝心聚力、配合默契的兄弟姐妹。

1. 横空出世：水下滑翔机概念的提出与原型样机的验证（1989—1994年）

亨利·斯托梅尔是一个非常有才华的物理海洋学家。1989年，在他的科幻文章《史洛坎的使命》（*The Slocum Mission*）里，首次提出了"水下滑翔机"的概念，并以约书亚·史洛坎的姓氏"Slocum"来命名他的水下滑翔机家族。斯托梅尔在文中是这样描述他的水下滑翔机的："它们通过改变压舱物来调整滑翔机在水中的垂直高度，通过调节滑翔机的翅膀实现水平方向转动35度角。一般一天浮出水面6次，通过卫星与控制中心联系，传输收集到的数据并接收下一步的指令。它们的航行速度大约0.25米/秒。水下滑翔机工作时一般以1000个成员的大家族共同进行水下作业，约有一半用作水文观测，其余的用来测量海水的温度、盐度、溶解氧、营养物质等指标。通常它们设计为5年的使用期，但有时可以延长到10年甚至更久。"

为什么要研究"水下滑翔机"呢？斯托梅尔在文章中给出了答案。"因为，人们对环境监测关注度越来越高。海水温度是否在升高？海里污染物究竟去了哪里？我们是否可以构架一个海洋环流的理论模型？我们无法依靠少量的科考船获得大量的、分散的、海洋不同深度的数据信息。如果我们仍然只是沿用20世纪80年代的技术，我们通常只能在一个或者几个点上获得信息，信息的采集率是不容乐观的，效率是异常低下的。这个时候，我们迫切需要一种新技术，可以大规模、频繁地收集水下数据，它应该类似于海面卫星遥感。"

1991年，道格拉斯·C.韦伯（Douglas C. Webb，1929—　）在斯托梅尔提出概念的基础上，成功设计了世界上第一艘水下滑翔机样机，同样以"Slocum"为之命名。第一艘"Slocum"AUG机身大约长1.9米，加上天线和机翼总长为2.8米，重量为39.8千克。作为第一代"Slocum"AUG，它是比较拙朴的，仅仅依靠改变重量、改变浮力驱动水下滑翔机前行或者拐弯、下降或上浮。1991年1月，这艘"Slocum"AUG进行了浅水试验。水平滑行速度可以达到0.13米/秒，转弯半径的范围为21~70米，在水平角5度至7度的范围内，"Slocum"AUG便可启动。这次的水池试验结果，与预期的计算机仿真预测较为一致，证明"Slocum"AUG是比较成功的。科学探索的脚步从来不会停止，同年11月，人们又设计了一种具有自动驾驶仪控制的"Slocum"AUG，并安装了一个液压泵，通过增减一个外置气囊的压力作为改变浮力的方式，从而使这种滑翔机在滑行速度和转弯半径的性能上有所改善。

除了美国在进行水下滑翔机的研究外，日本也紧随其后。1992年，日本东京大学研制成功"ALBAC"落锤驱动式水下滑翔机，并在日本的骏河湾（Suruga Bay）进行了一系列的海上试验。它没有浮力控制系统，只有一个简单的落锤系统，因此它从被投到海里到任务

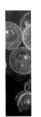

结束被拖回船上这段时间里，只有一个滑翔周期。它大约1.4米长，1.2米宽，重量仅为45千克，与后来的其他滑翔机相比，算是比较轻盈的。如图9-3所示，"ALBAC" AUG的样子呈梭形，拥有较为宽大的水平机翼和尾翼，就像两对宽大的翅膀。看起来貌不惊人，但是如果你将它与其他的滑翔机相比，就会发现它与众不同的地方——它的机翼更为宽大，还多了一对水平尾翼。通过改变这对水平尾翼拐点处的角度，可以实现滑翔机从下向上滑动。在水平的尾翼上还嵌有一个垂直的尾翼，保证了滑翔机在0.5～1.0米/秒的速度下可一口气下潜到水深300米处。"ALBAC" AUG通过移动电池组从内部控制滑翔机的俯仰和偏航，这点和另一款水下滑翔机——"Seaglider" AUG的工作方式类似。因为它没有压载泵，"ALBAC" AUG的电池仅对它的仪器和制动器供应能源。它携带着指南针，并装备有深度、俯仰、滚动和螺旋桨式速度计等航行传感器。需要注意的是，为了节省能源，加上在滑翔机运动时精确计算速度的困难，许多第一代的水下滑翔机，如前面介绍的"Slocum" AUG、后面即将出场的"Spray" AUG和"Seaglider" AUG，都没有携带速度计。

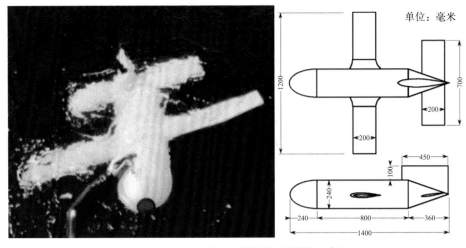

图9-3 "ALBAC"水下滑翔机及其结构示意图

2. 初展头角：小型水下滑翔机的研究开发（1995—2002年）

在水下滑翔机原型样机横空出世之后，并没有受到太多的重视。时隔三年，直到1995年美国海军研究局（Office of Naval Research，ONR）认为水下滑翔机具有很广阔的应用前景，这才开始投入大量人力、物力、财力，支持小型水下滑翔机的研究开发。他们预期在不久的将来，可以将大量的水下滑翔机投入海中，分散在海洋各处，作为自主式海洋采样网络节点。1995—2002年间，美国有三种非常具有代表性的小型水下滑翔机：韦伯研究公司（Webb Research Corporation，WRC）生产的"Slocum"AUG；美国加州大学斯克里普斯海洋研究所（Scripps Institution of Oceanography，SIO）和伍兹霍尔海洋研究所研制的"Spray"AUG以及华盛顿大学设计的"Seaglider"AUG。它们的性能差别见表9-1。

表9-1　"Slocum""Seaglider"和"Spray"三种AUG的性能比较

	"Slocum" AUG	"Seaglider" AUG	"Spray" AUG
尺寸	长度1.5米，直径21.3厘米	长度1.8米，直径0.3米，翼展1米，天线1.5米	长度2米，直径0.2米，翼展1.1米
速度	约0.4米/秒	约0.25米/秒	0.25～0.3米/秒
深度	4～200米	1000米	1500米
耐久度	1个月	1～6个月	815个滑翔周期
能源	碱性电池	锂电池	锂电池
重量	52千克	52千克	51.8千克
范围	1500千米	6000千米	3500～4700千米
数据传输	RF调制解调器，铱星，ARGOS，Telesonar调制解调	铱星数据遥感，AMPS蜂窝	
导航	GPS，内部航迹推算，测高仪	基于GPS的航迹推算	GPS，铱星
滑翔角	约35°	8°～70°（1:5～3:1斜率）	19°～25°

1）"Slocum"水下滑翔机

韦伯研究公司生产的"Slocum"AUG，是在世界上第一艘滑翔机样机"Slocum"AUG的基础上一代代改良而来。前文曾经提到过，道格拉斯·C.韦伯是设计第一艘"Slocum"AUG样机的工程师，韦伯研究公司便是他在1982年以自己的姓氏创立的。此时的"Slocum"水下滑翔机，根据动力的不同，分为两大类，一类是"电动Slocum"AUG，一类是"温差能Slocum"AUG。

"电动Slocum"AUG，如图9-4所示，是一种高机动性的，适合在浅海工作的水下滑翔机。它可以持续工作30天，能在4～200米的深度范围内航行。天线内置于尾翼中，水下滑翔机在水面时，尾部气囊膨胀，使天线露出水面进行通信。

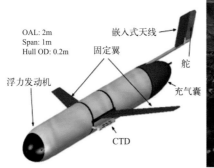

图9-4 "电动Slocum"AUG

"温差能Slocum"AUG（图9-5），顾名思义是利用海水温度差驱动的水下滑翔机。也就是说，它的浮力引擎不是靠电池驱动的，而是利用大洋"主温跃层"垂直方向的温度梯度变化来获得能量。大家都知道，温度变化能够引起物理变化。而利用物理量的变化，便可以产生电动势，从而可以获得电能。什么是"主温跃层"呢？一般情况下，海水温度随深度递增而递减，在递减率（或温度梯度）最大处的一定厚度的水层称为"温跃层"。大洋中低纬度和中纬度的海域，在水下

200～1000米之间的温跃层，由于它不随季节而变，故称之为"主温跃层"或"永久性温跃层"，其强度在经度和纬度方向都有变化。"温差能Slocum"AUG，不需要浮出水面更换电池，而是在航行的过程中埋头水下，置身于主温跃层，不断地吸收能量。它的使用寿命大约为5年，航程可达30 000千米。美中不足的是，它的深度范围受到温度的限制。

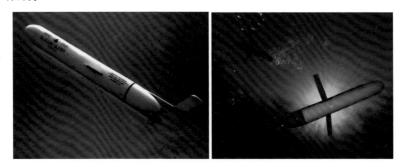

图9-5　"温差能Slocum"AUG

2）"Spray"水下滑翔机

"Spray"这个名字来自陪伴约书亚·史洛坎周游世界、并最终一同消失于百慕大魔鬼三角区的单桅帆船"Spray"。"Spray"AUG的出生是为了适应深海探测的需要，并且有着超强的忍耐力，可以连续工作6个月。它的最大下潜深度达1500米，可以像鱼儿一样在深海中穿梭自如。它拥有着修长、流畅的线条，并把天线内置于机翼中，这一切都有助于减小航行中的阻力。每次下沉或浮出水面时，"Spray"AUG机身旋转90度，将右翼露出水面，利用藏在右翼翼尖的GPS天线测量并记录自己的位置；然后旋转露出左翼，科学家们利用藏在左翼的卫星电话系统和天线来获得这些数据，并发送新的指令。这个时候，远远地看去，"Spray"AUG（图9-6）就像是一条游弋在大海中的鲨鱼，浮出水面的"鱼翅"在碧波荡漾中若隐若现。另外，在它的尾翼上装有备用的Argo天线（Argo是一种广泛用于海洋参数测量的潜标系

285

统，后文有详细介绍），当卫星通信失败的时候启用。"Spray"AUG
配备一个液压系统，当它需要上升的时候，就会利用液压泵将矿物油
从内置于机身的气囊移到外置的气囊中，以增加体积，制造浮力；当
"Spray"AUG需要从海面下沉时，则将矿物油从外置气囊收入内置气
囊中，减少浮力。1999年8月，在美国自治式海洋监测网络项目的支
持下，"Spray"AUG在美国加州的蒙特雷海湾进行了海试，作业时
间11天，共采集到182个关于海水温度和传导率的数据剖面图。2001
年，"Spray"AUG在美国圣地亚哥完成了280千米远航程的作业任务
（图9-7）。

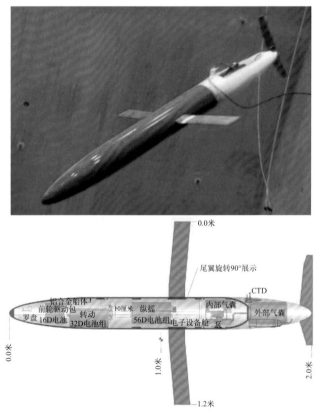

图9-6 "Spray"AUG，上图为实物图，下图为结构示意图

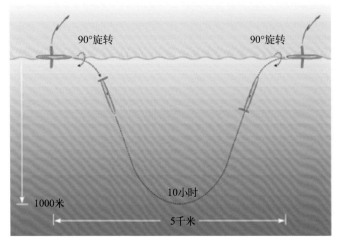

 内的标注文字：

90°旋转　　　　　　　　90°旋转

1000米

10小时

5千米

图9-7 "Spray" AUG在海水中的工作轨迹

3）"Seaglider" AUG

美国华盛顿大学研制的"Seaglider" AUG的外形可以说是非常的性感撩人，玻璃纤维做的外壳，玫红色的锥形机身，配了一对小小的黑色机翼，外加后面白色的长杆形态精巧。

"Seaglider" AUG的出现，是为了满足人们对水下滑翔机这样的预期：可以在广阔的海洋中进行一场历时久、行程远的旅行，并通过它在水中锯齿形的运行轨迹，测出海的温度、盐度、水深平均流速等的数据。"Seaglider" AUG总长2.8米，其中仅后部缀着的一根白色杆子就长1.2米。它可以在水中连续工作6个月，最大下潜深度为1000米。为什么它会比其他的滑翔机多一个白色的尾巴呢？其实这里面也是暗藏玄机的。原来，它的GPS/卫星天线装在里面，在"Seaglider" AUG浮出水面时，不需要辅助的浮力装置，天线就能高出水面，有效获得GPS定位并进行通信。它的浮力调节方式与"Spray"相同，都由液压系统来完成。"Seaglider" AUG的俯仰角范围为10度至75度。"Seaglider" AUG在华盛顿的普吉特海湾

图9-8 "Seaglider" AUG，
上图为实物照片，下图为
"Seaglider" AUG的各个组成部分

（Puget Sound）和加州的蒙特雷海湾（Monterey Bay）进行航行测试，并取得了成功。1999年，"Seaglider" AUG在波特苏珊海湾（Port Susan Bay）采集该海域的温度、盐度分布数据，作业时间长达8天，总共完成了225次上下循环任务（图9-8）。

从图9-9 "Seaglider" AUG经典的锯齿形运行轨迹可以看出，它能够以从1∶5到3∶1的斜率值在水中滑翔，还可以横渡宽达5000千米的海洋。可见它的水中滑翔能力是非常强的，可以在海洋深处四处遨游。

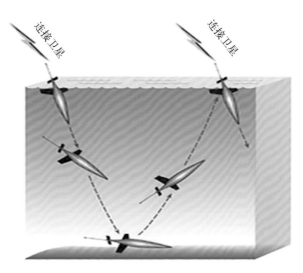

图9-9 "Seaglider" AUG在水中的经典运行轨迹

3. 多维绽放：小型水下滑翔机实用化与大型水下滑翔机的研究开发（2002年至今）

在这个阶段，研究人员在将水下滑翔机变得更为实用的同时，开展了大型水下滑翔机的研究。2002年，美国伍兹霍尔海洋研究所不惜重金，从韦伯研究公司购买了一批"电动Slocum"AUG用于海洋研究。同年春暖花开的季节，"Seaglider"AUG从华盛顿海岸出发，到秋季来临时抵达阿拉斯加海湾，全程超过1000千米。这次的航行证明了"Seaglider"AUG卓越的性能，差不多只需要花费船载或停泊式海洋研究平台耗资的零头，却可以收集到更清晰、更广范围内的海洋内部资料。

2004年9月11日，代号为"007"的"Spray"AUG从美国楠塔基特岛（Nantucket）南部185千米处出发，以0.22米/秒的航速，历时1个月，穿越墨西哥暖流，来到百慕大群岛附近，总航程1200千米。

除了小型滑翔机在不断地从理念转为现实，从实验走向实用之外，从2004年起，美国海军还逐步开始了大型水下滑翔机实验的研究。"XRay"AUG可以说是史上第一艘大型水下滑翔机，同时也是目前世界上最大的水下滑翔机，它是2006年由美国斯克里普斯海洋研究所的海洋物理实验室（Marine Physical Lab，MPL）和华盛顿大学的应用物理实验室（Applied Physics Lab，APL）在美国海军研究办公室（Office of Naval Research，ONR）的支持下联合开发的。

"XRay"AUG，像一条巨型三角形的鱼，张开巨大的翅膀趴伏在水面上，翅膀尖上各有一条垂直的尾翼高耸在那里，在机身正中间还有两根高擎的柱子。这些柱子是干什么用的呢？显然是用来进行与卫星通信的天线。"XRay"AUG采用了高升阻比的机翼设计，因此，它比前面介绍的"Seaglider""Slocum"和"Spray"等AUG的航行速度更快，航行速度为5节。升阻比是指在同一迎角的升力与阻力的比值，此值愈大说明空气动力性能愈好。"XRay"AUG的双翼宽度可

达6.1米，重量超过900千克。目前它主要是携带与海洋国防相关的传感器，为美国海军服务。2006年7—9月，"XRay"AUG在蒙特雷海湾进行了第一次海试，并取得了非常满意的效果（图9-10）。

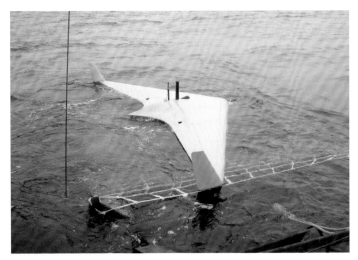

图9-10 "XRay"AUG的照片

2006 年，美国华盛顿大学应用物理实验室开始研发了一种更大潜深的"Deepglider"水下滑翔器。此水下滑翔器与"Seaglider"AUG具有相似的物理特征和速度，只是略重一些。"Deepglider"AUG使用碳纤维耐压壳体，因此下潜深度可以大大增加，其设计目标为潜深6000米，可以到达世界98%的海洋洋底。至2007年3月，"Deepglider"AUG只做了样机开发，其工作深度已经可达2700米，实验室4000米工作深度测试已获得成功。

4. 协同联动：多水下滑翔机协同运作研究(2003年至今)

在滑翔机"多维绽放"的同时，科学家们开始尝试着向伟大的科学家斯托梅尔所勾勒的多艘水下滑翔机协同合作、系统作战的蓝图迈进。

2003年，在美国海军研究办公室的资助下，"自主海洋采样网络"（Autonomous Ocean Sampling Network，AOSN）项目正式启动。该项目主要是应用AUV和AUG等无人潜水器在加利福尼亚州的蒙特雷海域收集信息（图9-11）。

图9-11　"AOSN"网络

　　"AOSN"，是将AUG和AUV等潜水器设备和先进的海洋模型结合在一起，以达到提高人们观测和预测海洋能力的目的，主要包括数据收集平台和几乎可以实现实时传递的传感器（图9-12）。2003年，美国开始进行多水下滑翔机实验。2003年1月，伍兹霍尔海洋研究所的科学家乘坐着"Walton Smith"科考船来到巴哈马，将三架型号为"WE01"的"电动Slocum"AUG投入海中进行了协同作业海试，取得了比较理想的结果。

　　同年8—9月，AOSN Ⅱ期在蒙特雷海湾布置了12架"电动Slocum"AUG和5架"Spray"AUG，历时6个星期，全面采集该海域

图9-12 "AOSN"项目水下总动员示意图

的海底地貌数据，以此更新或评估现有的预报系统。在这次实验中，水下滑翔机相当于是一组传感器阵列，成为自治式海洋检测网络的节点。

2006年美国海军研究办公室资助的"自适应采样和预测"（Adaptive Sampling and Prediction，ASAP）项目也正式启动。这个项目借鉴了"AOSN"项目的经验，但又与"AOSN"项目稍有不同。"ASAP"项目中水下滑翔机的航行路径更复杂，并且多滑翔机首次在无人介入的情况下实现自主协同作业。而多水下滑翔机的协同作业控制计算，则由位于千里之外的普林斯顿大学的一台计算机来完成。

另外，近年以混合推进技术为特征的新一代水下滑翔机成为国际研究新趋势，它集能耗小、成本低、航程大、运动可控、部署便捷等优点于一身，具备独立在水下全天候工作的能力，在海洋科学、海洋军事等领域发挥重要作用。世界海洋强国将滑翔机先进研究成果视为高度军事机密和秘密武器，并将其应用到军事装备设计中。

法国"Ecole Nationale Superieure D′Ingenieurs"（ENSIETA）的新技术实验室也进行了混合型水下滑翔器"STERNE"的制造。该混合型滑翔器安装有螺旋桨推进器，体积较大，长4.5米，直径为0.6米，质量990千克。其设计航程为120千米，滑翔速度为2.5节，当螺旋桨驱动时航行速度为3.5节。其皮囊容积为40升，具有水平机翼，同时包括两个可驱动的水平尾鳍和一个垂直尾舵。

从提出"水下滑翔机"的概念到"Seaglider"AUG、"Spray"AUG、"Slocum"AUG等投入使用至今，水下滑翔机一路走来，飞速地迈着步伐。它在海洋环境监测与测量中的低成本、高续航力、高可靠性等优势在不断凸显和完善。由于它的加盟，人类监测海洋环境的能力不断提升。

我国水下滑翔机技术的发展

　　相较于国际上第一艘水下滑翔机的诞生，我国对水下滑翔机的研究晚了十多年，开始于21世纪初期。2003年，天津大学与国家海洋技术中心合作，开始了温差能水下滑翔机的研究。一切从零开始，历经了无数次的设计、论证、验证、修改，差不多埋头苦干了两年的时间，终于完成了我国第一台水下滑翔机——"海燕"号AUG的样机（图9-13）。它体重52千克，工作深度为100米。2005年7月，这台水下滑翔机在千岛湖进行了水域实验，在0～35米的水深空间内完成了25次剖面运动后回收，顺利完成了湖试。

图9-13　天津大学温差能水下滑翔机于2005年在千岛湖进行样机试验
（天津大学王树新教授供图）

　　与此同时，中国科学院沈阳自动化研究所等单位也开展了"海翼"号水下滑翔机的技术研究，第一代样机于2005年10月进行了湖试，取得了较为满意的结果，并从2005年开始第二代样机的研发。第二代样机经过多次海试，用了差不多5年的时光，于2010年7月完成验收。此外，浙江大学、中国船舶重工集团公司第702研究所、上海交通大学、哈尔滨工程大学、西北工业大学等高校院所，也同期对水下滑翔机进行了相关的研发工作（图9-14）。

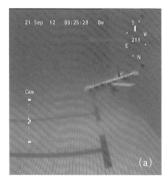

图9-14 浙江大学2011年9月完成第二代水下滑翔机湖试。（a）为水池试验照片，（b）为湖试照片（浙江大学彭时林博士供图）

2014年5月，对于我国水下滑翔机事业来说，是一个十分重要的时间段。当月，天津大学自主研发的"海燕"号AUG在南海北部水深大于1500米的海域，全程无故障地圆满完成了单周期、多周期及长航程等一系列任务。这项工作，创造了中国水下滑翔机无故障航程最远、时间最长、剖面运动最多、工作深度最大等诸多纪录，突破国外技术封锁，实现了在AUG关键技术方面拥有自主知识产权的梦想。

天津大学自主研发的这款"海燕"号AUG，采用了最新的混合推进技术，可持续不间断工作一个月的时间。相比常规的AUV，"海燕"号AUG可谓身轻体瘦。它形似鱼雷，身长1.8米，直径0.3米，重约70千克，设计最大深度1500米，最大航程1000千米。"海燕"号AUG的负载能力为5千克，并通过扩展搭载声学、光学等专业仪器，可在海洋观测与探测领域大显身手。同时，它融合了浮力驱动与螺旋桨推进技术，不但能实现和AUV一样的转弯、水平运动，而且可以像传统水下滑翔机那样进行锯齿状运动。

目前，以天津大学的"海燕"号AUG和中国科学院沈阳自动化研究所的"海翼"号AUG为代表的国产AUG，续航里程已达数千千米，潜深超过6000米。希望在不久的未来，这些国产AUG有机会凭借灵活小巧的身姿，更长时间地跟随海洋动物，与鲸共舞，获取数据。

水下滑翔机如何工作

一定有读者会问，水下滑翔机的工作原理是怎样的呢？在这里，我们比较详细地介绍一下水下滑翔机是如何工作的，以满足许多读者的要求。

水下滑翔机不需要借助外力，依靠调节浮力驱动，配合姿态变化和滑翔翼的水动力作用，实现不同方向运动的转变。在航行过程中，水下滑翔机借助滑翔机内部质量分布的调整，改变载体重心与浮心的相对位置，以产生横滚力矩和俯仰力矩，对其姿态和运动轨迹进行控制，实现3D空间内的螺旋运动和垂直剖面内的锯齿形运动。定常滑翔运动和空间定常回转运动是水下滑翔机作业过程中主要的运动形式。定常滑翔运动，是一种不需要借助机械动力的运动，在水下滑翔机上浮下潜的过程中，只在其锯齿形航迹的最高点和最低点调节重力和浮力的关系，中间航程则没有动力调节。而空间定常回转运动，是指的水下滑翔机在航行过程中，保持重心的侧向偏移量不变，中间过程无须调节。

如何让水下滑翔机沿着预定的方向在海水表面与指定深度之间运动呢？主要是通过改变浮力和自身姿态实现的。当水下滑翔机露出海面时，它通过天线与卫星"握手"通信，把获得的观测数据传回大陆交给科学家们使用。与此同时，大陆中央控制室端的指令，也可通过"握手"通信之际，传给水下滑翔机，使之能够按照科学家的设定完成任务。其工作模式如图9–15所示。

目前的水下滑翔机大多依靠自身的电池提供能源的供应。但是水下滑翔机的体积和重量都较小，可携带的电池数量有限，因此一般的电池难以实现对超长续航时间和续航里程的水下滑翔机的能源供应。海洋的波浪能具有蕴藏丰富、能量密度高（每平方千米海面的波浪能功率可达10万～20万千瓦）、分布面广、可大范围就地采能等特点，如果能将海洋中的波浪能转化为电能，并为水下滑翔机的电源系统提供额外的能源供应，如此水下滑翔机便能获得几乎源源不断的能量来源以及近乎无限的续航能力，那么水下滑翔机的连续工作时间和续航里程都将得到大大提高。因此波浪能水下滑翔机（Wave Glider）为这种更大范围、更长时间的海洋环境探测需求提供了一种可靠的选择。

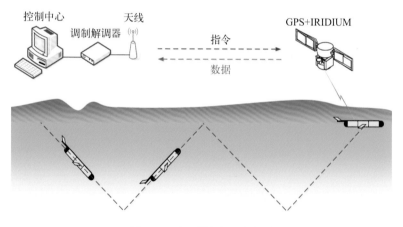

图9-15　水下滑翔机工作模式

基于水下滑翔机的观测

显然，水下滑翔机的工作模式，主要是游弋于大海之中，在海面与海底之间作上下运动。在许多应用中，它主要是针对海洋中的科学研究、环境观测和海域监控等开展工作。近年来，人们考虑在水下滑

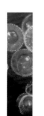

翔机上安装一些专门探测海底的传感器，如地球物理方面的传感器，利用它抵近海底的机会，对海底进行探测，获得有用的数据。

相比ROV和常规的AUV，水下滑翔机更像是专门为海洋观测工作量身定做的。水下滑翔机在辽阔的海域中呈"锯齿"形状滑翔，通过携带不同的传感器，来进行海洋环境观测，以此获得海洋的许多环境参数，如海水的深度、温度、盐度、浊度、pH值、叶绿素含量、溶解氧含量、营养盐含量、海水湍动混合、海洋中的声波等等。在水下滑翔机上加载高频流速剖面仪，则在其下潜过程中，可进行高精度海洋湍动测量。在水下滑翔机上加载高精度的地震波测量仪器，则当水下滑翔机潜到靠近海底的地方时，就可测得海底的地震信号。在水下滑翔机上安装声波探测器和记录仪，可以收集海洋中哺乳动物发出的声波，并对其进行评估。此外，还可以通过水下滑翔机间接获得一些海洋的参数，主要是海水流速的估计，包括滑翔深度平均的海水流速、表层流速以及垂向流速。滑翔深度平均的海水流速由航迹推算位移与实际位移之差估算；在海表面，通过相隔7~9分钟的2个GPS定位，可估算表层流速；通过期待下潜速度与实际下潜速度之差，可给出显示内波与深层湍动混合活动的垂向流速的估计。结合高度计测量数据，可以诊断出锋面区垂向流速（图9-16）。

图9-16　为海洋观测量身打造的水下滑翔机

与当前被广泛用于海洋环境监测与测量的浮标技术相比，水下滑翔机具有优越的机动性、可控性和实时性。同时，它也可以像"Argo"计划一样，由许多水下滑翔机组成网络，不断地作业，不时获得指定海域里的水下数据。不过，"Argo"系统获取的是自海面到海底垂直剖面上的数据，而水下滑翔机则侧重于从东到西或从南到北的横向剖面上的数据。将水下滑翔机用于海洋环境监测与测量，将有助于提高海洋环境观测的时间和空间密度，提高人类监测海洋环境的能力。因此，很多国家均在水下滑翔机的研制方面投入了大量的人力物力。

水下滑翔机在海洋观测工作方面的优势主要有以下几点：

第一，用途广泛。可依据具体需求进行使命重构，搭载相应的任务模块，完成不同的任务。

第二，智能程度高。采用最新人工智能技术，可自主进行航路规划、障碍物规避等，可以按照预先设定程序进行自主管理，能够在远离母船的更宽广海域进行巡航，极大提高了海底情况预警能力。

第三，噪声低。水下滑翔机没有外部动力推进，仅在调节浮力或姿态时有内部驱动器工作，噪声小，特别适合于支撑高精度高要求的海洋观测任务，尤其是声学观测任务。

第四，航程远、续航时间长。水下滑翔机通常是低速工作模式（通常低于0.5米/秒），由于水的阻力与速度的平方成正比，低速航行使其所受阻力大大减小，加上水下滑翔机本身的低功耗设计，使得它能长时间、远距离航行（可达数百千米），可用于长时间、大范围的海洋探测。

下面，我们介绍一个以水下滑翔机为主的综合观测系统——澳大利亚的"综合海洋观测系统"（Integrated Marine Observing System，IMOS）。2007年，"综合海洋观测系统"在澳大利亚"国家合作研究基础设施战略"（National Collaborative Research Infrastructure Strategy，NCRIS）、"教育投资基金"（Education Investment

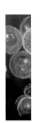

Fund，EIF）、"合作研究基础设施战略"（Collaborative Research Infrastructure Strategy，CRIS）等诸多计划和基金的资助支持下，建立了起来。IMOS系统主要是利用多种高科技水下设备，系统地观测澳大利亚周边的大洋盆地和海域，涵盖了物理、化学和生物等多种变量（图9-17）。IMOS综合使用了水下滑翔机、浮标、船、深海锚设备、AUV、卫星遥感等设备。这些设备由10个不同的高校和研究机构负责，分工合作、相得益彰，获得了大量高质量的数据。这些数据可提供给全澳大利亚以及有国际合作关系的海洋和气候研究团队使用。

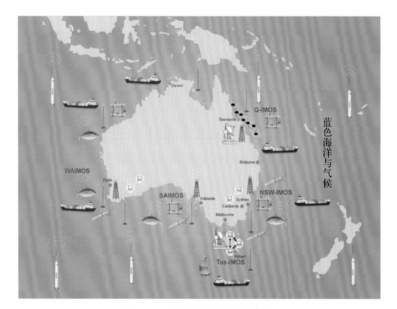

图9-17　IMOS观测系统示意图

　　在这个计划中，地处珀斯的西澳大利亚大学所负责的水下滑翔机舰队（Underwater Gliader Fleet），拥有大量的"Slocum""Seaglider"等水下滑翔机系统，承担澳大利亚周边从大陆架到边界流的水域测量。在水下滑翔机诞生之前，仅仅用传统方式——调查船来搭载测量设备进行观测的话，是一件让人颇为伤脑筋的事，费时费力不说，结果也不一定很准确。与调查船相比，使用水下滑翔机则轻松方便、经济有效多了。与船只相比，水下滑翔机价格更低廉，可重复使用，可以远程控制，即使是在风雨交加、暴风骤雨的恶劣天气，依然可以获得准确数据。同时，它可以搭载各种传感器，测量海洋的剖面数据。甚至可以通过它在水下的水平移动，测得海洋的垂直剖面图。因此，水下滑翔机是测量澳大利亚边界流的理想工具。水下滑翔机舰队在预设的区域内，对太平洋、印度洋、塔斯曼海峡和澳大利亚南部海域的各种形式的洋流进行测量，获得了大量的长时间数据，取得了良好的效果（图9-18）。

图9-18 西澳大利亚大学里的
水下滑翔机舰队
（浙江大学陈鹰教授供图）

潜渡太平洋的壮举

当前，人类已经进入信息化时代。我们可以利用卫星、有线、无线等等来对陆地上各种数据进行掌控，信息的触角已经伸到了我们生活的方方面面。然而，相对于陆地，我们对大洋的了解仅仅是皮毛。海洋拥有重要的食物来源，丰富的能源储备，关键的航道和推动全球气候的引擎。海洋知识的缺乏使我们在大海面前像个无知的孩子，无法预知从这个时刻到下一个时刻，海洋里在发生着什么样天翻地覆的变化。"你知道吗？如今在海洋里，通常像美国加利福尼亚州那么大的地方才只有一个传感器。"就像Liquid Robotics公司CEO比尔·瓦斯说的，"这就像站在死亡谷里，试图靠着几百英里外的温度计来弄

清楚本地温度。你可能觉得没有58华氏度，但温度计却告诉你有这么高，因为温度计在旧金山。"目前，具有长续航能力的水下滑翔机在对海洋环境进行更准确的探测和监测方面具有广阔的应用前景。

水下滑翔机结合了水动力学原理和鸟类滑翔的气动力原理，以无动力的滑翔为主要运动方式，因此其能耗很低，续航里程和续航时间都特别长。通过其自身携带的温度、盐度、深度传感器等各种探测仪器设备，水下滑翔机能够实现对海洋中的海水温度、盐度、波浪和气候等海洋环境参数的长时间连续探测和监测工作。水下滑翔机的航程一般在数百千米以上，可连续工作几十天至数个月，但是随着对海洋环境探测作业应用要求的提高及对深远海更大范围、更长时间的海洋环境监测需求，水下滑翔机的续航里程和续航时间还需要进一步提高。

2011年11月，四艘Liquid Robotics公司生产的波浪能水下滑翔机挑战世界上最大的大洋——太平洋，收集海底的相关数据。它们从美国旧金山出发，按照设计好的路线到达夏威夷之后兵分两路，两艘AUG横跨太平洋一路向西到达日本，而另两艘横跨太平洋向南到达澳大利亚。这种波浪能水下滑翔机外形就像一个竹筏，上面有几根布满各种传感器的柱子（图9-19）。它在前进的时候，不像其他的AUG那样埋在水里，它有一部分是露出水面的，上面有一块太阳能电板，通过接受充分的光照，为测量海水盐度、温度、波浪、气候、荧光和溶解氧的传感器提供能量。同时，波浪能水下滑翔机可以把获取的数据通过卫星传回地面。这次太平洋之行，波浪能水下滑翔机可以说是战功显赫，它除收集包括风暴高度、大气压力、风速以及空气温度等信息在内的数百万个数据外，还能够帮助人们加深对海洋的认识。

此次太平洋之行，还成就了一个新的明星——"本杰明"号波浪能水下滑翔机（图9-20）。500年前，麦哲伦的船队横穿太平洋绕地球一周创造了世界纪录。500年后，"本杰明"号波浪能水下滑翔机创造了自主式水下潜水器横穿太平洋的世界纪录。这艘水下滑翔机是为了纪念美国民族独立英雄"本杰明·富兰克林"而命名的。它是2011年11月从美国旧金山出发的四艘波浪能水下滑翔机之一，按照既定路线横穿太平洋，航行了14 600千米，中间顶住了鲨鱼的凶猛攻击，征服了险恶的洋流，从容地穿过飓风福瑞达（4级飓风），历经艰难万险，到达澳大利亚大堡礁南端，并于2013年2月14日最终抵达澳大利亚的班德堡。2013年5月15日，"本杰明"号AUG此次横穿太平洋的壮举，被载入了吉尼斯世界纪录。

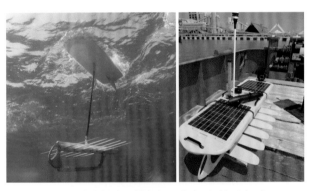

图9-19　波浪能水下滑翔机，由上下两部分组成，
上面部分中间覆盖着一层巨大的太阳能电板

图9-20　"本杰明"号波浪能水下滑翔机

海底观测

　　人类是如何去认识海洋、了解海洋，进而研究大海深处的呢？人类对自然的认识，首先是要通过眼睛进行直接观察。那么认识海洋也是如此，第一步就是观测海洋。那么什么叫海洋观测呢？人们是如何进行海洋观测的呢？怎样进行海底的观测？需要用哪些手段和工具去观测海洋呢？

　　我们先来给大家讲一个有关海底观测的小故事。大家都知道什么是《京都议定书》吧？它的英文是《Kyoto Protocol》，又被译成《京都条约》，全称为《联合国气候变化框架公约的京都议定书》，是《联合国气候变化框架公约》的补充条款。《京都议定书》是1997年12月在日本京都市召开的联合国气候变化框架公约参加国的第三次会议制定的。该议定书的目标是"将大气中的温室气体含量稳定在一个适当的水平，进而防止剧烈的气候改变对人类造成伤害"。作为温室气体的排放大国——美国，先是签署了《京都议定书》而后却又退出。这里，我们不去分析美国为什么最终不签署《京都议定书》。但是可以肯定的是，美国的科学家们非常清楚，减少温室气体（即二氧化碳）的排放，或者处理好温室气体，是十分重要的。如何处理好温室气体呢？各国精英纷纷献计献策。在众多的解决方案中，将二氧化碳排入深海并使之留存在那儿，或许是一种行之有效的方法。

　　但是，二氧化碳进入大海，会与水结合形成碳酸，由此提高海水中的酸性，造成海水酸化。那么，大海深处的生物会受到怎样的影响呢？为了弄清楚这个问题，美国科学家在大海中设置了一个试验场，在大海里圈出一个空间，注入二氧化碳，周边建立起在线观测系统，来观察这一特定空间中海洋生物对海水酸性提高的反应，如图10-1所示。

图10-1　注入二氧化碳海水中的观测试验

从图中可以看到，观测系统不但需要长时间地观测试验空间中各种物理化学参量的变化，同时还要观察海洋生物的反应。科学家们希望通过这样的研究，了解海洋生物对海水酸性提高的反应机理，从而找到一种二氧化碳排放入大海的解决方案。

上面这个故事告诉我们，海洋观测的目的是针对海洋中的特定区域，获取海洋或海底特定区域的一段时间范围内的数据。海洋观测可以支持海洋科学研究，监测评估人为作业对海洋生态带来的影响，譬如海洋石油开采对周边海域破坏情况的监测。还可用来保卫国家安全，建立海洋水下的国家安防系统等等。因此，海洋观测是一门极为重要的技术。

根据海洋观测的对象不同，可将海洋观测技术分为水面观测技

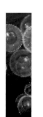

术、水中观测技术以及海底观测技术。水面观测技术包括基于浮标、卫星遥感的观测技术。水中观测技术包括基于各种潜水器的观测，用我们前文介绍过的ROV、AUV、AUG和HOV搭载传感器进行观测，譬如将传感器装载在ROV上，测量从海面到海底这一柱状区域的温度、盐度等物理参量。海底观测技术则主要是指建设海底观测网络。在本节中，我们主要是讨论对海洋深处——海底的观测。

基于浮标的海洋观测技术

这里要讨论的是一种常用的海洋观测方法，通过在海面上，或在海水中自由运行的浮体上所携带的传感器，来对海洋或者海底进行观测。我们将从最简单的浮标开始说起，接着谈谈潜标——一种在水面之下运行的浮标，再谈谈"阿戈尔"（Argo）浮标，一直谈到主要对海底观测的"美人鱼"（Mermaid）浮标。事实上，大家会逐渐看到，这些浮标与水下滑翔机有着千丝万缕的联系，在原理上有许多相通的地方。读者可通过阅读下文，去寻找它们之间的关联。

1. 海洋浮标

大家对海上的灯塔不会陌生吧？这些导航的灯塔，有些建在岸边，有些建在海水中的浮体上。与海上灯塔类似，如果在这种海上浮体上面安装上各种观测设备，进行海洋观测作业，我们就称之为海洋浮标。

海洋浮标是伴随着海洋科学的发展而发展起来的海洋监测新技术。严格意义上来讲，海洋浮标是作为载体，搭载一组传感器，放置在海上，通过传感器工作获得这一区域的海面及水下各种物理化学参数，从而达到观测海洋水下各种状态的目的。它是20世纪60年代由一些海洋技术发达国家开发并使用的，以海洋浮标为基础，运用多种传感器对海洋环境进行长期、连续监测的技术。由于它的原理结构简单、制备容易、成本低、易于维护，因此广泛用于海洋的观测领域。图10-2所示的是国家海洋技术中心研发的一款浮标观测系统。从图中可见，该浮标带有太阳能供电系统，为浮标搭载的传感器件提供能源。浮标上通常都涂上鲜艳的色彩，以便在茫茫大海上容易被科学家们发现并回收它们。

　　海洋浮标是一种现代化的海洋观测设施。它具有全天候、全天时稳定可靠地收集海洋环境资料的能力，并能实现数据的自动采集、自动标示和自动发送。海洋浮标与卫星、飞机、调查船、潜水器及声波探测设备一起，组成了现代海洋环境监测系统主体。正是由于它的这些能力和特点，每年都会有数量相当大的浮标被分散地投放到世界各海域，监测全球海洋环境。

　　海洋浮标主要由浮标体、传感器组、数据采录装置、遥测遥控通信系统、电源和系留设备等部分组成。浮标体是海上仪器设备的载体，有圆盘形、船形、圆球形、圆柱形等多种式样，其中直径10米左右的圆盘形和长6米左右的船形浮标比较普遍。传感器组是测量各种参数的探头，通常安装在浮标体上。目前使用的

图10-2　国家海洋技术中心的一款浮标观测系统

传感器，主要可以测量风向、风速、气压、气温、湿度（或露点）、表层水温、盐度（电导率）、流向、流速、波高、波周期、波向等参数。有些浮标还在系缆绳上安装着可以测量不同深度水层温度、盐度、深度的传感器。但由于这种基于缆绳的深层观测技术复杂，易于损坏，常常也会采用潜标观测和声学传输的办法来完成深层观测任务。数据采录装置是以时钟控制，按规定程序采集各传感器观测信号的工具。它一方面能将信号存储（或记录）在浮标上，另一方面能将数据输送给遥测发射机发往岸站。通信系统包括指令信号接收机、遥测信号发射机及其公用天线，前者用以接收岸站的指令信号，后者用以向岸站发送观测资料。电源一般是采用柴油机发电、燃料电池或太阳能电池。

在海上漂浮着许多各种各样的浮标，承担着科学研究、环境监测等工作任务。大家或许会在海上看到它们，一定要认真保护好它们啊。

海洋浮标大致可分为固定浮标与漂流浮标。其中固定浮标按布放的空间位置又可分为水面浮标和水下浮标。我们通常将水下浮标称为潜标。漂流浮标有用于水面的，也有用于水下的。漂流浮标被投放在被测层后会随海流自由漂移，同时对预设的参数展开测量。图10-3就是一种水下自由漂流浮标。

图10-3　自由漂流浮标

国外海洋浮标的研制始于第二次世界大战结束之后。起初它仅用于海洋科学专业研究试验，到了20世纪70年代，对它的应用已经达到了业务化使用的程度，80年代浮标则开始成为海洋环境监测的一种常规手段。

美国是海洋浮标技术开发较早的国家之一，早在20世纪40年代末，就开始研制海洋环境浮标。1974年，美国成立了国家资料浮标中心（NDBC），它是开展浮标技术研制和应用的主要部门，专门从事浮体和锚泊系统、海洋和气象传感器、资料通信技术、电源系统等方面的研究与应用工作。在美国海洋浮标技术的开发过程中，其研发重点不断深入，从浮标类型及系留方式的选定到通信系统的发展，进而到传感器性能的完善，一步一步增强海洋浮标技术的稳定性与实用性。

我国的海洋浮标技术开发，始于20世纪60年代，主要经历了3个发展阶段。第一阶段是1965—1985年这20年，此时我国海洋浮标技术主要处于探索和试验阶段。第二阶段，1986—1990年，期间我国研究出了后来真正投入应用的FZF2-1型的4个大型浮标。这种浮标分为"永久性"和"临时性"两种：永久性浮标相当于海上的固定观测站，承担着按照海洋水文气象预报要求定时提供海上实况资料的任务，不能随意停测和移位；临时性浮标站只承担着季节性或专题性任务，在任务完成后即可回收。第三阶段是进入20世纪90年代之后，此时我国在浮标的研发上主要做了两方面工作：一是以挖潜、革新、改进为主，进一步提高和完善浮标的技术性能；二是组织并开展对浮标主要技术的应用研究。在这一阶段，我国组成了浮标网络，采用FZF系列浮标，包括FZF2-1、FZF2-2和FZF2-3三种型号共7套浮标。这些浮标经改造后，可在海上持续工作两年，故障率在每年3次以下，信息接收率可达90%以上，技术上已接近世界先进水平。同一时期，我国漂流浮标的研制工作也开始展开。自1993年制订了研究计划以来，我国已完成两台样机，并对其中一台进行了海试。这个浮标在海上漂流了9个月左右，从布放后便从未间断工作，直至电源耗尽。

随着海洋浮标技术的不断完善以及应用的逐步扩大化，采用先进技术、降低成本、提高可靠度、扩大功能、延长工作寿命、方便布放和回收，成为近年来海洋观测浮标技术发展的总趋势。然而，在海洋浮标技术的研发过程中，还有不少技术难点要去攻破。

①海水腐蚀问题。海水对浮标系统的腐蚀问题是比较难以解决的问题。无论是水下浮标还是水面浮标都有很大一部分浸在海水中，海水对这些浸入其中的金属，特别是钢丝绳，有着不可忽视的电化学腐蚀作用，影响浮标工作性能，减少它的使用年限。目前主要采用的改善海水腐蚀的几种常见的方法有保护涂层法、电解互克消除法、牺牲阳极保护阴极法等。

②疲劳问题。海面的运动不仅会导致在系留索的连接点处产生交变的弯曲应力和扭转应力，而且在系留索上产生纵向的循环拉应力，系留索在装设后的几个月中，其所经受的应力循环次数可能会很多，应力疲劳问题不可小觑，它可能最终导致系留索与浮标体的连接处断裂，浮标体脱离缆系，随波逐流，无法正常回收利用。海水运动所导致的应力疲劳不可能完全消除，我们只能想办法来改善。比如可以使用弹性的合成纤维绳索，使系留索具有柔度，可以减弱水面激荡对绳索的作用；或者采用振动阻尼器来保护钢丝绳端头装置，来避免应力集中，总之都是为了在设计时提高安全系数，避免产生疲劳破坏的条件。

③抖动问题。浮标通常会设计成圆柱形状，海流经过圆柱体时，当速度达到一定值之后，圆柱体后的伴流便不再有规则，会在浮标两边形成涡流，从而使浮标产生抖动。这种抖动不仅会增强各组件的疲劳程度，还会给传感器带来噪声，其影响不可轻视。我们可以在浮标上安装翼型导流片，这种装置是顺着水流而定向的，起到了分隔板的作用，可以有效地防止涡流的形成。

④海洋生物引起的污损破坏问题。一些污损型海洋生物，特别是附着类生物，如贝、藤壶等，喜欢附着在浮标底部以及系留索上，增加浮标系统的阻力和重量，导致某些传感器失效。因此，海洋浮标往往会使用专门的抗污损漆料，防止这些生物的附着。但还是有一些性情凶猛，可以主动攻击的海洋脊椎类动物，如鲨鱼、剑鱼等，可以主

动袭击浮标，撕咬钢丝绳索，使得钢丝绳索严重破坏，无法完成对浮标体的牵引。目前几乎没有好的办法能够阻止鱼类的侵袭，只能使用硬塑料套在合成纤维绳索外部加以保护。

⑤浮标的精确定位问题。目前浮标的定位追踪多用GPS卫星技术、光学技术、声呐技术等，这些技术共同存在的问题就是精度问题和实时性问题。因此，为了解决浮标的精确定位问题，就需要重点攻克高精度系统的系统时钟同步问题和定位信号的高精度延时问题。

其实，上述的五个问题，是每种海洋装备都会遇到的。通过对海洋浮标技术的介绍，希望读者对海洋装备放在海上长期使用所碰到的问题，有一个大致的了解和认识。

海洋浮标具有实时、长期、连续、大范围准确收集海洋水文环境和气象资料的能力，在当代的海洋调查观测中发挥了巨大的作用，为观测全球气候变化、极地环境变化、海啸和风暴以及保护海上航道安全等提供了可能，为以后的海洋科学和海洋工程的发展铺平了道路。正是在海洋浮标技术的支撑下，科学家能够实时、准确地获取大范围内的各种海洋参数，时刻了解海洋环境的变化，对海洋的"身体状况"了如指掌。海洋浮标技术是海洋科学发展到一定阶段的产物，反过来，它又推动着海洋科学事业的进一步发展。如今，海洋科学研究已经离不开海洋浮标了，它为海洋科学的研究提供了更广阔的空间。从最初的小型浮标试验体，到后来的许多浮标共同工作，组成一个庞大的浮标网络，如后面要介绍到的由3000多个名为"阿戈尔"剖面浮标组成的实时海洋观测网，海洋浮标技术逐渐走向更加成熟的发展道路。

2. "阿戈尔"（Argo）的故事

将浮标再做进一步的设计，通过巧妙的浮力调节，使之能够在深达2000米的海水中不停地进行上下运动，携带的传感器不断地获得自上而下的一系列剖面测量数据，从而获得大量的时间序列数据。当浮标露出

水面时，通过天线与通信卫星"握手"连接，把传感器信号发给卫星并传回陆地岸站，然后再沉入海中进行下一轮的测量工作，这就是"阿戈尔"浮标的工作原理（图10-4）。

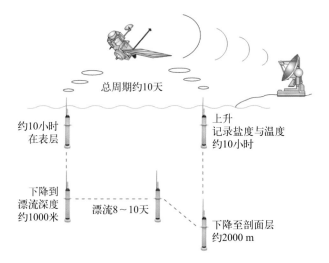

图10-4　国际"阿戈尔"系统的数据采集及卫星数据传送原理图

　　根据前面对于浮标的分类标准划分，"阿戈尔"浮标是一种潜标。要知道，它们的作业深度，有时可达2000~3000米！大家想象一下，有一批这样的潜标，在大海深处做着不间断的上下运动，实时测量它们运动轨迹中的大量参数，定期伸出水面与卫星通信，把测得的数据传回在大陆实验室工作的科学家手上，是不是一件很奇妙的事情呢？

　　图10-5为一款PROVOR CT-S品牌的"阿戈尔"浮标。浮标上端是与卫星通信的天线，本体中装有电池、浮力调节装置、传感器和数据处理单元等子系统。当"阿戈尔"投入海中使用时，一般它要在海中不间断地工作4年以上。可见，对它的可靠性要求是相当高的。还有，大家一定会想到电源问题，那么长的使用时间，电池在此期间是否需要经常更换？告诉大家，在海上维护装备是很困难的。"阿戈

尔"浮标在服役期间的数年中，不会有换电池的机会。这样的话，"阿戈尔"浮标在配置高能电池的同时，节能设计是它的重要内容。也就是说，那些需要耗电的部件，如浮力调节装置、卫星通信模块、传感器等等，都要把耗能做到最低，以保证"阿戈尔"浮标在海里的工作寿命。

把许许多多"阿戈尔"浮标组合起来布置在大海中，就形成了"阿戈尔"系统。"阿戈尔"（Argo）系统是英文"Array for Real-time Geostrophic Oceanography"（地球自转海洋学实时观测阵列）的缩写，通常俗称"阿戈尔全球海洋观测网"。

图10-5 名为PROVOR CT-S的"阿戈尔"浮标

它是国际海洋界近年发展起来的新一代覆盖全球的海洋实时观测系统，可以测量海表面到水下2000米深的温盐深剖面数据。基于"阿戈尔"浮标的全球海洋观测网建设，是由美国等国家大气与海洋科学家于1998年提出的一个大型海洋观测计划，也被称为"阿戈尔计划"。它可以快速、准确、大范围收集全球海洋上层的海水温、盐度剖面资料，提高气候预报的精度，有效防御全球日益严重的气候灾害（如飓风、龙卷风、冰暴、洪水和干旱等）给人类造成的威胁。国际"阿戈尔计划"自2000年底正式实施以来，得到众多国家的大力支持。至2012年8月底，已有30多个国家在太平洋、印度洋和大西洋等海域投放了8500多个"阿戈尔"浮标。当然，部分浮标投放后由于受技术限制或通信故障等原因相继停止了工作。有数据显示，截至2014年11月，全球各处的"阿戈尔"浮标已经达到了3577个。这是一个多么庞大的数字啊！这些"阿戈尔"浮标夜以继日，不断

地为世界各地的科学家输送数据，为海洋科学研究做出了重要的贡献。这已达到"阿戈尔计划"最初提出的在全球海洋中同时有3000个"阿戈尔"浮标正常工作的预定目标，这些浮标已累计获得了全球大洋中约85万余个0～2000米水深内的温、盐度剖面数据。而且，还将以每年10万个剖面的速率增加。

一个"阿戈尔"浮标的正常工作寿命为3～4年。因此，要维持由3500多个浮标组成的全球实时海洋观测网，每年大约需要补充布放800个浮标。国际"阿戈尔计划"提出至少要使该观测网再维持10年以上，并号召各成员国继续为实现这一宏伟目标做出贡献。我国是在2002年正式加入国际"阿戈尔计划"，成为继美国、日本、加拿大、英国、法国、德国、澳大利亚和韩国后第九个加入该计划的国家。中国"阿戈尔计划"的总部，就设在位于杭州的国家海洋局第二海洋研究所内。在国家科技部门的领导下，中国于2002年启动了第一个"阿戈尔计划"项目——"阿戈尔大洋观测网试验"。此后，我国相继启动了多个资助"阿戈尔"大洋观测网建设和"阿戈尔"资料应用研究的项目，使我国"阿戈尔计划"得到了较快的发展。到2012年8月，由国家"973"项目和"阿戈尔973"项目等支持的我国"海洋六号"科学考察船，在西太平洋海域布放第十五批14个"阿戈尔"剖面浮标为止，我国已经在西北太平洋和印度洋海域布放了146个"阿戈尔"剖面浮标（图10-6、图10-7）。

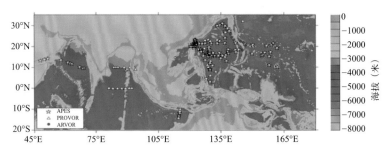

图10-6　我国在西北太平洋和印度洋海域布放"阿戈尔"剖面浮标分布

中国"阿戈尔计划"与法国"阿戈尔"卫星地面站资料服务中心（CLS）建立了长期的合作关系；同时还成立了"中国阿戈尔数据中心"和"中国阿戈尔实时资料中心"，中国"阿戈尔"网架起了与外界联系的快速通道（http://www.Argo-cndc.org和http://www.Argo.org.cn）。中国"阿戈尔"实时资料中心不仅能快速接收和处理我国布放的"阿戈尔"浮标观测资料，而且还能接收和处理其他国家布放的"阿戈尔"浮标观测资料，免费、及时地与国内广大用户共享使用。你若感兴趣，可直接通过中国"阿戈尔"实时资料中心的网站(http://www.Argo.org.cn/data/data.html)获取24小时内更新的中国及全球浮标实时观测资料（Access to Real-time Argo profile data）。

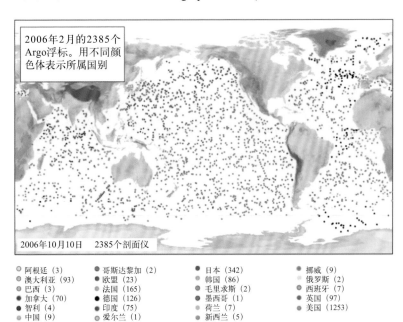

2006年2月的2385个Argo浮标。用不同颜色体表示所属国别

2006年10月10日　　2385个剖面仪

◎ 阿根廷（3）	● 哥斯达黎加（2）	● 日本（342）	● 挪威（9）
◎ 澳大利亚（93）	● 欧盟（23）	● 韩国（86）	● 俄罗斯（2）
● 巴西（3）	● 法国（165）	● 毛里求斯（2）	● 西班牙（7）
● 加拿大（70）	● 德国（126）	● 墨西哥（1）	● 英国（97）
● 智利（4）	● 印度（75）	● 荷兰（7）	● 美国（1253）
● 中国（9）	◎ 爱尔兰（1）	● 新西兰（5）	

图10-7　截至2006年世界各国投放浮标情况图。从图中可以看到，在全球的海洋中，放置了如此多的"阿戈尔"浮标，不断地收集海洋中自海面到海底的大量数据，为科学家了解海洋，开展海洋科学研究，提供了宝贵的第一手数据

"阿戈尔计划"从无到有，经历了几个重要发展历程。

1997年底，国际上的有关科学组织编写出台了"阿戈尔白皮书"。

1998年初，美、日等国的科学家借鉴世界海洋环流实验（WOCE）的经验，提出了在世界大洋上每隔三个经纬度布设一个"阿戈尔"浮标，建成一个全球实时海洋剖面观测网的设想，并正式组织成立了"阿戈尔"科学组。

1999年，"阿戈尔"科学组撰写了"有关阿戈尔的设计和实施——全球剖面浮标阵列的初始计划"的文件。同年，在世界海洋观测大会（OceanObs'99）上确定了"阿戈尔计划"，并召开了第一次国际"阿戈尔"科学组会议，这个会议之后每一年都定期举行。

2000年，"阿戈尔计划"成员国——澳大利亚投放了第一个"阿戈尔"浮标，标志着国际"阿戈尔计划"正式启动。

2003年，第一届国际"阿戈尔"科学研讨会在日本东京召开，并且之后每隔三年便会定期举办一次。

2006年，"阿戈尔"资料被"世界气候变化及预测"（CLIVAR）和"全球海洋资料同化实验"（GODAE）等国际计划用于海洋环流模式分析中，开始对全球海洋进行细致的分析和预报。各国的海洋业务中心和气候中心也纷纷采用"阿戈尔"资料用于气候和气象预报。"阿戈尔计划"的实施开始初见成效。

"阿戈尔计划"最显著的贡献，莫过于向科学家们提供了海量的、实时的、高分辨率的海洋次表层观测数据。"阿戈尔"技术每年可提供大约10万条以上的温度、盐度观测剖面，是采用科考船进行剖面测量得到数据的20倍。它包含了四季不同气候条件下的完整数据，不像科考船采集数据要受气候的影响。这些资料的获得，使许多原本无法开展的科学研究工作和业务活动逐渐成为可能。

人们相信，"阿戈尔全球海洋观测网"按计划建成并持续运行10年的话，它所测量的大量原始观测数据，可以为建立新一代全球海洋和大气耦合模型的初始化条件、数据同化和动力一致性检验提供一个前所未有的巨大数据库。比如精确的、随深度变化的温、盐度月平均全球气候数据库，能够帮助确定海洋中温度、盐度年际变化的主要形式及演变过程。而包括海洋热量、淡水贮存以及海洋中层水团和温跃层水体的温盐结构和体积等信息的时间序列数据库，可以对大尺度海洋环流平均状态和变化，包括对大洋内部水体、热量及淡水输送等进行描述；同时还可以为由表层热量和淡水交换所建立的大气模型提供大尺度约束条件。这些大数据可以进一步实现理论化的实时全球海洋预报；提供全球海面的绝对高度图，其精度在一年或更长的时间尺度内可以达到2厘米。通过对"阿戈尔"观测系统的数据解读，可以确定海面高度变化与海面以下温度、盐度变化的关系，有效解译用卫星高度计所观测的海面高度异常；通过对降水与蒸发差、冷热差、热量和淡水对流以及由风力驱动的水体重新分配的研究，了解厄尔尼诺（El Niño）暖流所造成的全球海面变化，预测海洋灾害。总之，"阿戈尔"海洋观测计划在帮助人类认识海洋、了解海洋的过程中功不可没。

值得指出的是，"阿戈尔计划"并非一个完美无缺的现场观测系统。它的目标仅仅是提供大尺度空间范围及时间尺度在数月以上的、覆盖全球大洋上层的海洋资料，且设计深度只有2000米，系统的空间分辨率不足以用来计算近岸海域的边界流等小尺度参数，故全球浮标观测网必须采用其他有效的手段给予补充。这就是说，"阿戈尔计划"必须与区域网相结合，并为它们提供全球的海洋背景。其次，在技术方面，"阿戈尔计划"的实施需要布置大量的卫星跟踪浮标，耗资巨大，这也是制约"阿戈尔"发展的一个重要因素。另外需要强调的一点是，"阿戈尔"并非一个完美无缺的现场观测系统，其他一些技术，如通信技术、能量供给、传感器技术、投放回收技术，等等，也有待于不断地改进与完善，才能保证"阿戈尔计划"的正常实施与应用。

3. "美人鱼"来了

上面讲了那么多有关浮标、"阿戈尔"的故事，我们知道，海洋浮标通常主要对海洋尤其是海洋表面进行观测；后面发展的潜标，则对比较深的海域进行观测；"阿戈尔"则在海面与海底之间往复来回，执行整片海域的观测工作。它们都是对海水体进行观测的。当然，大家可以猜到，如果在潜标或"阿戈尔"身上配上观测海底的传感器，如声呐、地磁仪等等，那么科学家们就可以开展对海底的观测了。

在这里，我们向大家介绍一个海洋浮标中的新成员——"美人鱼"系统。它是由美国普林斯顿大学的Guust Nolet教授提出并实现的。第一代"美人鱼"系统的设计理念与"阿戈尔"一样，是一种在一定海域范围内，通过浮力调节，在海域中作上下运动的观测系统。开发它的主要目的是对海底进行观测，尤其是开展海底地球物理参数的观测，譬如海底地震波的测量。在每次下潜获得数据之后返回海面，通过与卫星通信，把数据传回岸基实验室，然后继续下潜开展下一次的作业活动。因为海水在不同深度下的温度、密度不同，存在着温度或密度的分界面，一些海底地质参数，像地震波信号，无法穿越这些界面传到海面进行测量，因此，通过"美人鱼"装置可以将传感器带到这些界面以下，获得十分重要的准确数据。就好像传说中的美人鱼一样，不辞辛苦采摘深藏海底的璀璨明珠，带回海面，送给她心爱的人（图10-8）。

最近，美国普林斯顿大学的Frederik Simons和罗得岛大学的Bud Vincent两位教授对"美人鱼"系统进行了进一步的完善，开发出新一代的"美人鱼"系统，他们称之为"小美人鱼"（Son-O-Mermaid）。这批第二代"美人鱼"系统除了能够上下运行之外，还可以在比较大的范围进行水平迁移运动，使观测范围大大扩展。

我们有理由相信，"美人鱼"系统必将成为海底观测系统中的一把利器。

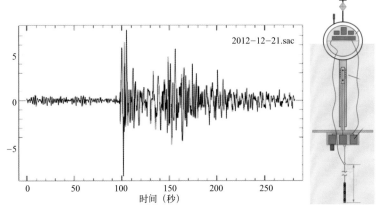

图10-8 "美人鱼"获得的海底地震波曲线（左）及原理示意图（右）

海底观测系统

1."高温帽"——小型海底观测站

大洋海底幅员辽阔，有的地方丰富多彩，有数不尽的生物和资源；有的地方则一毛不长，贫瘠荒芜。人类是如何知道海底的这些情况呢？科学家又是如何对海底进行较长时间的观测呢？

尤其是近几十年来的研究发现，许多海洋过程其实来自大洋深处，如果海洋科学只是开展从海面往下的观测，比如从陆上观测、用科学考察船或用浮标从海上观察，是无法观察到海底的。从空间观察的遥感技术虽然有极大的优势，但是缺乏深入穿透的能力，隔了平均4000米厚的水层，难以真正到达大洋海底。于是，采用各种潜水器技术开展的海洋观测，才是进入海洋内部观测海底的一种有效方法，但是这种技术因为难以持续观测海底，其主要的观测对象还是上层海水。

319

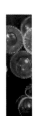

这里我们先介绍一个新的概念——海底观测站系统。顾名思义，海底观测站就是在海底建设一个个能够对海底的各种现象进行观测的站点。下面我们为大家举个例子来说明海底观测站。在前文我们曾向大家详细地介绍过海底热液系统，即在大海深处洋中脊，有许多向外吐着白烟或者黑烟的小丘，我们称之为"烟囱"。现在，我们对烟囱内部的温度分布也很感兴趣。那么怎样才能得到烟囱内部的温度分布呢？面对这一需求，2005年浙江大学的研究人员设计了一种名为"高温帽"的小型海底观测站，该系统原理结构如图10-9所示。从图中大家可以看到，这个系统很像一个帽子。这个"高温帽"的主体部分是一个圆锥形的不锈钢外套（图的左边），内部以正交的方式，分上中下三层布置九路温度传感器。同时设计一套数据采集器系统（图的下部），并有一个电池系统实施供电，通过一个联接器（见图的右边）与圆锥形外套中的传感器连接。中间的T形手柄供潜水器的机械手操作之用。

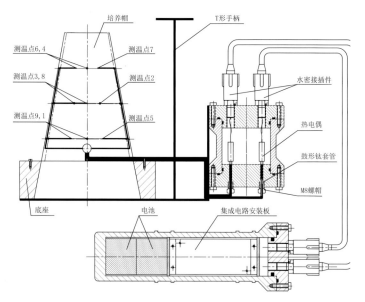

图10-9 "高温帽"海底观测站的原理结构图

　　在2005年8月的一天，浙江大学的一位博士研究生，搭载美国的"阿尔文"号载人深潜器下潜到2000多米的东太平洋隆起地带的热液地区，将"高温帽"海底观测站系统放置在海底。作业时他们先把原先的"烟囱"铲除，搁置上浙江大学的"高温帽"系统，如图10-10所示。该"高温帽"在深海热液口进行了长达15天的原位观测工作。在之后的下潜中发现，没过几天，新的"烟囱"就在"高温帽"的上部又生长出来，把"高温帽"系统变成了"烟囱"的一截组成部分，而里面安装的温度传感器不断地测得温度数据，存贮在数据采集器的内存中，待任务完成回收后，再转到计算机中供科学家分析研究之用。

图10-10 "高温帽"海底观测站系统在海底工作照片

　　在"高温帽"海底观测站中，供电是通过电池解决的。事实上，也可以采用另外一种方式，海面上放置一个浮标，上面布设太阳能电池板，通过长长的电缆与海底观测站相连，为观测站提供所需的电能。同时，获得的数据也可通过电缆传到海面，再通过卫星直接传回陆地。采用这种供电方式的海底观测站可以长期在海底工作。然而由于距离较长，一般需要采用光缆实施通信连接，供电需要增压传输，海面上浮体的锚系（即固定）等技术难点，使得这种供电方式难以实

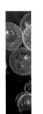
现，还需要科研人员的不断研究和反复试验。

目前也有将两种设计相结合的海底观测站，如图10-11所示。供电依然是采用了水下电池方式，但它可以通过声学通信系统与海面的系统通信，完成观测数据的传输工作，再由海面浮标向卫星发送信息，传回陆地的实验室。海面系统通常是浮标系统。这样的系统优点显而易见，可"准实时"地传回观测数据。

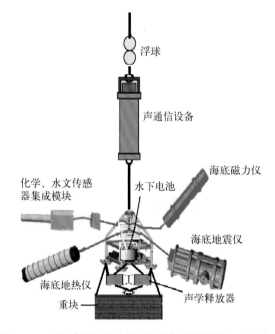

图10-11　通过声学系统实施观测数据传输的海底观测站

2. 海底观测网络

然而，海底观测站存在着三个问题：一是电能供给有限，无法支撑需要大电能的观测设备；二是观测数据无法实时传回，只能采用"自容式"（暂存在系统的内存器中，回收后获得）或"准实时"的方式；三是数据通信量十分有限，要想传递一个视像文件，那就几乎不可能做到了。

近年来兴起的"海底观测网络"则有望弥补这一不足，它用光电缆传送能量和信息，连接各种传感器和分析设备，在海底为海洋观测建造"气象站"和"实验室"。它就像人类向海底伸出的千丝万缕的丝线，牵回关于海底的秘密。

图10-12是一个海底观测网络系统的示意图。从图中可以看出，海底观测网络通常由传感器、光电缆、海底接驳盒和岸基站组成，传感器通过光电缆，再透过海底接驳盒与基站相连接。在这里，光电缆身兼数职，不仅起到"桥梁"的作用，还为传感器提供充足的电能，并负责数据信号传送。这样的海底观测系统，能够长期地、不间断地获得目标海域海底的各种数据，包括视频数据，并将它们直接送到连接在海底观测网络另一端的岸基站，通过因特网传回地面，是海底最理想的观测系统。图10-13还显示了一台水下遥控潜水器ROV正在对海底观测网络进行安装或维护工作。通常来讲，海底观测网络的布放、维护和回收，都需要靠ROV等一些海洋装备来完成。

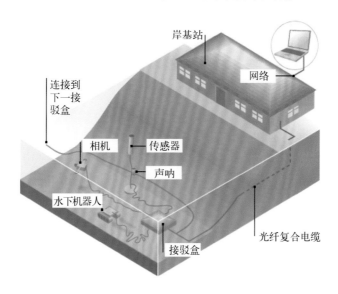

图10-12　海底观测网络系统示意图

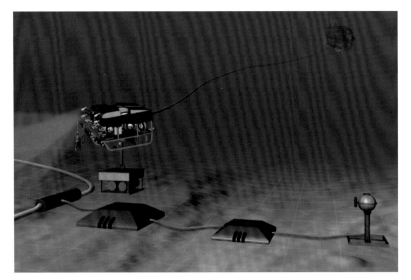

图10-13　一台ROV对海底观测网络进行安装作业

　　自20世纪80年代以来，美、加、日、英、法、德等海洋强国分别制定了海洋科技发展规划，纷纷建立了深海海洋观测系统或海底观测系统。"海底观测网络"的优点在于不仅使多年连续自动化观测成为可能，而且能随时提供实时观测信息。同时，还可以摆脱电池寿命、船时与舱位、天气和数据迟到等种种局限性，使科学家可以从陆上通过网络实时监测自己的深海海底观测实验，命令布设的实验设备根据需要去监测水下风暴、藻类勃发、地震、海底火山喷发、滑坡等各种突发事件。

　　最早的用缆线连接的海底观测网络，是20世纪90年代中期美国科学家们建成的两个系统：一个是罗格斯大学的LEO15近岸海底观测网络，虽然水深不过15米、缆线只有15千米长，却开创了海洋生态学长期实时观测之先河；另一个是夏威夷大学的HUGO海底观测网络，虽然建立5年后就因缆线短路被毁，却首次完成了原位实时观测海底火山这一创举。图10-14显示的是夏威夷大学HUGO海底观测网络获得的海底地震信号。图中可看到，海底其实是一直处于地震之中，这些曲线表示震动能量的大小。不过这些地震非常小，通常人们是感觉不到的。

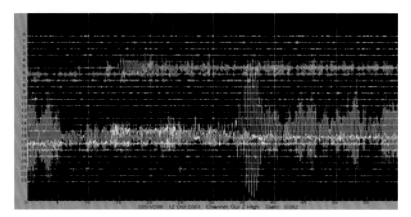

图10-14　HUGO海底观测网络获得的海底地震信号

随后，世界各国建立了一系列的海底网络观测系统。最具有代表性的有：美国与加拿大合作的东北太平洋时序海底观测网络实验，被称之为"海王星海底观测网络计划"（NorthEast Pacific Time-integrated Undersea Networked Experiment，NEPTUNE）；夏威夷大学的Aloha海底观测网络；美国的海洋研究交互观测网络（Ocean Research Interactive Observatory Network，ORION）；欧洲海底观测网络（European Sea Floor Observatory Network，ESONET）和日本区域性先进实时地球监测网络（Advanced Real-Time Earth Monitoring Network in the Area，ARENA）等。其中，"海王星海底观测网络计划"是美国、加拿大合作实施的一个项目，该观测网络是目前世界上最大的海底观测网络，最大深度约3000米，1998年启动，经过长达8年的计划和筹备，2006年开始局部运行，目前正在不断地建设实施中，该计划预期一直持续观测到2036年。"海王星海底观测网络计

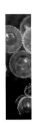
划"的目标是在太平洋东北部500千米×1000千米的海底区域，即在整个胡安·德富卡海底板块（位于东北太平洋）上布置长约3000千米的光/电缆，把数百套海底观测仪器设备和30个海底实验室联成一个大型的观测网络，以研究胡安·德富卡海底板块的运动。海底观测系统由光/电缆供电和传输数据，并与岸基控制站联结，然后进入因特网，供国际科学界及公众共享。图10-15是"海王星海底观测网络计划"的一个部分。

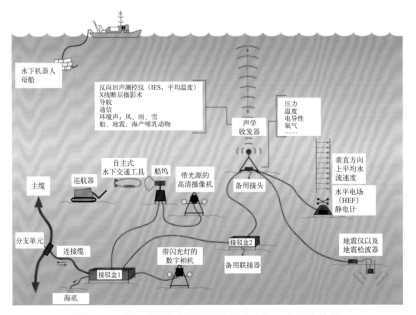

图10-15 "海王星海底观测网络计划"的一个网络片段

大家一定很关心，我国海底观测网络研究进展的情况怎样呢？早在2006年，中国的"863"高科技计划海洋技术领域，就支持我国的科技工作者开展海底观测网络技术的研究。浙江大学在2007年在实验室里建成了一个完整的海底观测网络系统（ZERO系统，Zhejiang University Experimental Research Observatory）。然而在中国的海域中无法找到合适的条件进行海试，于是，"863"计划支持的海底观测网络系统，不得不到国外去寻求开展海上试验研究的地方。

2011年4—10月的半年间，我国自主研制的海底观测网络组网核心部件形成的"中国节点"（Chinese Node），在美国蒙特雷湾海底试验工作顺利完成，正式与美国"蒙特雷加速研究系统"（Monterey Accelerated Research System，MARS）海底观测网络并网运行。美国的"MARS"海底观测网络，是美国蒙特雷湾海洋研究所在加利福尼亚海域中建成的海底观测网络试验系统，用来支撑前文提到的"海王星海底观测网络计划"的实施。中国节点课题研究小组通过把中国节点联接美国"MARS"系统的海底对外接口，实施海上试验研究。

图10-16显示了"中国节点"与美国"MARS"并网作业过程。从图中可以看到美国蒙特雷湾海洋研究所共出动了两艘科考船，一艘负责吊放中国节点的设备，一艘则操纵一台ROV实施"中国节点"与海底的"MARS"网络系统的联接作业。在布放后的半年里，由浙江大学研制的海底观测网络次级接驳盒及海底摄像系统、同济大学研制的海底原位化学分析系统、中国海洋大学研制的海底物理原位分析系统组成的中国节点源源不断地从美国蒙特雷湾海底获取水深898米海底环境的各种数据，包括浙江大学ZERO摄像系统得到的视频数据。如此这般，研究者们可以在杭州的办公室里，或是世界的任意地方，打开便携计算机，连接因特网，便可看到远在万里之外美国加州蒙特雷湾海底的实时视频图像，或许你可以看到一条大鱼刚刚在那里经过，或者一条比目鱼正在费尽心力地与一只螃蟹争抢地盘（图10-17）。

此次试验的成功是一个实实在在的进步，它使得中国的深海海底观测网络技术跨出了实质性的一步。海试工作有效验证了我国海底观测网络关键技术的性能指标，为我国此项技术的发展和下一步观测试验网的建设积累了宝贵的经验。

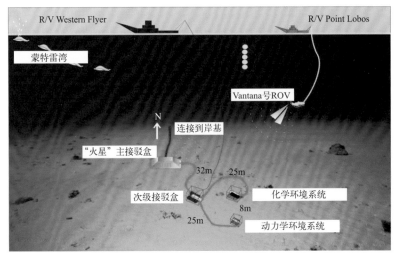

图10-16 "863"计划海洋技术领域的"中国节点"项目在"MARS"试验

图10-17 浙江大学ZERO摄像系统实时传回的海底图片

海底观测网络技术的深入以及海底光/电缆在供电以及信号输送上表现出来的巨大优势，使得海底观测网络与其他相关技术相结合后，衍生出一批新技术，进一步推动了海底观测网络技术的发展。预计未来基于海底观测网络的海底观测技术将向以下几个方向来发展。

第一，更完整的海底观测网络：它将岸基站、光电缆、主接驳盒、次接驳盒、科学仪器接口模块（也称之为SIIM模块）、各种传感器等几大部分组成观测网络。组网技术呈现"标准化"趋势，如网络结构、各级电压的设置、通信接口协议选择等等，有效地提高观测网的兼容性，便于国际观测数据的交换与共享。否则一则观测网络的成本会很高，都是"单件"特制的组件；二则每个网络都是"闭关自守"，各行其是，不利于数据共享。

第二，更立体的海洋观测网络：通过增加垂直的观测链，海底观测网络可以把观测范畴延伸到水体之中，构成水下立体监测网络。同时，联合海面甚至空中的观测平台，比如"阿戈尔"系统、海面的地波雷达系统或卫星遥感系统等，进行数据的综合，构成范畴更广的立体观测网络，贯穿"海、陆、空"，实现更加丰富、快速、准确的数据传输。

第三，"可以移动"的海底观测网络：通过连接在海底观测网络上的对接系统（Dock系统），能够支撑多个水下自主式潜水器或者水下直升机等可移动水下运载器。这些水下运载器与搭载其上的各类传感设备（可称为移动观测平台）一起，共同开展海底观测网络周边一定范围中的观测作业任务，构成一个能够覆盖更大范围的海底移动观测网络。

第四，基于海底通信网络的海底观测网络技术。目前在茫茫大海之中，布设着无数由光/电缆构成的海底通信网络，帮助人们实现与地球上任意地方的朋友进行通信交流的梦想，使得人们感觉到世界变得"越来越小"。这些支撑洲际电话通信和因特网的海底通信网络，因

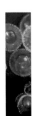
为信号的中继要求，装有一大批中继器（用来将线路上的信号进行放大再生，扩展网段的长度）。近期一些科学家们提出，利用现有通信网络资源，将海底观测设备直接连接到这些中继器上，把传感信号通过海底通信网络传输回来，这样就可以建立一个全海域的海底观测网络。然而，由于中继器能够提供的电能十分有限，能够支撑的传感器件不多，只能开展一些有限的工作。譬如，在海底通信网络上，搭载一些耗电较少或自带电能的传感系统。

第五，更快速地海洋观测网络组网技术：通过用飞机或船只抛投传感器，采用特殊的信号传输等技术，在所关注的海域中迅速组成水下观测网络。在这样的技术中，通常传感器件是可抛弃式的（即用完后不回收），信号传输方式通常是采用声学方式，能够以最廉价的方式，快速构成水下网络，完成某些特定的工作任务。这项技术，在观测台风经过区域、赤潮突发现象等短期、突发事件时是十分奏效的。

海底观测新宠——水下直升机

大家不难发现，海底观测网络存在着一个极大的弊端，那就是它在海底的观测范围是极其有限的——传感器布到哪里，观测范围才能覆盖到哪里。如果在海底布设500千米的海底观测网络，那么它的观测范围就是线状的500千米。

怎样扩展海底观测网络的观测范围呢？前文提出了一种方法，那就是在海底观测网络的周边，布放一种深海移动平台，如无人自主潜水器AUV携带传感器进行周边海域的观测，然后设计一种对接机制，使得AUV能够不时地与海底观测网络对接。对接过程中完成两项工作，一是把AUV搭载传感器获得的观测数据上载到海底观测网络，并通过网络传回岸基站；二是对AUV进行通电，以支撑AUV的下一次作业。图10-18呈现的是海底观测网络与无人自主潜水器的对接装置示意图，红色的深海移动平台是AUV。在对接系统上可以看到对接AUV的喇叭口形网架、导筒、水下电机和控制电路腔、支架等。

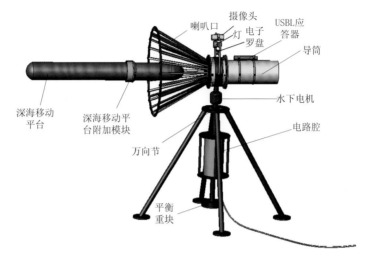

摄像头
灯 电子
罗盘
USBL应
答器
喇叭口
导筒
深海移动
平台
深海移动平
台附加模块
水下电机
万向节
电路腔
平衡
重块

图10-18 海底观测网络与无人自主潜水器的对接装置示意图

还有没有更好的办法，来扩大海底观测网络的观测范围呢？科学家们想到了这样一种方法，在海底观测网络的周围，布放一批远程观测节点。在这些节点上，安装上各种传感器和数据采集装置，并有电源支撑工作。然后再设计一种机制，能够与海底观测网络进行某种方式的"联接"，将远程节点获得的观测数据传回到海底观测网络，并通过网络传回岸基站。这种设想成功的关键就是需要一种能够往返于海底观测网络节点和散布四周的远程观测节点的装置。如果远程观测站可放置在离海底观测网络节点50千米之外作业，那么，海底观测网络的观测范围，则从"线状"转变成了以观测网络为中线、宽度为100千米的"带状"。

前面我们介绍的潜水器技术，无论是ROV、AUV还是水下滑翔机，都是从海面或船上布放，在海水中遨游，然后再回到海面，或者

用船舶来进行回收的。那么，有没有一种无人潜水器，可以从海底飞起来，又回落到海底？答案是肯定的！这种很像陆地上的直升机、可以在海底起飞并降落的水下器具，我们姑且把它叫作"水下直升机"（Autonomous Underwater Helicopter，AUH）。之所以说是姑且，因为"水下直升机"是一种刚刚兴起的事物，关于"水下直升机"的研究尚在起步阶段，目前并没有在学术界达成共识。而这种水下直升机，则可扮演连接海底观测网络和远程观测站的"桥梁"角色。它的行程范围，决定了海底观测网络"带状"覆盖区域的宽度。

与传统的固定区域海底观测相比，"海底观测网络+水下直升机+远程观测站"模式，可以实现大范围、长时间、形式灵活的移动海底观测。同时，它是人们在探索缆系海底观测网络与移动海底观测的融合中迈出的重要一步。由于它是那样地与众不同，注定了它将在未来的海洋探秘技术中占有重要一席，必将成为海洋探秘技术中一颗冉冉升起的新星。

1. 何谓水下直升机？

尽管目前没有统一的定义，我们依然可以从水下直升机的工作原理中去窥见它的本质，去了解到底什么是水下直升机。

水下直升机可以携带传感器去观测，所得的观测数据会通过上载到连接在海底观测网络上的接驳装置，然后再通过网络把观测数据传回地面，从而拓展了海底观测网络的观测范围。这样的一种工作方式，我们称之为移动观测。在上载数据的同时，接驳装置又给水下直升机进行充电，这样水下直升机又可以开展下一轮的观测工作。

如果在海底观测网络的周围，布设一批远程的观测点，即所谓的远程观测站，那么水下直升机此时就可扮演连接海底观测网络和远程工作站的角色。水下直升机可在水下实现多自由度灵活运动，并可通过非接触电能和数据传输技术，实现远程工作站与海底观测网络之间的信息传递，同时还给远程观测站实施充电。这个时候，水下直升机既是一种"自主移动硬盘"，又是一种"自主移动充电宝"，图10-19为水下直升机的工作示意图。

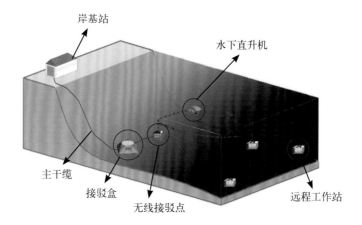

图10-19　水下直升机的工作示意图

　　归纳一下，水下直升机可以承担两种任务：一种是作为移动观测站，携带传感器在行程范围中开展观测任务；一种是扮演"桥梁"角色，连接海底观测网络与远程观测站，进行数据传回和电能输送。当然，水下直升机可同时扮演移动观测站和"桥梁"这两种不同角色。

　　水下直升机的垂直运动，可通过调节浮力来进行，并装置有二维推进系统，在一个平面上进行水平运动。与传统的水下自主航行器相比，水下直升机可进行多自由度灵活运动，大范围、长时间的移动，开展海洋观测信息采集、水下坐底观测及采样以及与接驳节点及移动科学仪器工作站进行非接触电能和数据传输，可满足移动海洋观测的多种需求，具有显著优势。目前，水下直升机有这样三种工作方式。

　　第一，水下直升机作为移动海底观测的关键设备，可通过水下矢量推进技术在水中实现多自由度灵活运动，其具体运动方式可包括在水底垂直起降，通过自身浮力与动力的调节悬停于水体中，并使用自

带传感器在运动过程中进行大范围、长时间的灵活科学观测，达到海底移动观测的目的。

第二，水下直升机具有海底降落的容错性，可降落于各种海底地形，进行坐底观测，并能从各种海底地形上升，切入水平航行状态。同时，水下直升机可使用自身所携带的采样设备，进行热液、海底生物、海底地质等原位采样、储存，方便进行海底科学研究。上述两种工作方式使得水下直升机可奔赴热点地区进行沿途及坐底科学数据采集。

第三，水下直升机在运行过程中，可通过多种定位方式降落在海底观测网络的接驳节点或移动观测站的对接平台上，与其对接、锁定，并通过自身携带的电池及数据存储设备，与后者进行非接触电能和数据传输，并在作业完成后进行解锁，重新进入航行状态。因此，水下直升机可实现缆系海底观测网络与远程观测站的结合，为大范围、灵活的移动海底观测提供保障。

2. 水下直升机的关键技术

发展水下直升机技术，首先必须具备两个关键技术：一是多自由度的水下自主机器人技术；二是非接触式的电能与信号传输技术。

水下直升机是一个全新的概念，目前并未问世，只是在一些海洋研究的高校和研究机构中能够看到它们的雏形或者相近物。与之较为接近的是多自由度无人自主潜水器。目前，国际上开展多自由度无人自主潜水器研发的主要是美国伍兹霍尔海洋研究所，奥德赛Ⅳ型无人自主潜水器便是它的代表作。奥德赛Ⅳ型多自由度无人自主潜水器采用纺锤形设计，四推进器设计，两个推进器用以实现灵活转向，另两个推进器提供矢量推力，实现上浮下潜、前进后退及组合运动，并携带传感器进行科学观测。图10-20为奥德赛Ⅳ型多自由度无人自主潜水器。

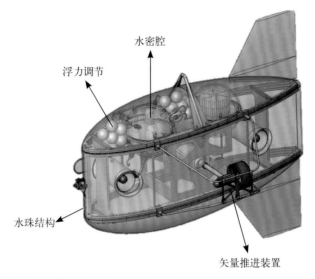

图10-20　奥德赛Ⅳ型多自由度无人自主潜水器（Justin Eskesen et al., 2009）

　　目前，国内各高校及研究机构在此方面较少涉及。浙江大学是世界上最早开展水下直升机研究的单位，目前结合海底移动观测技术的研究，已经开发了基于不同原理的2种样机。图10-21为浙江大学根据海底观测技术的需求，研制的一款水下直升机的原理样机。

图10-21　一款水下直升机的原理样机照片

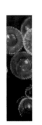

　　这款水下直升机的研发工作在机械设计上有水密、耐压、耐腐蚀等多重要求，同时对周围环境信息的获取、上位机对水下直升机的实时控制以及对水下信号的收发处理等要求较高。水下直升机多样化的任务及所处的复杂环境，要求其具备可靠稳定的系统，这种可靠的控制系统又离不开精确、快速的定位系统、视觉系统和耐压耐腐蚀结构。因此，水下直升机的研发涉及自动控制、人工智能、声呐技术、导航定位、计算机通信和机械电子等多学科领域。

　　浙江大学水下直升机的设计目标，要求实现水下多自由度的运动，具有自主控制、自主悬停和定深等功能，在原理上实现水下直升机的基本功能。图10-21所示水下直升机还只是一款浅水中使用的试验系统，故水下直升机机身采用有机玻璃制作，各密封舱相互独立，空间位置符合流体动力学性能。内置空间综合考虑了散热、重心平衡、一定载重和电气布放等诸多因素。整体上密封性好，静稳性高，可操作性强，并具有一定的可扩展性。当然这项工作还是一项探索性的工作，许多方面都需不断改进、完善，以便能够真正应用到深海的监测中去。

　　值得欣慰的是，2014年8月，浙江大学所研发的这款水下直升机样机在上海由中国海洋学会与励展博览集团（Reed Exhibition）联合主办的2014 OI中国水下机器人大赛中，经过激烈的角逐，取得了大赛第一名的佳绩。正是由于水下直升机这一创新性设计理念，博得了评委专家的青睐与一致肯定。

　　除去水下直升机设计本身所面临的技术困难外，想要实现水下直升机与海底观测网络的正常接驳，完成通过非接触电能而进行的数据传输，也是水下直升机及其配套海底观测网络技术的研发重点。美国伍兹霍尔海洋研究所、日本东京大学等机构及大学的研究者均针对这一技术难点开展了不同角度的研究。前者采用电感耦合的方式，实现无线电能传输；后者则设计了一个体积小、自主可控、高效的非接触高电压传输系统，可在400瓦的功率下达到水下77%的传输效率。在我国，浙江大学在水下无线信号传输和电能传输方面，开展了长达十多年的研究工作。针对自主式潜水器船坞系统，浙江大学采用电感耦合的方式实现无线情况下的电能传输。通过设计初级、次级电路，使用45伏直流供电，实现了水下80%的传输效率。图10-22所示为移动平台（即水下直升机或无人自主潜水器）与海底观测网络接驳节点的电气系统原理图。

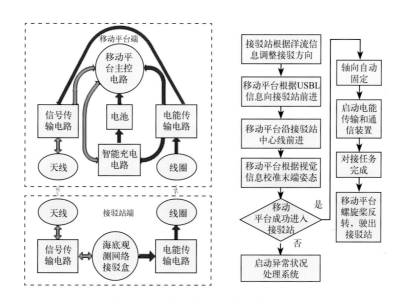

图10-22　接驳系统电气原理示意图

可以想象，研制水下直升机还需要开展很多的技术攻关工作。在机械结构设计方面，由于水下直升机工作环境与工作内容的特殊性，设计其机械结构时需要考虑到体积尽量轻便，运动平稳，姿态保持，节约能耗等。严格的水密、耐压和防腐蚀设计，决定了它的最大工作深度和安全性。在运动控制方面，水下直升机需具备路径规划的能力，避开海底障碍物，选择最佳路径，到达目标地

点。为实现水中悬停，水下直升机还需有浮力控制系统、矢量推进系统和姿态调整系统。同时还要求具有适应水下特殊情况的能力，如内波等，能够进行一定的自我保护和状态恢复。在导航与对接技术方面，水下直升机在水下自主航行，须具有定位与导航功能。当水下直升机需与目标进行对接时，可在远距离时通过目标物上的发声装置采取实时声学通信导航，对接阶段采用高精度的光学导航，同时可采取超短基线声学导航克服近岸水质浑浊等不利条件。同时水下直升机需具备一定的抗干扰能力，克服水下噪声，提高定位准确率。在海底环境适应方面，水下直升机是在海底进行起落，并主要在近底范围内开展工作。因此，水下直升机应具备较强的海底环境情况识别和处理的能力。它通过摄像装置对海底周围环境进行识别，特别是在运动路径上的各种障碍物的识别，然后通过自主的路径规划加障碍物自动避让技术，顺利地在近底工作范围中进行工作。水下直升机通过浮力控制系统实现垂直升降的方式，然后用矢量推进系统行进，运动方式比较简单，易于操控。

总之，水下直升机这一新概念，是在其发展中不断地加以完善的，它的研究将促进海底观测网络技术的发展。通过综合利用移动观测网在观测方式、观测范围、观测对象、布放方式、组网方式等方面的优点，与现有的静态缆系型的海底观测网络优势互补，扩大观测的覆盖范围。海底观测网络可用于海啸、地震的预测、环境监测、研究全球气候变化等等，将成为深海观测、国家安全、环境保护、资源开发和防灾减灾所不可或缺的基础设施和信息获取平台，成为一个国家在海洋相关领域科技实力的象征。

日本仙台海啸中的海底观测网络预报

在这里，我们想通过介绍日本发生海啸时，海底观测网络发挥的些许作用，来探讨海底观测网络的一种应用。

海啸，应该是大海展现的最狂野的一面。它像陷入绝望的孩子，任性而决绝，在海中可以像喷气式飞机一样狂奔，在短短几小时内横穿大洋。在茫茫大海中波高一般不足一米，似乎不足一惧。然而在靠近海岸的时候，它就露出了最为残忍和凶狠的一面，瞬间堆起一座高达数十米的、含有巨大能量的"水墙"，袭向海岸、码头，淹没良田，务求摧毁一切。如果人们的防御措施做得不够，它会毫不留情地对人们的生命、财产造成极大的破坏。

海啸通常由震源在海底下50千米以内、震级6.5以上的海底地震引起。同时，海底滑坡、火山爆发或气象变化等也可能会引起海啸。全球的海啸发生区域与地震带颇为一致。历史上有记载的破坏性海啸大约有260次，发生在环太平洋地区的地震海啸就占了约80%。而日本列岛及附近海域的地震又占太平洋地震海啸的60%左右，可见日本是全球发生地震海啸最多并且受害最深的国家。图10-23是日本仙台2011年春季发生海啸的一张照片。

图10-23　日本仙台2011年春季海啸

为了有效地预防海啸的破坏，日本建立了比较先进的基于海底观测网络的地震和海啸预警系统。图10-24表明海底地震观测网络是如何捕捉到地震的第一手资料的。

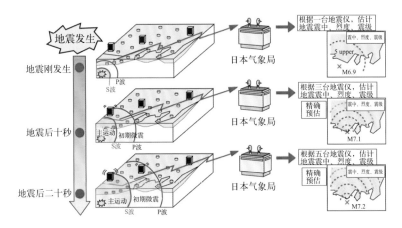

图10-24 海底地震观测网络探测到地震的第一个证据

日本在全国各处共安装了1000多个地震仪，221个地震监测站，并连成网络。许多地震仪都安装在海底。当地震发生时，先释放出初级地震波（称为P波，即Primary波），由海底地震仪捕捉到，据此计算出震中位置，并向地面站发出紧急信号。P波的波长很短，一般造成较小损害。较长波长和破坏性更大的次级地震波（称为S波，即Secondary波），会以迅雷不及掩耳之势、在几秒钟后接踵而来。

从海底地震预警系统的终端传感器检测出足够的信号以确定地震强度、并发出警报大概需要10秒钟。而更具破坏性的次级地震波会以4千米/秒速度前进，需要大约近百秒的时间才能到达373 千米外的海岸。因此，2011年的日本仙台海啸发生时，在第一批海浪冲上岸边前，能够给予人们的，只有几分钟的提前警告。即便是这样，这短短的几分钟的提前预告，也挽救了无数人的生命。生活在海边的日本人民，一直对地震海啸保持着高度的警惕，经常演练地震海啸来临时如何逃生。所以有这几分钟的预警，许多训练有素的民众，抓住了生的希望。尽管这次日本仙台海啸破坏力极大，但日本把人民生命财产损失却降低到了最小。如果海底铺设的海底地震观测网络的灵敏度更高，提供给人们的逃生时间更多一些，那还能减少更多生命与财产损失。于是，仙台海啸灾难之后，日本政府投入了更多的财力物力，在日本的东海岸建设新一代的海啸观测网络系统。

　　除了日本，美国在海啸预报方面也做了大量的工作。我们来看看美国人在2011年发生日本仙台海啸时所做的预报情况。图10-25显示了美国国家海洋与大气管理局（NOAA）的深海海啸实时预警系统（Deep-ocean Assessment and Reporting of Tsunamis，DART）的工作原理图。

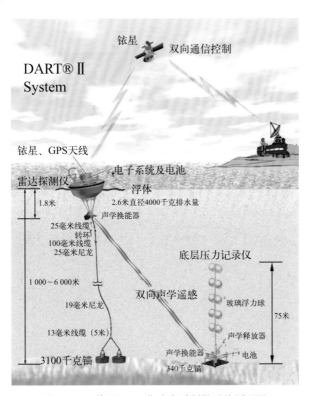

图10-25　美国DART海啸实时预警系统原理图

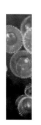

仙台地震时，日本政府借助海底地震观测网络技术，3分钟后就发出海啸警报，而美国国家海洋与大气管理局的太平洋海啸警报中心在震后9分钟才发出警报，这种较慢的响应从原理图中就可以看出，因为它的底层压力记录仪捕捉到的地震信号，要通过声学传感器传到海面，再通过海面浮标上的卫星天线传回地面，最后由地面站进行分析计算得出预报信息。其间，通信通道上环节太多，损失了不少宝贵时间。

而且，在海啸的预警分析技术研究中，还有一项重要的工作，即获得海底地震信息后，如何根据当地海域的地形地貌，来计算模拟出海啸的发生情况和灾害情况。我们用两张图片来给大家简单介绍一下美国人的工作。图10-26显示的是美国国家海洋与大气管理局在某一海域中的海洋浮标监测系统的分布，这一监测系统可以获取海底地震发生时的有关数据，是海啸预警系统的前端监测系统。在获得的相关数据的基础上，美国国家海洋与大气管理局根据他们建立的数学模型可以实时地模拟出海啸的扩散过程（图10-27）。

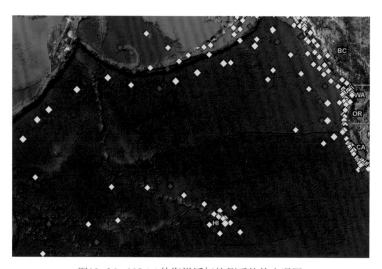

图10-26　NOAA的海洋浮标检测系统的实况图

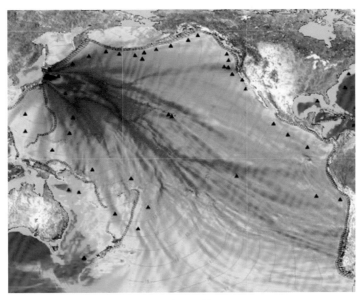

图10-27　海啸扩散模拟图

在2011年的日本海啸发生时，基于海底观测网络的海啸预警系统的确发挥了一些作用，减少了灾难带来的损失。但是预警时间上的提前量还是不够，海啸还是夺走了成千上万人的生命。人类正是这样，在一次次的灾难中不断进行总结和调整，与大自然展开了一场艰苦卓绝的拉锯战。人们正在思考和研究如何发展一个完整的、基于海底观测网络的海底地震与海啸监测系统，以此提高对海啸的预警能力，保障人民的生命财产安全。相信，在不久的将来，人类靠着自己的聪明才智，必定可以研制出更为先进的基于海底观测网络的实时预警系统，从而使人类得以沉着应对地震、海啸等自然灾害。我们期待那一天的到来！

参考文献

白强, 袁新, 杨永春, 等, 2007. 三锚浮标系统研究[J]. 海洋技术, 26(04): 27–29.

白桦, 2004. 我国潜深最大的水下机器人诞生[J]. 中外船舶科技 (4): 44–44.

拜厄特, 等, 2005. 蓝色星球[M]. 史利群, 等, 译. 沈阳：辽宁教育出版社.

贝托 H O, 1980. 浮标工程[M]. 北京：科学出版社.

柴育成, 周祖翼, 2003. 科学大洋钻探: 成就与展望[J]. 地球科学进展, 10(18): 666–667.

陈建林, 张富生, 边立曾, 1997. 超微生物是大洋多金属结核成矿的建造者[J]. 科学通报, 42: 337–342.

陈丽蓉, 1979. 深海钻探的进展[J]. 海洋科学 (5): 51–53.

陈鹰, 杨灿军, 陶春辉, 等, 2006. 海底观测系统[M]. 北京: 海洋出版社.

陈鹰, 瞿逢重, 宋宏, 等, 2012. 海洋技术教程[M]. 杭州：浙江大学出版社, 9.

陈鹰, 瞿逢重, 宋宏, 2013. 基于海底观测网络的水下直升机技术[R]. 浙江大学技术报告, 2.

程剑, 2005. GPS声呐浮标延时精确测量技术研究[D]. 哈尔滨: 哈尔滨工程大学.

程雪梅, 2009. 水下滑翔机研究进展及关键技术[J]. 鱼雷技术 (6): 1–6.

褚同金, 曹恒永, 王军成, 等, 2001. 中国海洋资料浮标[M]. 北京: 海军出版社.

崔燕, 2012. 新一代海洋科考船揭秘[J]. 中国船检, 8.

杜加友, 2006. 水下滑翔机本体及调节机构研究[D]. 浙江大学.

方银霞, 2002. 海洋科学钻探实现了下海入地的梦想[J]. 船舶物资与市场, 3:50–51.

封锡盛, 李一平, 徐红丽, 2011. 下一代海洋机器人写在人类创造下潜深度世界纪录10912米50周年之际[J]. 机器人, 33(1): 113–118.

封锡盛, 刘永宽, 1999. 自治水下机器人研究开发的现状和趋势[J]. 高技术通信,

9(9): 55–59.

冯正平, 2005. 国外自治水下机器人发展现状综述[J]. 鱼雷技术, 13(1): 5–9.

付琦, 2012. 深海极端生命的伊甸园[J]. 人与自然, 5: 32–45.

郭明, 2001. Argo全球海洋剖面浮标观测网[J]. 海洋技术, 20(3): 28–33.

国巧真, 陈云浩, 李京, 等, 2006. 遥感技术在我国海冰研究方面的进展[J]. 海洋
学报, 23(4): 95–103.

贺明霞, 等, 2011. 中国卫星海洋观测系统及其传感器（1988—2025）[J]. 中国
海洋大学学报.

胡明茂, 2007. 开架式水下机器人系统辨识与控制技术研究[D]. 哈尔滨工程大学.

胡任, 2011. 基于GPRS无线通信的水下滑翔机关键技术研究[D]. 浙江大学.

黄豪彩, 杨灿军, 杨群慧, 等, 2010. 基于压力自适应平衡的深海气密采水系统研
究[J]. 机械工程学报, 46(12) : 148–154.

江泽珍, 2013. 深海中的微生物群[J]. 世界科学, 7: 59.

蒋新松, 封锡盛, 王棣堂, 2000. 水下机器人[M]. 辽宁科学技术出版社.

蒋兴伟, 2010. 海洋卫星微波遥感技术发展现状与展望[J]. 科技导报, 28(3).

蒋兴伟, 林明森, 刘建强, 2008. 我国卫星海洋空间探测[J]. 中国工程科学, 10(6):
56–62.

黎开虎, 2013. 水下滑翔机航行算法及数据处理系统研究[D]. 浙江大学.

李桂香, 1986. 国外海洋浮标技术发展前景[J]. 海洋技术 (1).

李建如, 许惠平, 2011. 加拿大"海王星"海底观测网[J]. 地球科学进展, 26
(6):656–660.

李杰, 等, 2012. 水下滑翔机器人研究进展及应用[J]. 海洋测绘 (1): 80–82.

李晔, 常文田, 孙玉山, 等, 2007. 自治水下机器人的研发现状与展望[J]. 机器人
技术与应用, 1: 25–31.

李一平, 2002. 水下机器人——过去、现在和未来[J]. 自动化博览 (3):56–58.

林绍花, 2004. 中国ARGO资料中心网络服务系统[J]. 海洋信息.

刘朝骏, 许清, 2003. 遥控潜器的现状与未来[J]. 国外舰船工程 (5): 38–45.

刘广志, 2005. 地球科学的前沿——大陆海洋科学钻探[J]. 自然杂志, 27(2):
67–72.

刘仁清, 许建平, 2009. Argo——成功的十年[J]. 中国基础科学 (4):15–21.

刘涛, 徐芑南, 王惠铮, 等, 2002. "CR-02"6000m 无人自治水下机器人载体系
统[J]. 船舶力学, 6(6): 114–119.

刘为勇, 郑连福, 陶春辉, 等, 2011. 大洋中脊海底热液系统的演化特征及其成矿意义[J]. 海洋学研究 (29): 25–33.

刘志飞, 拓守廷, 2007. 科学大洋钻探回顾与展望[J]. 自然杂志, 29 (3): 141–151.

露芙安, 2010. 深海奇珍[M]. 中国科学技术出版社.

茅绍智, 1994. 大洋钻探计划与古海洋学的发展[J]. 地质科技情报, 3(30): 45–52.

彭学伦, 2004. 水下机器人的研究现状与发展趋势[J]. 机器人技术与应用 (4): 43–47.

秦华伟, 2005. 海底表层样品低扰动取样原理及保真技术研究[D]. 浙江大学博士学位论文. 杭州：浙江大学.

饶冉, 2012. 极端环境微生物的适应机理及应用[J]. 安徽农业科学, 40: 13512–13515.

任建业, 李思田, 2001. 新世纪大洋钻探[J]. 地质科技情报, 3: 82 86.

阮锐, 2009. 我国海洋调查船的现状与展望[D]. 第二十一届海洋测绘综合性学术研讨会论文集.

桑恩方, 庞永杰, 卞红雨, 2003. 水下机器人技术[J]. 机器人技术与应用.

桑恩方, 沈郑燕, 高云超, 2008. 水下机器人关键技术研究[J]. 机器人技术与应用 (4): 12–15.

沈凌敏, 2009. 水下摄像系统的设计与研究[D]. 中国科学院研究生院（西安光学精密机械研究所）.

沈苏雯, 2011. 世界先进科考船技术动向[J]. 中国船检.

宋辉, 2008. ROV的结构设计及关键技术研究[D]. 哈尔滨工程大学.

孙传东, 陈良益, 2000. 水的光学特性及其对水下成像的影响[J]. 应用光学, 21(4): 39–46.

汪品先, 2007. 从海底观察地球——地球系统的第三个观测平台[J]. 自然杂志, 29(3): 125–130.

汪品先, 2009. 地球深部与表层的相互作用[J]. 地球科学进展 (24): 1331–1338.

汪品先, 2011. 海洋科学和技术协同发展的回顾[J]. 地球科学进展.

王风平, 等, 2013. 深海微生物多样性[J]. 生物多样性, 21: 445–455.

王军成,1998. 国内外海洋资料浮标技术现状与发展[J]. 海洋技术 (1).

王丽玲, 林景星, 胡建芳, 2008. 深海热液喷口生物群落研究进展[J]. 地球科学进展 (23): 605–612.

王延辉, 王树新, 等, 2007. 基于温差能源的水下滑翔器动力学分析与设计[J]. 天

津大学学报 (02): 133–138.

王艳, 2011. 海缆路由探测中浅地层剖面仪的现状及应用[J]. 物探装备, 21(3): 145–149.

吴培中, 2000. 世界卫星海洋遥感三十年[J]. 国土资源遥感 (3).

吴水根, 周建平, 顾春华, 等, 2007. 全海洋浅地层剖面仪及其应用[J]. 海洋学研究. 25(2): 91–96.

伍祥红, 2007. 基于蚁群优化的自主水下机器人路径决策方法研究 [D]. 哈尔滨工程大学.

夏征农, 陈至立, 2010. 辞海[M]. 上海：上海辞书出版社.

修志强, 2009. 水下滑翔机控制系统与控制算法研究[D]. 哈尔滨工程大学.

徐文锵, 1992. 我国大中型锚系海洋遥测浮标的技术发展概况与展望[J]. 海洋技术, 11(03): 44–57.

许建平, 2006. 中国ARGO大洋观测网试验[J], 中国基础科学(4).

许建平, 2010. 西太平洋Argo剖面浮标观测及其应用研究论文集[M]. 北京：海洋出版社.

许建平, 刘增宏, 孙朝辉, 等, 2008. 全球Argo实时海洋观测网全面建成[J]. 海洋技术, 27(1): 68–70.

许竞克, 等, 2011. ROV的研发现状及发展趋势[J]. 四川兵工学报, 32(4): 71–74.

薛发玉, 翟世奎, 2002. 21世纪的大洋钻探——IODP[J]. 海洋地质与第四纪地质, 22(1):109–114.

于桂菊, 2009. ROV在沿海领域应用研究[C]. 第二十一届海洋测绘综合性学术研讨会. 成都.

余立中, 山广林, 1997. 表层漂流浮标及其跟踪技术[J]. 海洋技术, 16(02): 1–11.

俞建成, 张奇峰, 吴利红, 等, 2006. 水下滑翔机器人系统研究[J]. 海洋技术 (1): 6–10,19.

袁志伟, 赵忠生, 郭心顺, 2009. 温盐深剖面仪技术改造研究[J]. 海洋技术, 28(4): 11–13.

翟世奎, 范奉鑫, 1993. 大洋钻探计划对一些重大地学问题的贡献[J]. 海洋科学, 11(6): 23–27.

赵吉浩, 高艳波, 朱光文, 等, 2008. 海洋观测技术进展[J]. 海洋技术, 27(4):4.

赵伟, 2011. 水下滑翔式深海电化学参数探测系统关键技术研究[D]. 浙江大学.

张奇峰, 俞建, 等, 2006. 水下滑翔机器人运动分析与载体设计[J]. 海洋工程 (1):

74–78,85.

张文瑶, 裘达夫, 胡晓棠, 2006. 水下机器人的发展、军事应用及启示[J]. 中国修
　　船, 19(6): 37–39.

张兆英, 2001. 高精度CTD剖面仪研制中的问题和对策——SZC15CTD系统[J].
　　海洋技术, 20(1): 130–139.

张兆英, 2003. CTD测量技术的现状与发展[J]. 海洋技术, 22(4): 105–110.

郑琨, 2007. 数字ADCP的优化设计及研究[D]. 天津大学.

周怀阳, 王虎, 2011. 一所独特而令人深省的海洋研究机构：蒙特雷海湾研究所
　　（MBARI）[J]. 地球科学进展, 26(6): 664–666.

周祖翼, 刘传联, 2002. 从ODP到IODP[J]. 海洋地质动态, 18(5): 10–12.

朱光文, 1997. 海洋监测技术的国内外现状及发展趋势[J]. 气象水文海洋仪器 (2).

朱昊, 2005. 基于软件无线电的数字ADCP信号处理系统的研究[D]. 天津大学.

ARGO SCIENCE TEAM, 1998. On the design and Implementation of Argo –
　　An initial Plan for a global array of Profiling Floats [R]. International CLIVAR
　　project Office ICPO Report No. 21. GODAE Report No 5. Published by the
　　GODAE International Project Office, c/o Bureau of Meteorology, Melbourne,
　　Australia.

BHARTIA R, et al., 2010. Label-free bacterial imaging with deep-UV-laser-induced
　　native fluorescence[J]. Appl Environ Microbiol, 76(21): 7231–7237.

CAROL T, 2000. Bacteria in the cold deep sea benthic boundary layer and sediment
　　water interface of the NE Atlantic[J]. FEMS Microbiology Ecology, 33:89–99.

DAVIS R E, ERIKSEN C C, et al., 2002. Autonomous buoyancy-driven underwater
　　gliders [M], Taylor and Francis, London: 37–58.

DESBRUYERES D, ALMEIDA A, BISCOITO M, et al., 2000. A review of the
　　distribution of hydrothermal vent communities along the northern Mid-Atlantic
　　Ridge: dispersal vs. environmental controls[J]. Hydrobiologia. 440: 201–216.

D'HONDT S, et al., 2009. Subseafloor sedimentary life in the South Pacific Gyre[J].
　　Proc Natl Acad Sci U S A, 106(28): 1165, 1–6.

DING K, SEYFRIED W, 1996. Direct pH measurement of NaCl-bearing fluid with
　　an in situs sensor at 400℃ and 400 megapascals [J]. Science: l634–1636.

D'SPAIN G L, ZIMMERMAN R, et al., 2007. Underwater acoustic measurements with
　　a flying wing glider[J]. Journal of the Acoustical Society of America, 121 (5): 3107.

EDWARDS K J, BECKER K, COLWELL F. 2012. The Deep, Dark Energy Biosphere: Intraterrestrial Life on Earth[J]. Annual Review of Earth and Planetary Sciences, 40(1): 551–568.

ERIKSEN C C, OSSE T J, et al., 2001. Seaglider: A long-range autonomous underwater vehicle for oceanographic research [J]. IEEE Journal of Oceanic Engineering, 26 (4): 424–436.

FAN S, YANG C, et al., 2013. Underwater glider design based on dynamic model analysis and prototype development [J]. Journal of Zhejiang University-SCIENCE C.

FERNANDES P G, STEVENSON P, BRIERLEY A S, et al., 2003. Autonomous underwater vehicles: future platforms for fisheries acoustics[J]. ICES Journal of Marine Science: Journal du Conseil, 60(3): 684–691.

FERNANDEZ-ARCAYA U, et al., 2013. Reproductive biology and recruitment of the deep-sea fish community from the NW Mediterranean continental margin[J]. Progress in Oceanography, 118: 222–234.

FUJITA M, et al., 2006. GPS/acoustic seafloor geodetic observation: Method of data analysis and its application [J]. Earth Planets Space (58): 265–275.

GAD G. 2005. A parthenogenetic, simplified adult in the life cycle of sp. n. (Loricifera) from the deep sea of the Angola Basin (Atlantic)[J]. Organisms Diversity & Evolution, 5: 77–103.

GERMANA C R, YOERGERA D R, JAKUBAA M, et al., 2008. Hydrothermal exploration with the Autonomous Benthic Explorer[J]. Deep-Sea Research I, 55: 203–219.

GRIFFITHS G, JONES C, et al., 2007. Undersea gliders [J]. Journal of Ocean Technology, 2 (2): 64–75.

INAGAKI F, 2010. Deep Subseafloor Microbial Communities.

JAMIESON A J, et al., 2010. Hadal trenches: the ecology of the deepest places on Earth[J]. Trends Ecol Evol, 25(3): 190–197.

MORGAN N, 1990. Ocean environments[M]. N. Morgan(ed.). Marine technology reference book. Butterworths.

ROEMMICH D, 2009. The 2004–2008 mean and annual cycle of temperature, salinity and steric height in the global ocean from the Argo Program [J]. Progress

参考文献

in Oceanography (3).

ROMAN C, CAMILLI R, 2007. Design of a gas tight water sampler for AUV operations [C]. Proceedings of IEEE Oceans- Europe, Aberdeen, Scotland:1–6.

RUDNICK D L, DAVIS R E, et al., 2004. Underwater gliders for ocean research [J]. Marine Technology Society Journal, 38 (2): 73–84.

SHANK T M, FORNARI D J, VON DAMM K L, et al., 1998. Temporal and spatial patterns of biological community development at nascent deep-sea hydrothermal vents (9°50′N, East Pacific Rise)[J]. Deep-Sea Research II, 45: 465–515.

SHEN M X, 2008. Simulation of the Descent Ascent Motion of a Deep Manned Submersible [J]. Journal of Ship Mechanics: 886–892.

SHERMAN J, DAVIS R E, et al., 2001. The autonomous underwater glider "spray" [J]. IEEE Journal of Oceanic Engineering, 26 (4): 437–446.

SHIRASAKI Y M, YOSHIDA T, NISHIDA K, et al., 2003. ARENA: a versatile and multidisciplinary scientific cable network for next generation[C]. in Proceedings 3rd International Workshop on Scientific Use of Submarine Cables and Related technologies (Tokyo, Japan), edited by J. KASAHARA and A. D. CHAVE, IEEE Catalogue No. 03EX660: 226–231.

SLOCUM GLIDER:Design and 1991 Field Trials. PaulSimonetti, September 1992.

STOMMEL H, 1989. The slocum mission[J]. Oceanography, 2 (1): 22–25.

VAN DOVER C L, DOERRIES M B, 2005. Community structure in mussel beds at Logatchev hydrothermal vents and a comparison of macrofaunal species richness on slow-and fast-spreading mid-ocean ridges[J]. Marine Ecology, 26: 110–120.

VRIJENHOEK R C, 2009. Cryptic species, phenotypic plasticity, and complex life histories: Assessing deep-sea faunal diversity with molecular markers[J]. Deep Sea Research Part II: Topical Studies in Oceanography, 56(19–20): 1713–1723.

WEBB D C, SIMONETTI P J, et al., 2001. SLOCUM: An underwater glider propelled by environmental energy [J]. IEEE Journal of Oceanic Engineering , 26 (4): 447–452.

WILLIAMS N, 2010. Deep ocean species discovered[J]. Current Biology, 20(21): R909–R910.

YANCEY P H, et al., 2014. Marine fish may be biochemically constrained from inhabiting the deepest ocean depths[J]. Proc Natl Acad Sci U S A, 111(12):

4461–4465.

YANG T F, CHUANG P C, LIN S, et al., 2006. Methane Venting in Gas Hydrate
Potential Area Offshore of SW Taiwan: Evidence of Gas Analysis of Water
Columm Samples [J]. Terr. Atmos. Ocean. Sci. , 17(4):933–950.

YOU Y Z, 2010. Harnessing telecoms cables for science [J]. Nature, 466(5): 690–
691.

YU J C, ZHANG F M, et al., 2013. Motion Parameter Optimization and Sensor
Scheduling for the Sea-Wing Underwater Glider [J]. IEEE Journal of Oceanic
Engineering, 38 (2): 243–254.

ZHANG S W, YU J C, et al., 2013. Spiraling motion of underwater gliders:
Modeling, analysis, and experimental results [J]. Ocean Engineering, 60: 1–13.

参考文献